网络心理与行为译丛

周宗奎 雷雳 主编

数字化的青年

媒体在发展中的作用 DIGITAL YOUTH
THE ROLE OF MEDIA IN DEVELOPMENT

（美）喀薇丽·萨布拉玛妮安 (Kaveri Subrahmanyam)

（捷克）大卫·斯迈赫 (David Šmahel) ◎ 著

雷雳 马晓辉 张国华 周浩◎译

中国出版集团

世界图书出版公司

广州·上海·西安·北京

图书在版编目（CIP）数据

数字化的青年：媒体在发展中的作用 / （美）萨布拉玛妮安 (Subrahmanyam, K.)，（捷克）斯迈赫 (Smahel,D.) 著；雷雳等译 .-- 广州：世界图书出版广东有限公司，2014.9（2025.1重印）

（网络心理与行为译丛 / 周宗奎，雷雳主编）

书名原文：Digital youth : the role of media in development

ISBN 978-7-5100-8028-9

Ⅰ.①数…Ⅱ.①萨…②斯…③雷…Ⅲ.①计算机网络 – 传播媒介 – 研究Ⅳ.①G206.2

中国版本图书馆 CIP 数据核字 (2014) 第 202538 号

版权登记号图字：19-2012-107

Translation from English language edition:

Digital Youth：*the role of media in development*

By Kaveri Subrahmanyam,David Smahel

Copy right ⓒ 2011 Springer New York

Springer New York is a part of Springer Science+Business Media

All Rights Reserved

数字化的青年：媒体在发展中的作用

责任编辑	翁 晗	
出版发行	世界图书出版广东有限公司	
地　　址	广州市新港西路大江冲 25 号话　0	
电　　话	20-84459702	
印　　刷	悦读天下（山东）印务有限公司	
规　　格	787mm×1092mm 1/16	
印　　张	17.5	
字　　数	265 千	
版　　次	2014 年 9 月第 1 版　 2025 年 1 月第 4 次印刷	
ISBN	978-7-5100-8028-9/B·0089	
定　　价	88.00 元	

如发现印装质量问题影响阅读，请与承印厂联系退换。

《网络心理与行为译丛》

组织翻译

    青少年网络心理与行为教育部重点实验室（华中师范大学）

协作单位

    国家数字化学习工程技术研究中心

    中国基础教育质量监测协同创新中心

    华中师范大学心理学院

    社交网络及其信息服务协同创新中心

    教育信息化协同创新中心

编委会

    主　　任　周宗奎　雷　雳

    主任助理　刘勤学

    编委（按姓氏笔画）　王伟军　马红宇　白学军　刘华山　江光荣

        李　红　何炎祥　何婷婷　佐　斌　沈模卫　罗跃嘉　周晓林

        洪建中　胡祥恩　莫　雷　郭永玉　董　奇

总序

一

工具的使用对于人类进化的作用从来都是哲学家和进化研究者们在探讨人类文明进步的动力时最重要的主题。互联网可以说是人类历史上影响最复杂前景最广阔的工具，互联网的普及已经深深地影响了人类的生活方式。它对人类文明进化的影响已经让每个网民都有了亲身感受，但是这种影响还在不断地深化和蔓延中，就像我们认识石器、青铜器、印刷术的作用一样，我们需要巨大的想象力和以世纪计的时距，才有可能全面地认识人类发明的高度技术化的工具——互联网对人类发展的影响。

互联网全面超越了人类传统的工具，表现在其共享性、智能性和渗透性。互联网的本质作用体现在个人思想和群体智慧的交流与共享；互联网对人类行为效能影响的根本基础在于其智能属性，它能部分地替代人类完成甚为复杂的信息加工功能；互联网对人类行为之所以产生如此广泛的影响，在于其发挥作用的方式能够在人类活动的各个领域无所不在地渗透。

法国当代哲学家贝尔纳·斯蒂格勒在其名著《技术与时间》中，从技术进化论的角度提出了一个假说："在物理学的无机物和生物学的有机物之间有第三类存在者，即属于技术物体一类的有机化的无机物。这些有机化的无机物贯穿着特有的动力，它既和物理动力相关又和生物动力相关，但不能被归结为二者的'总和'或'产物'。"在我看来，互联网正是这样一种"第三类存在者"。互联网当然首先依存于计算机和网络硬件，但是其支撑控制软件与信息内容的生成和运作又构成自成一体的系统，有其自身的动力演化机制。我们所谓的"网络空间"，也可以被看作是介于物理空间和精神空间之间的"第三空间"。

与物理空间相映射，人类可以在自己的大脑里创造一个充满意义的精神空间，并且还可以根据物理世界来塑造这个精神空间。而网络是一个独特的虚拟空间，网络中的很多元素，包括个体存在与社会关系，都与个体在自己大脑内创造的精神空间相似。但是这个虚拟空间不是存在于人的大脑，而是寄存于一个庞大而复杂的物理系统。唯其如此，网络空间才成为独特的第三空间。

二

网络心理学正是要探索这个第三空间中人的心理与行为规律。随着互联网技术和应用的迅猛发展，网络心理学正处在迅速的孕育和形成过程中，并且必将成为心理科学发展的一个创意无限的重要领域。

技术的发展已经使得网络空间从文本环境转变为多媒体环境，从人机互动转变为社会互动，使它成为一个更加丰富多彩的虚拟世界。这个世界对个人和社会都洋溢着意义，并将人们不同的思想与意图交织在一起，充满了创造的机会，使网络空间成为了一个社会空间。在网络这个新的社会环境和心理环境中，一定会衍生出反映人类行为方式和内心经验的新的规律，包括相关的生理反应、行为表现、认知过程和情感体验。

进入移动互联网时代之后，手机、平板电脑等个人终端和网络覆盖的普及带来了时间和空间上的便利性，人们在深层的心理层面上很容易将网络空间看作是自己的思想与人格的延伸。伴随着网络互动产生的放大效应，人们甚至会感到自己的思想与他人的思想可以轻易相通，甚至可以混合重构为一体。个人思想之间的界线模糊了，融合智慧正在成为人类思想史上新的存在和表现形式，也正在改写人类的思想史。

伴随着作为人类智慧结晶的网络本身的进化，在人类众多生产生活领域中发生的人的行为模式的改变将会是持续不断的，这种改变会将人类引向何处？从人类行为规律的层面探索这种改变及其效果，这样的问题就像网络本身一样令人兴奋和充满挑战。

网络心理学是关于人在网络环境中的行为和体验的一般规律的科学研究。作为心理学的一个新兴研究领域，网络心理学大致发端于上个世纪九十年代中期。随着互联网的发展，网络心理学也吸引了越来越多的学者开始研究，越来越多的文章发表在心理学和相关学科期刊上，越来越多的相关著作在出版。近两三年来，一些主要的英文学术期刊数据库（如 Elsevier Science Direct Online）中社会科学和心理学门类下的热点论文排行中甚至有一半以上是研究网络心理与网络行为的。同时，越来越多的网民也开始寻求对人类行为中这一相对未知、充满挑战的领域获得专业可信的心理学解释。

在网络空间中，基于物理环境的面对面的活动逐渐被越来越逼真的数字化表征所取代，这个过程影响着人的心理，也同时影响着心理学。一方面，已有的心理科学知识运用于网络环境时需要经过检验和改造，传统的心理学知识和技术可以得到加强和改进；另一方面，人们的网络行为表现出一些不同于现实行为的新的现象，需要提出全新的心理学概念与原理来解释，形成新的理论和技术体系。这两方面的需要就使得当前的网络心理学研究充满了活力。

在心理学范畴内，网络心理研究涉及传统心理学的各个分支学科，认知、实验、发展、社会、教育、组织、人格、临床心理学等都在与网络行为的结合中发现了或者正在发现新的富有潜力的研究主题。传统心理学的所有主题都可以在网络空间得到拓展和更新，如感知觉、注意、记忆、学习、动机、人格理论、人际关系、年龄特征、心理健康、群体行为、文化与跨文化比较等等。甚至可以说，网络心理学可以对等地建构一套与传统心理学体系相互映射的研究主题和内容体系，将所有重要的心理学问题在网络背景下重演。实际上当前一部分的研究工作正是如此努力的。

但是，随着网络心理学研究的深入，一些学科基础性的问题突显出来：传统的心理学概念和理论体系能够满足复杂的网络心理与行为研究的需要吗？心理学的经典理论能够在网络背景下得到适当的修改吗？有足够的网络行为研究能帮助我们提出新的网络心理学理论吗？

在过去的 20 年中，网络空间的日益发展，关于网络心理的研究也在不断扩展。早期的网络心理学研究大多集中于网络成瘾，这反映了心理学对社会问题产生关注的方式，也折射出人类对网络技术改变行为的焦虑。当然，网络心理学不仅要关注网络带来的消极影响，更要探究网络带来的积极方面。近期的网络心理学研究开始更多地关注网络与健康、学习、个人发展、人际关系、团队组织、亲社会行为、自我实现等更加积极和普遍的主题。

网络心理学不仅仅只是简单地诠释和理解网络空间，作为一门应用性很强的学科，网络心理学在实际生活中的应用也有着广阔的前景。例如，如何有效地预测和引导网络舆论？如何提高网络广告的效益？如何高效地进行网络学习？如何利用网络资源促进教育？如何使团体和组织更有效地发挥作用？如何利用网络服务改进与提高心理健康和社会福利？如何有效地开展网络心理咨询与治疗？如何避免网络游戏对儿童青少年的消极影响？网络心理学的研究还需要对在线行为与线下生活之间的相互渗透关系进行深入的探索。在线行为与线下行为是如何相互影响的？个人和社会如何平衡和整合线上线下的生活方式？网络涵盖了大量的心理学主题资源，如心理自助、心理测验、互动游戏、儿童教育、网络营销等，网络心理学的应用可以在帮助个人行为和社会活动中发挥非常重要的作用。对这些问题的探讨不仅会加深我们对网络的理解，也会提升我们对人类心理与行为的完整的理解。

三

网络心理与行为研究是涉及多个学科，不仅需要社会科学领域的研究者参与，也需要信息科学、网络技术、人机交互领域的研究者的参与。在过去的起步阶段，心理学、传播学、计算机科学、管理学、社会学、教育学、医学等学科的研究者，从不同的角度对网络心理与行为进行了探索。网络心理学的未来更需要依靠不同学科的协同创新。心理学家应该看到不同学科领域的视角和方法对网络心理研究的不可替代的价值。要理解和调控人的网络心理与行为，并有效地应用于网络生活实际，如网络教育、网络购物、网络治疗、在线学习等，仅仅依靠传统心理学的知识远远不够，甚至容易误导。为了探索网络心理与行为领域新的概念和理论，来自心理学和相关领域的学者密切合作、共同开展网络心理学的研究，更有利于理论创新、技术创新和产品创新，更有利于建立一门科学的网络心理学。

根据研究者看待网络的不同视角，网络心理学的研究可以分为三种类型：基于网络的研究、源于网络的研究和融于网络的研究。"基于网络的研究"是指将网络作为研究人心理和行为的工具和方法，作为收集数据和测试模型的平台，如网上调查、网络测评等；"源于网络的研究"是指将网络看作是影响人的心理和行为的因素，是依据传统心理学的视角考察网络使用对人的心理和行为产生了什么影响，如网络成瘾领域的研究、网络使用的认知与情感效应之类的研究，"记忆的谷歌效应"这样的研究是其典型代表；"融于网络的研究"是指将网络看作是一个能够寄存和展示人的心理活动和行为表现的独立的空间，来探讨网络空间中个人和群体的独特的心理与行为规律，以及网络内外心理与行为的相互作用，这类研究内容包括社交网站中的人际关系、体现网络自我表露风格的"网络人格"等等。这三类研究对网络的理解有着不同的出发点，但也可以是有交叉的。

更富意味的是，互联网恰恰是人类当代最有活力的技术领域。社交网站、云计算、大数据方法、物联网、可视化、虚拟现实、增强现实、大规模在线课程、可穿戴设备、智慧家居、智能家教等等，新的技术形态和应用每天都在改变着人的网络行为方式。这就使得网络心理学必须面对一种动态的研究对象，计算机与网络技术的快速发展使得人们的网络行为更加难以预测。网络心理学不同于心理学的其他分支学科，它必须与计算机网络的应用技术相同步，必须跟上技术形态变革的步伐。基于某种技术形态的发现与应用是有时间限制与技术条件支撑的。很可能在一个时期内发现的结论，过一个时期就完全不同了。这种由技术决定的研究对象的不断演进增加了网络心理研究的难度，但同时也增加了网络心理学的发展机会，提升了网络心理学对人类活动的重要性。

我们不妨大胆预测一下网络心理与行为研究领域未来的发展走向。在网络与人的关系方面，两者的联系将全面深入、泛化，网络逐渐成为人类生活的核心要素，相关的研究数量和质量都会大幅度提升。在学科发展方面，多学科的交叉和渗透成为必然，越来越多的研究者采用系统科学的方法对网络与人的关系开展心理领域、教育领域、社会领域和信息工程领域等多视角的整合研究。在应用研究方面，伴随新的技术、新的虚拟环境的产生，将不断导致新的问题的产生，如何保持人与网络的和谐关系与共同发展，将成为现实、迫切的重大问题。在网络发展方向上，人类共有的核心价值观将进一步引领网络技术的发展，技术的应用（包括技术、产品、服务等）方向将更多地体现人文价值。这就需要在网络世界提倡人文关怀先行，摒弃盲目的先乱后治，网络技术、虚拟世界的组织规则将更好地反映、联结人类社会的伦理要求。

四

青少年是网络生活的主体，是最活跃的网络群体，也是最容易受网络影响、最具有网络创造活力的群体。互联网的发展全面地改变了当代人的生活，也改变了青少年的成长环境和行为方式。传统的青少年心理学研究主要探讨青少年心理发展的年龄阶段、特点和规律，在互联网高速发展的时代，与青少年相关的心理学等学科必须深入探索网络时代青少年新的成长规律和特点，探索网络和信息技术对青少年个体和群体的社会行为、生活方式和文化传承的影响。

对于青少年网民来说，网络行为具备的平等、互动、隐蔽、便利和趣味都更加令人着迷。探索外界和排解压力的需要能够部分地在诙谐幽默的网络语言中得到满足。而网络环境所具有的匿名性、继时性、超越时空性（可存档性和可弥补性）等技术优势，提供了一个相对安全的人际交往环境，使其对自我展示和表达拥有了最大限度的掌控权。

不断进化的技术形式本身就迎合了青少年对新颖的追求，如电子邮件（E-mail）、文件传送（FTP）、电子公告牌（BBS）、即时通信（IM，如 QQ、MSN）、博客（Blog）、社交网站（SNS）、多人交谈系统（IRC）、多人游戏（MUD）、网络群组（online-group）、微信传播等都在不断地维持和增加对青少年的吸引力。

网络交往能够为资源有限的青少年个体提供必要的社会互动链接，促进个体的心理和社会适应。有研究表明，网络友谊质量也可以像现实友谊质量一样亲密和有意义；网络交往能促进个体的社会适应和幸福水平；即时通信对青少年既有的现实友谊质量也有长期的正向效应；网络交往在扩展远距离的社会交往圈子的同时，也维持、强化了近距离的社会交往，社交网站等交往平台的使用能增加个体的社会资本，从而提升个体的社会适应和幸福感水平。

同时，网络也给青少年提供了一个进行自我探索的崭新空间，在网络中青少年可以进行社会性比较，可以呈现他们心目中的理想自我，并对自我进行探索和尝试，这对于正在建立自我同一性的青少年来说是极为重要的。如个人在社交网站发表日志、心情等表达，都可以长期保留和轻易回顾，给个体反思自我提供了机会。社交网站中的自我呈现让个人能够以多种形式塑造和扮演自我，并通过与他人的互动反馈来进行反思和重塑，从而探索自我同一性的实现。

处于成长中的青少年是网络生活的积极参与者和推动者，能够迅速接受和利用网络的便利和优势，同时，也更容易受到网络的消极影响。互联网的迅猛发展正加速向低龄人群渗透。与网络相伴随的欺骗、攻击、暴力、犯罪、群体事件等也屡见不鲜。青少年的网络心理问题已成为一个引发社会各界高度重视的焦点问题，它不仅影响青少年的成长，也直接影响到家庭、学校和社会的稳定。

同时，网络环境下的学习方式和教学方式的变革、教育活动方式的变化、学生行为的变化和应对，真正将网络与教育实践中的突出问题结合，发挥网络在高等教育、中小学教育、社会教育和家庭教育中的作用，是网络时代教育发展的内在要求。更好地满足教育实践的需求是研究青少年网络心理与行为的现实意义所在。

五

开展青少年网络心理与行为研究是青少年教育和培养的长远需求。互联网为青少年教育和整个社会的人才培养工作提供了新的资源和途径，也提出了新的挑战。顺应时代发展对与青少年成长相关学科提出的客观要求，探讨青少年的网络心理和行为规律，研究网络对青少年健康成长的作用机制，探索对青少年积极和消极网络行为的促进和干预方法，探讨优化网络环境的行为原理、治理措施和管理建议，引导全面健康使用和适应网络，为促进青少年健康成长、推动网络环境和网络内容的优化提供科学研究依据。这些正是"青少年网络心理与行为教育部重点实验室"的努力方向。

青少年网络环境建设与管理包括消极防御和积极建设两方面的内容。目前的网络管理主要停留在防御性管理的层面，在预防和清除网络消极内容对青少年的负面影响的同时，应着力于健康积极的网络内容的建设和积极的网络活动方式的引导。如何全面正确发挥网络在青少年教育中的积极作用，在避免不良网络内容和不良使用方式对青少年危害的同时，使网络科技更好地服务于青少年的健康成长，是当前教育实践中面临的突出问题，也是对网络科技工作和青少年教育工作的迫切要求。基于对青少年网络活动和行为的基本规律的研究，探索青少年网络活动的基本需要，才能更好地提供积极导向和丰富有趣的内容和活动方式。

为了全面探索网络与青少年发展的关系，推动国内网络心理与行为研究的进步，青少年网络心理与行为教育部重点实验室组织出版了两套丛书，一是研究性的成果集，一是翻译介绍国外研究成果的译丛。

《青少年网络心理研究丛书》是实验室研究人员和所培养博士生的原创性研究成果，这一批研究的内容涉及青少年网络行为一般特点、网络道德心理、网络成瘾机制、网络社会交往、网络使用与学习、网络社会支持、网络文化安全等不同的专题，是实验室研究工作的一个侧面，也是部分领域研究工作的一个阶段性小结。

《网络心理与行为译丛》是我们组织引进的近年来国外同行的研究成果，内容涉及互联网与心理学的基本原理、网络空间的心理学分析、数字化对青少年的影响、媒体与青少年发展的关系、青少年的网络社交行为、网络行为的心理观和教育观的进展等。

丛书和译丛是青少年网络心理与行为教育部重点实验室组织完成研究的成果，整个工作得到了国家数字化学习工程技术研究中心、中国基础教育质量监测协同创新中心、华中师范大学心理学院、社交网络及其信息服务协同创新中心、教育信息化协同创新中心的指导与支持，特此致谢！

丛书和译丛是作者和译者们辛勤耕耘的学术结晶。各位作者和译者以严谨的学术态度付出了大量辛劳，唯望能对网络与行为领域的研究有所贡献。

周宗奎

2014 年 5 月

译者序

据"世界互联网统计"（http://www.internetworldstats.com）发布的数据，目前全球互联网用户超过24亿人，平均普及率为34.3%，其中北美、澳洲及欧洲等国家的普及率达到63%以上，普及率较低的是非洲（15.6%）及亚洲（27.5%）。另外，据中国互联网络信息中心2012年7月发布的数据，我国大陆地区的互联网用户约为5.38亿，互联网普及率为39.9%，略高于全球平均水平，其中10—19岁以下网民所占比重很大，成为中国互联网重要用户群体，人数约1.37亿人。

可以看到，全球各地互联网的普及状况大相径庭，但是，对于互联网已经触及的地方而言，新一代的年轻人已然是"数字土著"，互联网是其生活中的自然构成部分，并且互联网用户人数一直保持持续增长的趋势，越来越多的人将会置身于互联网的世界。那么，互联网到底会给年轻人的成长带来什么影响呢？这是很多人都会关心的问题。

萨布拉玛妮安和斯迈赫的这本《数字化的年轻人：媒体在发展中的作用》于2011年在美国出版，他们在书中指出，"要想理解青少年的数字世界，那么采取发展的思路、把青少年的媒体使用与关键的发展过程联系起来就显得很重要"。在此理论框架的指导下，作者探讨了互联网上的性（性探索、网络性爱与色情），建构在线自我认同（自我认同探索和自我呈现），亲密感与互联网（与朋友、恋人及家人的关系），数字世界与做正确的事（道德、伦理和公民参与），互联网使用和幸福感（对身体和心理的影响），技术与健康（互联网使用对健康和疾病的影响），过度的互联网使用与成瘾行为，互联网的阴暗面（暴力、网络欺负和受欺负），促进正面、安全的数字世界（父母和教师能为青少年做些什么）等问题，并对未来的研究方向进行了分析。

有趣的是，虽然远隔重洋、横亘欧陆，但是中外学者对于互联网与青少年发展的基本理论认识却是不谋而合。本人自2000年开始，怀着好奇和兴趣对互联网与青少年发展的关系持续进行了10余年的探索和研究，指导这一系列研究工作的大体理论假设是：青少年心理发展的方方面面在网络环境中也会依样葫芦，并且，互联网独有的特点又会使得青少年的网络心理别具一格。相应地，我们探索了青少年上网与其自我中心思维、学习适应、自我发展、情绪发展、心理性别、心理健康问题等方面的关系，探索了青少年的网上亲社会行为、网上偏差行为、网上音乐使用、网上购物意向、互联网信息焦虑及互联网服务偏好等方面的特点，探索了人格、心理弹性、应对方式、生活事件、社会支持等因素与青少年网络行为的关系，探索了青少年健康上网的结构特征，同时，也探索了对青少年网络行为诸多方面进行评估的方法。在整合这些研究工作的基础上，本人于2010年出版了《鼠标上的青春舞蹈：青少年互联网心理学》一书。

对比之下会发现，虽然中外研究中关注的角度有所不同，但是重要的主题都有重叠。所以，祈望这些来自不同地域的研究成果能够帮助人们更好地了解年轻人的在线生活，促进他们的发展和幸福。

本书的翻译工作由我和我的学生共同完成，具体分工是：雷雳翻译前言及第1、5章，马晓辉（河北大学）翻译第2、6、11、12章，张国华（温州医科大学）翻译第4、9、10章，周浩（中国人民大学）翻译第3、7、8章。全部书稿翻译完成后，由雷雳审校。翻译过程中我们已经尽力追求译文的信、达、雅，如若仍然存在一些错谬之处，敬请专家读者批评指正。

雷雳
2012-12-12

英文版前言

诸如计算机、互联网、视频游戏和移动电话之类的数字媒体，已经占据了今天年轻人生活的中心位置。对我们当中与年轻人有着联系的人而言，比如父母、老师、医生、研究者和其他人，这有着丰富的含义。想想看，青少年会在做作业的同时，通过即时通讯与几个朋友保持联系，或者在全家人一起外出时、在床上准备睡觉时或甚至是在学校上学时，某个青少年却在飞快地写短信。这样的场景正在变得司空见惯，很多父母和老师不是在这儿就是在那里见过这种状况。引人注目的是，大多数年轻人都会使用交互技术，并且看起来好像过着一种在线生活一样。

考虑到年轻人在线生活的意义显得很重要，尤其是针对他们的发展和幸福而言。在2006年，《发展心理学》杂志出版了一个关于儿童、青少年与互联网的专辑。这是人们希望通过高质量的发展研究来理解年轻人与他们的数字世界而所做出的初步努力之一，就此，一个新的研究领域诞生了。自从这个专辑出版以来，数字领域的景象已经发生了翻天覆地的变化。聊天室融入了即时通讯，再往后则是社交网站。计算机变得更加时髦且携带方便，而移动电话在变得越来越小的同时也具备了计算机的功能。在技术发生变化的同时，我们自然不必惊讶使用它们的年轻人也发生了变化。

随着这一新的领域中研究的不断积累，我们感到时机已经成熟，可以撰写一部著作来对青少年与其数字世界进行一番细致的描述。关于媒体与年轻人的许多公开资料，一直采纳了一种令人生畏的观点——新媒体会让年轻人更加孤独、更加郁闷吗？与陌生人接触会有危险吗？网上的同伴交往会削弱家庭关系吗？尽管我们并不怀疑接触新媒体确实给年轻人带来了某些危险，但是，我们也想要展现新技术更加积极的一面。我们也感到，要想理解青少年的数字世界，那么采取发展的思路，把青少年的媒体使用与关键的发展过程联系起来就显得很重要。

因此，我们从2008年开始踏上了征程。刚开始时，我们对此事需要花费多少时间、付出多少努力，脑中空空如也。事态不断复杂化，新的在线环境出现了，诸如移动电话和即时通讯这样的技术走到前台了，并且，这期间新的研究发现不断涌现，这些都让我们要花时间去撰写和研磨这本书。在 2010 年 1 月，当我们最后完工并在把书稿交给出版社之前开始写这篇前言时，最新的关于 8—18 岁年轻人媒体使用的"Kaiser 报告"又发布了。我们也偶尔看到了一些关于年轻人与移动电话的更新的研究结果，并且我们也认认真真地考虑了是否应该重新梳理我们的书稿，以便把这些新出现的结果和问题整合进去。但是，任何一部书，只要是想出版，就必须做一个了断。我们只好接受数字媒体将会持续变化的事实，接受我们无法把所有的相关研究都包含进来的事实。然而，我们感到乐观的是，我们采取的发展思路不会过时，并且它会让读者把青少年的在线行为与离线主题联系起来，即使是他们的在线行为随着技术发生了变化也是如此。我们的目的就是帮助研究者以及研究生、大学生能够更好地理解数字化年轻人及其在线世界。我们也希望这本书对于父母、老师、学校心理学家及咨询师、医生，以及任何从事与年轻人相关工作的人，在他们努力为年轻人创设安全的数字世界时提供帮助。

致 谢

本书得以写成离不开众多人士的帮助。首先，我们想要感谢的是来自德国斯普林格出版社的编辑 Judy Jones（朱迪·琼丝）。在撰稿构想形成初期，她的热情响应催人奋进；在稿件一拖再拖的困难时期，她的无比耐心和持续鼓励令人动容。此外，我们还要衷心地感谢丛书编辑 Roger Levesque（罗杰·雷夫斯克）教授，正是因为他对原稿的孜孜研读为我们提供了极富洞察力的建议与反馈，才最终促成了内容的修订与完善，更为重要的是，他那自始至终的饱满信心和鼎力支持一直是我们前进的动力源泉。

同时，感谢所有为"世界互联网计划"（World Internet Project）数据收集工作做出贡献的研究中心和院校，这些研究结果都将在书中进行介绍，包括加拿大互联网工程 / 加拿大互联网搜索（the Canadian Internet Project/Recherche Internet Canada）；中国社会科学院；捷克共和国马萨里克大学儿童、青少年和家庭研究所（The Institute for Research on Children，Youth and Family，Masaryk University，the Czech Republic）；匈牙利 ITHAKA-信息社会与网络研究中心（ITHAKA-Information Society and Network Research Center，Hungary）；新加坡南洋理工大学互联网研究中心（the Singapore Internet Research Centre，Nanyang Technological University，Singapore）；南加州大学安纳堡传播学院数字化未来研究中心（the USC Annenberg School Center for the Digital Future，USA）。另外，我们同样非常感谢 Brad Brown（布莱德·布朗）、Charles Ess（查尔斯·艾斯）和 Patricia Greenfield（帕翠西娅·格林菲尔德）等教授对于该书原稿所提出的诸多建设性意见；大卫也十分感谢捷克共和国教育、青少年和体育等部门（MSM0021622406）在写书过程中所提供的全力支持；感谢 Miriam Bartsch（米丽艾姆·巴奇）辛勤劳苦的校稿工作；感谢 Lukas Blinka（卢卡斯·布林卡）和 Stepan Konecny（斯蒂潘·科雷克尼）所设计的精彩插图；还要特别感谢实验中心所有在过去几年内给予我们帮助和启发的合作伙伴与学生们。在此，我们虽然无法逐一列举他们的姓名，但正是受益于他们的不懈努力，青少年数字世界的大门才能够缓缓打开。

最后感谢在我们写书过程中默默付出的家人和朋友。其中，David（大卫）将要感谢他的妻子 Lucy（露茜）、女儿 Rozára（洛萨拉）和 Marjána（玛加娜）以及他的父母，没有你们的支持和鼓励就没有该书的问世。Kaveri（喀薇丽）想要感谢始终理解自己的丈夫 Subra（萨布拉），尤其是在最后拖稿时段里丈夫不厌其烦的耐心鼓励；此外，她最想感谢自己那两位成长于数字时代的孩子：就读于大学的 Divya（迪夫亚）非常慷慨地接受她的观察；就读于高中的 Jayant（嘉杨特）则积极指导她有关青少年使用互联网空间的独特方式；她还要感谢几年来一直给予其支持、信任和帮助的父母和亲友们。

大卫·斯迈赫（David Šmahel）于捷克共和国布尔诺市

喀薇丽·萨布拉玛妮安（Kaveri Subrahmanyam）于美国洛杉矶市

2010 年 1 月 30 日

作者简介

　　Kaveri Subrahmanyam（喀薇丽·萨布拉玛妮安），加州大学洛杉矶分校的心理学教授、洛杉矶儿童数字媒体中心副主任。她于 1993 年在加州大学洛杉矶分校获得发展心理学专业的博士学位。她利用发展理论来理解年轻人与数字媒体的交互作用。通过使用量化技术和质性技术，她研究了年轻人的数字世界，包括视频游戏、聊天室、博客和诸如 MySpace 及 Facebook 这样的社交网站。她已经发表了一些关于年轻人与数字媒体的研究论文，与人合作为《应用发展心理学杂志》（2008）主编了一期关于社交网络的专辑。

　　David Šmahel（大卫·斯迈赫），捷克共和国马萨里克大学社会研究学院的副教授。他于 2003 年获得社会心理学专业的博士学位。他的主要兴趣是青少年及其在互联网上的行为。David 的研究关注在线风险、自我认同的发展及其在虚拟世界中的影响、在线沟通、虚拟恋爱关系及友谊，以及互联网上的成瘾行为。他是"世界互联网计划：捷克共和国"的项目负责人，以及欧洲儿童在线计划 II 捷克组的负责人。David 目前是《互联网心理学：对网络空间的心理社会性研究杂志》的编辑。

目录

第一章 青少年的数字世界：引言

　　无论是在学校、家里或是在路上，今天的青少年都被数字媒体包围着，比如计算机和互联网、视频游戏、移动电话以及其他的手持设备（Roberts & Foehr，2008）。作家兼游戏设计人 Marc Prensky 把他们称为"数字土著"（digital natives，Prensky，2001)——他们是在数字世界里，并且他们所有的生活都围绕着、渗透在数字世界里。与他们的父母 [他们往往是数字移民（digital immigrants）] 相比，这些数字土著很早就适应了技术，不需要使用手册就可以搞清楚如何使用移动电话或者数码照相机，并且他们对没有谷歌（Google）或维基百科（Wikipedia）的生活无法想象。

　　值得注意的是，大多数年轻人都在使用这些新的数字技术。在 2004年，"Kaiser 报告"（Kaiser report）显示，美国 74% 的 8—18 岁儿童青少年已经可以在家里上网（Roberts，Foehr & Rideout，2005）。最近，在 2009 年，93% 的美国 12—17 岁的青少年已经上过网（Jones & Fox，2009）。在不同的国家里，年轻人也报告了相似的上网率。2008 年，世界互联网计划（World Internet Project）对 13 个国家的调查显示，在12—14 岁的青少年中，新加坡的互联网用户为 76%，美国为 88%，以色列为 98%，加拿大为 95%，捷克共和国为 96%，英国为 100%（Lebo et al.，2009）。尽管年轻人在使用互联网时兼具信息目的和交流目的，但是，后者在这一人口学群体中尤为普遍，这是我们近期提出的一个问题（Subrahmanyam & Greenfield，2008a）。移动电话在青少年中已经随处可见：在一项美国的市场调查中，79% 的 13—19 岁的青少年报告拥有一个移动设备，15% 报告拥有一部像苹果手机（iPhone）或黑莓（BlackBerry）这样的智能手机（Harris Interactive，2008）；在欧盟，50%的 10 岁儿童、87% 的 13 岁青少年以及 95% 的 16 岁青少年报告自己拥有一部移动电话（Europa Press-Release，2009）。

毋庸置疑，数字技术已经在青少年中非常流行，并且，正如收音机、电影及电视曾经被人质疑，被认为可能会腐蚀年轻人一样，这些更新的技术也常常被认为可能对年轻人产生消极影响。青少年们在使用什么样的新技术，他们在使用这些技术干些什么呢？我们应该关心他们对这些媒体的使用吗？青少年对技术的使用会有助于他们驾驭青少年期的挑战，还是完全把事情搞得更糟了？数字世界产生了新的行为吗？或者青少年会把传统的青少年行为迁移到数字世界里吗？伴随技术使用而来的是什么样的机会、挑战和危险呢？我们如何确保年轻人安全地使用技术？在本书中我们要解决其中的一些问题，以便让读者能够理解年轻人是如何影响这些较新的交互技术，以及被其所影响的。

　　要做到这一点，我们就必须从头开始，并在本章中，我们会描述青少年的数字世界。我们会首先看看硬件（比如计算机、移动电话）和内容（比如诸如文字处理或电子邮件、即时通讯这样的在线应用的软件）的差异正在变得含混不清。然后，我们会描述青少年们使用的各种技术和在线应用，包括社交网站、文本通讯、博客及微博、在线通话、在线游戏（比如诸如"魔兽世界"这样的大型多人在线角色扮演游戏）、聊天室、虚拟世界（比如"第二人生"）、公告牌以及在线音乐和视频。我们会尽可能地利用来自"世界互联网计划"（The World Internet Project）的数据，以便读者感受到生活在世界各地的青少年在使用在线应用和虚拟空间时的相似之处以及不同之处。接下来，我们会看看大多数新媒体固有的交流环境的某些突出方面：匿名性和无实体用户、去抑制行为、自我表露以及多任务并行和媒体多任务并行。本章结尾会谈一下本书的具体目的和组织架构。

一、新兴媒体：硬件与内容的界限正变得含混不清

　　正如我们在下一部分中可以看到的，青少年会使用五花八门的硬件工具来搜寻信息、接触娱乐、玩玩游戏，并且，当中大多数人会彼此联系和交流。他们所使用的硬件包括移动电话、智能移动设备（比如带有浏览器、电子邮件、导航工具等多重能力的黑莓）、iPods、Sidekicks（一种带全键盘的移动设备）、视频游戏（即任天堂或 Xbox）、交互（数字）电视、导航工具（GPS 系统）以及计算机、桌面和或大或小的笔记本。在新媒体的早期，它们所支持的硬件和内容（软件或应

用）很大程度上是分离的。因此，互联网和随后的电子邮件或即时通讯一般都可以通过桌面来登录，继而是便携式电脑，游戏成了游戏系统的一部分，并且短信或短信系统也归属于移动电话的范畴。这些不同的硬件越来越能够连接到互联网，我们可以使用它们来做形形色色的事情，诸如下载信息（比如更新软件），排名视频游戏玩家，下载视频游戏，与其他玩家进行实时对抗，下载音乐、视频和电视节目，甚至是在线听收音机广播。

互联网现在已经成了一个网络，先前各自分离的硬件工具现在可以融合在一起了。过去只有联网计算机或笔记本才能完成的活动，现在通过越做越小、同样是携带方便的移动电话以及其他的智能设备也可以进行操作了（Roberts & Foehr，2008）。结果是，互联网从静止的地点（放着个人计算机的桌子）进入了我们的口袋，并且青少年——他们通常早早地就能够适应技术革新（Greenfield & Subrahmanyam，2003）——正通过它们而保持"永远在线"、"永远连线"，有些人甚至说"永不孤独"（C. Nass，个人交流，July 15，2009）。这样一来，青少年就能够通过自己的移动电话和智能设备，在家里、学校或在路上时，登录电子邮件、即时通讯，甚至是自己的社交网站的档案。硬件的类型相比应用程序的特定类型以及据此进行的交流而言，已经无足轻重。为了反映这一现实，我们在下一部分中对各种应用程序的描述会聚焦于它们的功能，而非用来使用这些功能的特定硬件工具。

二、世界互联网计划

在本章中，以及在本书中其他相关的地方，我们都会呈现来自世界互联网计划（WIP，参见 www.worldinternetproject.net）中若干国家的数据。WIP 是一个全球性的国际调查，主要关注互联网对个人和社会的影响，它由属于南加州大学阿伦伯格通讯学院（the USC Annenberg School for Communication）的"数字未来中心"（the Center for the Digital Future）协调运作。由于我们中的一人（大卫）负责收集捷克共和国的数据，所以我们能够提供这方面独一无二的国际观。超过 20 个来自北美、南美、欧洲、亚洲、中东以及大洋洲的国家和地区参与了这项调查。本书中 WIP 的大多数结果都是基于下列七个国家的，因为这些国家 2007 年的样本包括了足够数量的青少年：美国、加拿大、新加坡、新西兰、匈牙利、捷克共和国以及中国。除了来自中国的数据只是代表城市区域外，其他所有的样本都是其国家的代表性样本。这些调查通过电话和面对面访问来完成，表 1.1 呈现了这些样本的描述信息。

此处报告的结果来自年龄上至 18 岁的青少年子样本。参与者的年龄范围变化很大，在一些国家被试小至 12 岁，而在另一些国家，则是 14、15 岁，或甚至是 16 岁。在可能的情况下，我们都会检验来自美国、加拿大、匈牙利、捷克共和国以及新加坡的年龄效应。我们把被试分成了两组：年幼的青少年（12—15 岁）和年长的青少年（16—18 岁），并且，如果发现了发展差异，我们都会进行报告。

表 1.1　参与 2007WIP 的某些国家中抽取的样本的描述信息

国家	所有参与者的数量（各个年龄段）	年龄上至 18 岁的被试数量	样本中青少年的年龄范围（岁）
加拿大	3150	417	12—18
中国	2035	161	15—18
捷克共和国	1586	217	12—18
匈牙利	3059	206	14—18
新西兰	1430	115	16—18
新加坡	886	167	13—18
美国	2021	156	12—18
合计	14167	1439	

三、青少年使用的在线应用与数字背景

首先，我们要提醒读者，这部分中描述的在线应用和数字空间是我们于 2009 年写作这一章时年轻人中非常流行的，并且，也不意味着要说明它们可能会流行多久。此外，我们选择这些特别的应用，是基于美国和捷克共和国显示出的趋势，以及我们两个人在这两个国家自己的工作。在我们的描述中并不包括人们熟悉的大众化的应用，比如大多数青少年都使用的电子邮件或网站。

图 1.1 让我们可以比较在 2007 年 WIP 调查中，来自五个国家的年轻人在媒体（电视、收音机、报纸和互联网）上花费的时间与面对面社交的时间。看电视、面对面交往以及上网是三项最常见的活动。突出的是，所有国家的年轻人都报告花费在面对面与同伴交往上的时间量，比网上的多。

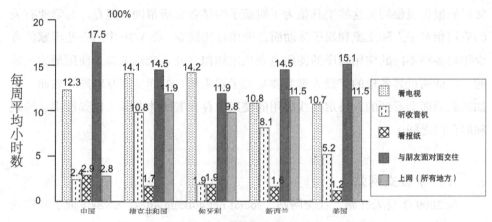

图 1.1　2007 年 WIP 中青少年通过媒体及面对面与朋友的交往（12—18 岁）

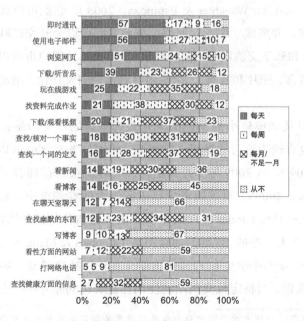

图 1.2　从 12—18 岁青少年在线活动的概况（WIP2007，加拿大与美国）

图 1.2 显示了美国和加拿大年轻人（12—18 岁）在 2007 年 WIP 中报告的各种在线活动的小时数，它并不包括当前流行的社交网站（比如 MySpace，Facebook）的信息，因为 WIP 没有包含它们。[1]这些活动的划分是根据每天的使用情况，并且在图的上部是使用最为频繁的，底部的使用较少。从图 1.2 中我们可以看到，美国和加拿大年轻人使用人际交流的应用（比如即时通讯和电子邮件）最为频繁，其次是娱乐活动（比如下载和收听在线音乐、玩在线游戏）。具有讽刺意味的是，父母们报告说他们买这些工具是为了对孩子的学业有所帮助，但是，与学业有关的应用相对于人际交流和娱乐活动而言则用得比较少。在 WIP 中另一些国家的青少年对各种不同的应用程序的使用也表现出相似之处。交流工具是使用最为频繁的，这证明世界各地的年轻人都主要是为了娱乐的目的而使用互联网，然而，正如我们后面会看到的，特定在线应用的使用上存在着团体差异（比如性别、种族和居住国之间）。

（一）社交网站

从 2009 年夏天开始，社交网站（social networking sites，SNSs）成了年轻人中最新的、更加广泛使用的交流工具（Reich，Subrahmanyam & Espinoza，2009；Subrahmanyam，Reich，Waechter & Espinoza，2008），它们可以让用户创立公共档案或私人档案，并形成"朋友"网络，彼此之间可以公开交流联系（比如状态更新或涂鸦墙）和私下交流联系（比如私信）。社交网站用户也可以粘贴用户生成的内容（比如留言、照片和视频），这些内容通常会引发评论，继而导致更加深入的交流。

Facebook 以及规模较小的 MySpace 是最为流行的社交网站，但是，在世界上的其他地方也有较为流行的界面，比如 Friendster，hi5，Orkut 以及 Tagget.com（Wikipedia，2009）。从 2009 年 9 月开始，Facebook 报告称拥有了超过 3 亿人的用户（Oreskovic，2009）。对美国青少年进行的大样本调查中，55%（Lenhart & Madden，2007）—65%（Jones & Fox，2009）的人报告称他们使用社交网站，并且女孩，尤其是年龄大一些的，说她们拥有网站（Lenhart & Madden，2007）。在较小样本的研究中，88% 的中学生和 82% 的大学生在使用社交网站（Subrahmanyam et al.，2008）。在美国，对特定社交网站的使用存在着组间差异——白人年轻人更多

[1] 一直持续快速变化的技术对于研究青少年数字世界的研究者而言是一个巨大的挑战，这一点在本章后面会提到。

报告使用 Facebook，相比之下，拉丁裔的年轻人往往聚集在 MySpace（Hargittai，2007；Subrahmanyam et al.，2008），这表明年轻人往往被吸引到他们生活中的其他人也会登录的在线区域。迄今为止的证据表明，年轻人使用社交网站是为了与朋友和家人保持相互联系（Subrahmanyam et al.，2008）（参见第四章）。

（二）发送短信

发送短信（Text messaging）由长度不超过 160 个字符的短文本信息构成，通常是在两部移动电话之间或网络与一部移动电话之间进行传递。在最近由"无线贸易协会"（The Wireless Trade Association）进行的调查中，美国 14—19 岁的年轻人报告称他们花费在发送短信和谈话上的时间不相上下，很多人（54% 的女孩和40% 的男孩）声称，如果没有短信，那么他们的社交生活"就完了，或会变得一塌糊涂"（Harris Interactive，2008）。发送短信主要是用来与同伴交流信息，大家集中在一起聊天（讨论各种活动和事件、闲言碎语以及做家庭作业时寻求帮助）、筹划（协调开会的安排）以及协调交流（Grinter & Eldridge，2001）。

（三）博客和微博

博客是个人网页，可以很方便地进行更新，整个内容是以时间倒序的方式排列,这使得最新输入的信息可以显示在稍旧的信息的上部（Herring, Scheidt, Bonus & Wright，2004）。博客有三种基本的类型：筛选博客（filter blogs，内容向外指向其他的博客写手,比如链接到世界新闻上）、个人日志（personal journals，内容向内指向博客作者自己,比如自己的"想法和内心活动"）以及知识博客［k(nowledge)-logs,内容主要是包含信息和观察,一般专注于某个技术问题,Herring et al., 2004]。尽管玩博客在年轻人中曾经非常风靡，但是，图 1.3 中 WIP2007 的数据显示，玩博客，尤其是写博客，并不是这一年龄组中习以为常的事儿。在当时进行研究的时候，博客很流行，我们知道，表明自己是青少年的英语博客写手 [1] 中绝大多数都是女性（87%，Subrahmanyam, Garcia, Harsono, Li & Lipana, 2009）。成年人的博客往往向外指向其他的博客写手（筛选型博客，以及知识型博客），相比之下，年轻人的博客很典型的是个人日志型的博客，风格上是叙事型的、反思型的，

---

[1] 由于研究者仅仅是分析了博客，并未实际联系博客作者本人，所以我们无法知道博客写手是否真的是青少年。这是另一个方法学上的问题，我们在本章的后面会谈到。

包含的主题都与青少年的同伴和日常生活有关，这表明青少年博客写手把离线的生活叙事和主题投射到了在线的博客上。

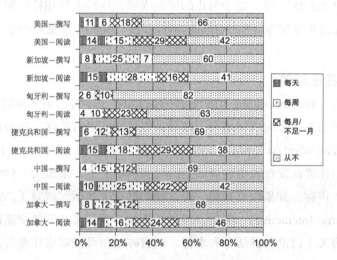

图1.3　12—18岁青少年中阅读和撰写博客的频率（WIP 2007）

微博是这类型中的新形式，实际上是由非常短的文本和多媒体（音频和视频）更新构成，通过短信或互联网来发送。推特（Twitter）是领先的微博平台，可以让用户通过"tweets"来进行更新，这是短小的（140个字符）文本更新，可以通过互联网或发送短信来发送到公共网络或预订用户的私人网络上。在2009年我们写这本书的时候，青少年使用推特的并不多（TechCrunch，2009），但是，我们在此也把它包括进来了，因为在公众的眼里，它已经非常习以为常了，并且它与诸如Facebook这样的社交网站的状态更新非常相似。

（四）网络电话应用

青少年也会使用互联网来打电话，或使用诸如Skype这样的程序，以及即时信使（Instant Messengers）中自带的工具来进行音频聊天。从图1.4中我们可以看到，在不同的居住国，青少年每周使用网络电话的频率在5%—29%。然而，与图1.2和图1.5相比，我们可以看到，青少年使用即时通讯这样的文本聊天多过音频聊天。很多新型的便携电脑都有内置的网络摄像头，对音频聊天和视频聊天的使用是否会超过过去的文本交流形式，我们可以拭目以待。

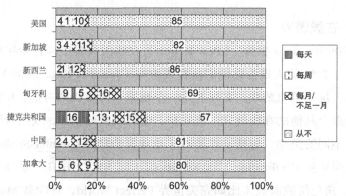

图 1.4　12—18 岁青少年中网络电话使用频率（WIP 2007）

（五）即时通讯

即时通讯（Instant Messaging，IM）是一种同步的、与另一个用户之间的私人信息交流，人们可以进行多种活动，比如来回切换不同的交谈窗口而同时与多个对象进行私人信息交流。起初，信息只有文本的，但是现在可以加挂附件、语音呼叫或视频呼叫，甚至是进行简单的在线游戏了。被确认用得最多的即时通讯服务包括美国在线信使（AOL's Messenger 或 AIM）、微软即时信使（Microsoft Instant Messenger）、Gchat（gmail 的一部分）以及黑莓信使（BlackBerry Messenger）。图 1.5 显示了 WIP 中七个国家的青少年使用即时通讯的频率。至少在美国而言，青少年使用即时通讯是为了联系线下的朋友，以谈论"虽普通然但亲密的话题"，比如朋友和闲言碎语（Gross，2004）。

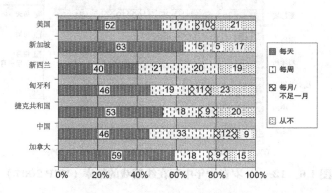

图 1.5　12—18 岁青少年中即时通讯使用频率（WIP 2007）

（六）在线游戏

根据 2009 年"Pew 报告"（Pew Report），在线游戏是美国青少年中最常见的在线活动，有 78% 的人报告称他们玩在线游戏（Jones & Fox, 2009）。在游戏系统或计算机上玩的单机游戏，实际上是一个玩家与计算机的对抗，相比之下，在线游戏是与多个其他的在线玩家一起对抗，他们或彼此相识，或完全陌生。在线游戏有很多不同的类型，包括动作游戏（比如反恐精英 Counter-Strike）、策略游戏（比如文明系列 Civilization）、运动和模拟（即 NBA、BHL、足球、F1、飞行模拟器等）、角色扮演游戏（比如完美世界 Perfect World，冒险岛 Maple Story），以及逻辑游戏或其他游戏（即象棋、俄罗斯方块）。[1] 角色扮演游戏中一个特别的类型是"大型多人在线角色扮演游戏"（Massively Multiplayer Online Role-Playing Games, MMORPGs），比如"魔兽世界"（World of Warcraft, WoW）和"无尽的任务"（Everquest），玩家置身于在线的想象世界中，他们假想为游戏化身或角色去探索游戏世界，与其他玩家交流并可能发生战斗，可以进行其他特定的游戏活动和探险。MMORPGs 已经成了大多数研究的课题，可能是因为它们有可能引发成瘾，这一问题我们在第九章中再分析。关于游戏的研究表明，玩离线游戏（Durkin & Barber, 2002）和玩在线游戏（Griffiths, Davies & Chappell, 2004）的青少年都是男性多于女性。图 1.6 显示了 WIP 中七个国家的青少年玩在线游戏的频率。

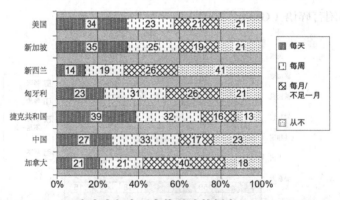

图 1.6　12—18 岁青少年中玩在线游戏的频率（WIP 2007）

---

[1]　感谢年轻的游戏玩家 Roy Cheng 帮助列出了这些游戏。

（七）聊天室

聊天室是一种在线空间，用户可以在里面实时地进行相互交流，这种交流既可以是公开的，也可以是私密的。很典型的情况是，多个用户会在聊天空间中参与几个同时进行的交谈（Greenfield & Subrahmanyam，2003）；用户也可能会"窃窃私语"，即成对的聊天用户可能会通过私密的即时通讯相互交谈。早期的聊天室是基于文本的，但是后来它们融入了音频聊天和视频聊天。公共聊天室的参与者彼此之间常常是陌生人，这一点与社交网站不同，后者中大多数用户都是和他们已经认识的人联系。聊天室在刚刚出现的时候非常受欢迎，然而，与陌生人交流可能带来的安全方面的顾虑，尤其是一些成人捕食者，以及随后即时通讯和社交网站的出现，使得聊天室走向了衰落，这在某些国家的年轻人中至少是这样的（参见图1.7）。在聊天室中，参与者会采用用户名或别名，这可以让他们在公共空间里识别自己的话语。年轻用户的别名通常包含了关于自我的信息，比如性别、兴趣、性角色（Subrahmanyam，Greenfield & Tynes，2004），并且似乎也被用作表现自我认同（Subrahmanyam，Šmahel & Greenfield，2006）和选择伴侣（Šmahel & Subrahmanyam，2007），这些重要的发展问题我们在第四章和第五章中会讨论。

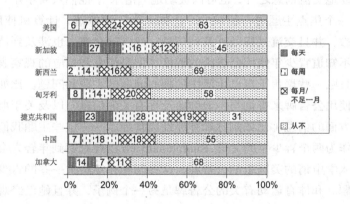

图 1.7　12—18 岁青少年中访问聊天室的频率（WIP 2007）

（八）虚拟世界

虚拟世界（Virtual worlds）是一种三维空间，用户在其中可以使用"化身"（avatars），并进行各种各样的活动，这有赖于他们沉浸于其中的具体环境。这在年轻人生活中是相对比较新的东西，据估计，到 2011 年时，3—17 岁的儿童青少年中有 2 千万人或 53% 的人会访问虚拟世界（eMarketer，2007）。在写这本书的时候，虚拟世界在年幼儿童中的流行度超过了在年长一些的年轻人中的流行度（Subrahmanyam，2009）。为年幼儿童设计的虚拟世界有 Webkinz 和"企鹅俱乐部"（Club Penguin），而为青少年设计的则包括"第二人生青少年网格"（Second Life Teen Grid）和 Whyville。最吸引人的虚拟世界是"第二人生"（Second Life），这种三维虚拟世界是为 18 岁以上的人设计的。"青少年网格"（Teen Grid）是从其中分离出来的，只对 13—17 岁的人开放。"第二人生"的居民可以通过参与各种各样的活动（比如听音乐会、上课、听歌剧以及创造和相互交易虚拟财物和服务），来探索整个虚拟世界，接触他人，与其他居民进行交往。Whyville 是一种非常不同的、适合于 8—16 岁儿童青少年的虚拟世界，可以让用户进行科学活动和社交活动（Fields & Kafai，2007）。

（九）公告牌

公告牌是一种公共空间，在其中用户可以非同步地粘贴信息，两条信息之间也许有、也许没有时间间隔。然而，与即时通讯或聊天室不同的是，这些信息并不是实时进行交流的，并且，在它们被贴出来之后很久也可以看到。用户除了在公告牌上主动地交流信息之外，也可以被动地"潜水"，他们只看不贴。公告牌往往是围绕着一个焦点主题进行组织的，比如大学入学申请、计算机使用、健康、政治以及宗教，并且交流过程既涉及到信息、建议的交流，也涉及到情绪支持和鼓励。我们不知道青少年使用公告牌的程度，但是研究和相应的观察表明，他们确实在看并且贴一些聚焦于自己生活中的核心问题的主题和问题。比如，我们知道，他们会使用公告牌来查询与一般健康及性有关的信息，以及关于典型的青少年问题行为方面的信息（比如割脉和神经性厌食症）——这些主题我们在第八章中会讨论。作为两个青少年的父母，Subrahmanyam 已经观察到年轻人会参与几种聚焦于大学入学申请的美国版的公告牌，这些问题在年龄大一些的青少年中是非常核心的问题。和体育运动有关的公告牌是另一个例子，并且她已经观察到自己处于青少年期的儿子是一个运动迷，他在这上面花了很多时间。

（十）下载音乐和视频

下载和听在线音乐及观看在线视频，这在青少年的课余时间中非常流行。WIP的数据表明，在 12—18 岁的青少年中，这是仅次于交流活动之后的最频繁使用的在线活动（参见图1.2）。从图1.8和图1.9中我们可以看到，在WIP的七个国家中，80%或更多的年轻人会下载和听网络音乐，并且60%或更多的年轻人会下载并观看视频。音乐、电影和电视是年轻人亚文化的构成部分，并且大学生报告说下载是获得音乐的一种娱乐方式，很方便（Kinnally, Lacayo, McClung & Sapolsky, 2008）。在今天，随着计算机技术和宽带技术的日益复杂，下载已经不限于音乐和视频，还包括了电影、电视剧、游戏和podcasts，而且，诸如iPods这样小巧而携带方便的设备，使得这种内容可以从任何虚拟的地方获得，我们预期这些活动在不远的将来会变得更加普遍。当然，非法下载是一个令人头痛的问题，这一问题我们在第六章中会讨论。

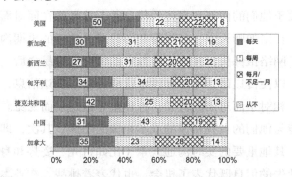

图1.8 12—18岁青少年中下载/听音乐的频率（WIP 2007）

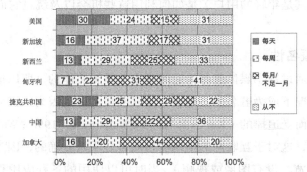

图1.9 12—18岁青少年中下载/观看视频的频率（WIP 2007）

四、数字化沟通环境的特征

年轻人在使用数字媒体（比如计算机和移动电话）时的主要特征就是沟通。然而，就其本质而言，这些技术提供的是一种沟通环境，它与面对面的背景是迥然不同的。我们接下来要考虑的数字沟通背景的某些重要特征包括：无实体用户（disembodied users）、基于文本的沟通、去抑制行为、自我表露、表情符号的使用，以及多任务并行和媒体多任务并行。要记住的是，随着每一种特征的变化和演进，每一种特征都会在不同的沟通形式中有不同程度的表现，甚至是在一种特定的沟通形式中也是如此。

（一）无实体用户

大多数通过屏幕而发生的数字沟通所具有的一个重要特征是，用户是无实体的——换言之，关于他们的面部和身体的信息并不总是像在面对面的沟通中那样可以获得。这一点在诸如聊天室、公告牌和即时通讯这样的早期沟通应用中尤其如此。然而，有了网络摄像头，并且上传数字图像更加容易之后，如果用户上传自己的数字图像，以便传递诸如年龄和性别这样的基本确认信息，那么情况就有所不同了。而且，相对于面对面的背景，种种差异也是显而易见。首先，用户可能会上传任何可能与他们的自我相像的或不相像的图像。其次，即使是可以看到这种图像的时候，其他重要的实时沟通线索（比如目光、姿势和身体语言）仍然是缺失的。这种缺失的信息既代表了机会，也代表着挑战，在整本书中我们都会显示用户（尤其是年轻的用户）是如何利用这些机会以及绕过它们带来的挑战。

（二）匿名性

因为用户通过数字媒体进行沟通时基本上是无实体的，所以他们也就可能在自己希望的情况下成为匿名的。的确，互联网最初就是因为人们可以把自己的身体隐藏在背后而受追捧的（Kendall，2003；Stallabrass，1995；Wakeford，1999）。在某种程度上，这对于互联网的早期岁月而言是千真万确的，因为技术本身的特质（较低的带宽、没有图像或视频）、当时可以使用的各种应用程序（比如聊天室、公告牌）的特质以及互联网尚未广泛普及的事实，人们还不大可能在网上遇到朋友和熟人，并与其互动。在互联网上的匿名性在今天就更加复杂了——用户可能会选择在应用程序中保持匿名，比如公告牌以及诸如"第二人生"这样的虚拟世界中。然而，匿名性对于社交网站这样的应用程序而言或许实际上是不可能的，在其中关于身体和自我的信息的提示是可以轻而易举得到的，并且在其中青少年或许更可能会与他们在离线时已经认识的人进行交往。不过，即使是在人们并非有意保持匿名时，用户也可能会虚构自己的在线身份，或者对真实离线身份的某些方面进行修饰。最后，由于网络上的每一个设备都有一个公开的 IP 地址，并且要想隐藏或掩饰 IP 地址需要比较高深的技术，所以在线匿名性是很难实现的。

（三）基于文本的沟通

数字沟通的大多数形式都是视觉的、基于文本的，人们会使用文字和数字混合的表达方式、图标、图片以及其他的视觉图像，并包含了书面语和口头语的特征。想想看聊天室中发生的一次谈话。Greenfield 和 Subrahmanyam（200）已经提出，聊天"是以书面的方式（在键盘上输入文字，并在屏幕上阅读文字）进行的，但是，与口头语（其突出的特点是无计划的言语）相同的是，它一般是由较短的、不完整的、语法简单的、常常出错的（语法和打字的错误）句子构成的"。图 1.10 显示了一段青少年在线聊天室的记录来说明这些特征。

15 Al commands:	WHAT HAPPENED MORN? ——早晨有什么事儿发生吗？
16 BLAKPower1413:	14——是的
17 Agreatonefeb74:	kew1——酷啊
18 Al commands:	HAHAHH——哈哈
19 Al commands:	I AM WHAT?——我是谁？
20 SwimteamBabe:	a/s/l——年龄 / 性别 / 地址
21 SuddenReaction:	who is f*** dany——谁是草丹尼
22 Al commands:	THE GREATEST?——最棒的？
23 Al commands:	YA, I KNOW——呀，我知道
24 MORN8SUN:	fuckdany?——草丹尼？
25 MORN8SUN:	Lol——大笑
26 MORN8SUN:	what?——什么？
27 MizRose76:	AL DID I GIVE U PERMISSION TO TALK TO NE ONE?——AL，我允许你？？
28 PinkBabyAngel542:	WHO BELIEVE'S SPEEDO'S (ON GUYS) AREN'T RIGHT——相信斯皮多（男孩）的人是不对的

29 PinkBabyAngel542:	TYPE 3——输入 3
30 Al commands:	WHAT!!!——什么！！！
31 PinkBabyAngel542:	3
32 DustinKnosAll:	3
33 SwimteamBabe:	3
34 BrentJyd:	any fine ladies want to chat press 69 or im me——任何时髦女郎要想聊就按 69，或和我即时通讯
35 Al commands:	ARE YQU TRY1NG TO TALKBACK TO YOUR MASTER——你正在想回击你的？？
36 Al commands:	??
37 Sportyman04:	hey——嗨

图1.10 来自 Greenfield 和 Subrahmanyam（2003）分析的青少年聊天室记录摘录[1]*

这在其他电子沟通应用程序中的人际交往中，也基本上是这样的，比如电子邮件、短信、即时通讯以及社交网站，并且，我们会看到有新的电子行话出现（Greenfield & Subrahmanyam，2003），它也被称为 netspeak 或 textspeak（Crystal，2004，2006）。Netspeak 最主要的部分是用户创造的俚语词和只取首字母的缩写词，青少年在使用这些东西方面很娴熟，而父母们则一头雾水。比如，POS (parent over shoulder，父母在身后看着呢)、BRB (be right back，马上回来)、GTG (got to go，我得走了)、IDK (I don't know，我不知道)、NIFOC (naked in front of computer，在计算机前裸体)、P911 (parent emergency，父母要来了)、TDTM (talk dirty to me，对我说脏话，Ray，2009)。对那些希望破解这些行话的人来说，有几个这些资源可供使用，比如网站 www.noslang.com 既有俚语词典，也有俚语翻译器。

（四）自我表露和去抑制

大量的观察证据以及实验证据表明，在互联网上，人们的行为方式会表现出一种去抑制的特征，自我表露的水平也很高（Joinson，2007）。起决定作用的因素

---

[1] *译注：此处保留了原文英文，以便读者体会某些中文无法传递的意味，破折号后为译文。

可能是人们在互联网上体验到的匿名的程度，因为高度的匿名通常意味着更多的自我表露，反之亦然。研究证实，在互联网上通过文本沟通的相互交往中，自我表露的水平高于在现实环境中的（Joinson，2001）。在大学生身上，在视觉匿名的虚拟讨论中，自发的自我表露水平高于面对面谈论中的水平。在计算机为中介的沟通背景中，视觉匿名的被试比非视觉匿名的被试有更多的表露。

无论如何，年轻人都可能在不同的在线环境中有不同的行为表现，因为某些虚拟背景可能与他们的离线自我关系非常密切，而另一些背景则可能风牛马不相及，并且可以让他们去更多地进行自我认同的实验。结果，自我表露水平和去抑制行为可能在不同的匿名聊天室中大相径庭，这与不太匿名的社交网站中的情况泾渭分明。因此，在考虑关于自我表露的发现时，我们应该考虑到具体研究所使用的研究方法和所研究的特定在线背景。

我们将在第二章和第五章中看到，青少年的一种重要需要是发展亲密关系，而其基础就是开放性、诚实以及自我表露（Brown，2004）。研究已经发现，在青少年早期和中期，为了结交朋友而进行的自我表露增加了，这种趋势对于女孩而言始于青少年期早期，而男孩则是青少年期中期（Buhrmester & Prager，1995）。因此，我们就不必惊讶年轻人对数字背景中自我表露机会的利用了。在我们自己的研究中，我们已经发现，年轻人在线冒险中的自我表露是司空见惯的。比如，青少年博客写手会自我表露的东西涉及到他们的朋友、家人、伴侣，以及日常生活（Subrahmanyam et al.,，2009），并且，他们报告说，在博客中写自己的离线生活时，他们基本上是真诚的（Blinka & Šmahel，2009）。

（五）表情符号的使用

表面上看，由于缺乏面部提示和身体语言，基于文本的、无实体的背景应该是很难表达和分享情绪的。尽管如此，青少年在数字沟通中却能够非常娴熟地传达他们的情绪。在我们对青少年撰写的英文博客进行分析时，我们发现，29%的输入信息包含了清晰而强烈的情绪，比如愤怒、挫折、快乐、悲伤和爱。年轻人之所以能够做到这一点，其中的一个重要方式是通过他们广泛使用的表情符号。表情符号很典型地由可以表示作者心境或面部表情的符号构成，比如 :-)、:-(、;-)、:-o、:-D、:D、:- P、=O、:-O[1]*，这些常用的表情符号可以传递各种各样的情绪或状

---

[1] 这些是表情符号，各自代表的意思如下：:-）微笑、:-（不高兴、;-）眨眼、:-o 惊讶、:-D 开心、:D、:- P 吐舌头、=O、:-O 很惊讶。

态，从欢快和微笑，到震撼和惊讶。很多在线应用程序，比如即时通讯、聊天室以及社交网站，也都会提供用户预先设计好的图形化的表情符号，用户可以很方便地把它们插入到基于文本的沟通中。对成年人而言，看似没完没了（并且在快速演变）的一大堆表情符号有什么意义并非显而易见，并且我们很多人可能不得不查查看这一大堆东西到底是些什么意思。因此，关注年轻的"数字土著"们如何造出这些东西来，并能够信手拈来地使用它们，是非常让人着迷的。

既然在电子沟通中表情符号的使用非常广泛，那么一个重要的问题是，它们是否有助于用户在在线沟通中理解情绪呢（Šmahel，2001，2003b）？表情符号，尤其是基于字符的表情符号，相比面对面的提示而言，更加含混不清，并且可能由不同的用户做出完全不同的解释。尽管如此，研究表明，它们在在线的基于文本的沟通中仍然是有用的（Derks，Bos & von Grumbkow，2008；Huang，Yen & Zhang，2008；Lo，2008）。一项对 137 名即时通讯用户的研究（Lo，2008）表明，表情符号可以让用户准确地理解情绪、态度及注意力表现的水平和方向，并且表情符号在非言语的沟通中具有独特的优势。相似地，另一项研究表明，表情符号可以强化言语信息的强度，在对挖苦的表达中也是如此，这进一步证明，它们对信息的解释会产生影响（Derks et al.，2008），并由此产生与非言语行为相似的功能。

（六）媒体多任务并行和多任务并行

媒体多任务并行（Media multitasking）指的是在同一时间使用不同的媒体（比如电视和互联网）。电子多任务并行指的是同时使用多种计算机应用程序（比如互联网和文字处理程序），在同一个应用程序中打开多个窗口（比如多个即时通讯窗口，Subrahmanyam & Greenfield，2008a），甚至是在同一个应用程序窗口中有多个注意目标（就像是在与多个人一起玩动作视频游戏一样，常常在屏幕上的不同位置同时发生很多事）。年轻人对技术的使用很多都是在多任务并行的背景下（Gross，2004；Roberts et al.，2005），从图 1.11 中可以看到一个青少年的计算机打开了很多的窗口。在 Claudia Wallis2006 年的一篇关于多任务并行世代的论文中，她描绘了一个 14 岁的青少年 Piers 在他自己的卧室中，上午 9：30 的时候，已经坐在自己的计算机面前并"登录了 MySpace 聊天室以及 AOL 信使程序长达 3 个小时了"。Google Images 窗口、几个即时通讯窗口以及 iTunes 也开着，因此他听到的是音乐的混合物。与此同时，他一直在处理一个 Word 文件——英语课的作业，并且他报告说他"花了一点点时间就搞定了"（Wallis，2006）。

　　这种媒体多任务并行在年轻人中正变得习以为常。在 2005 年的 Kaiser 报告中，Roberts 及其同事发现，美国 8—18 岁的儿童青少年用大约 6.5 小时的时间，消费了大约 8.5 小时的媒体内容，这一点自上一次报告以来保持稳定不变。多任务并行肯定并不局限于年轻人。在一项对 1319 名来自不同世代的美国人的研究中，多任务混合的情况在每一代人中都随处可见，尤其是在听音乐或吃饭的时候（Carrier，Cheever，Rosen，Benitez & Chang，2009）。然而，最年轻的一代人中的人数（网络世代，作者指的是 1978 年以后出生的人）报告的多任务并行比其他几代人更多。

图 1.11 一个青少年的计算机屏幕截屏显示有多个打开的窗口

　　对于年轻人为什么会如此着迷于多任务并行，我们知之甚少。想想看，一个年轻女孩在即时通讯中告诉我们的关于多任务并行的话：好的网络用户可以管理大约五个人，他们可以让一个人在一个窗口中，第二个人在第二个窗口中，如此类推，所以，这有一点点不同，就好像你同一时间坐在三个不同的酒吧里一样（Šmahel，2003a）。

　　另一个 15 岁的女孩告诉我们 :这太让人兴奋了——你只会感觉棒极了……你是人们注意的中心……这时候每个人都在写信息，直到你跟不上为止。或许他们仅仅是喜欢在同一时间与更多的人进行沟通，因为这会让他们感觉自己很重要，或者这可以让他们从自己的同伴团体中获得更多的支持，或者甚至是让他们从自己的生活压力中转移注意。另一种情况是，也许无法跟上自己的沟通同伴的感觉本身就让人兴奋不已。用另一个女孩的话说：我有种感觉，我没办法跟上，因为我的朋友太多了，所以我无法同时和所有的人进行交谈。这些说法表明，青少年可能会把同时进行的电子沟通与有积极感受的多个同伴联系起来，这样的感受可以和在运动中获胜时肾上腺素喷涌时的感受相提并论。

多任务并行除了受人欢迎之外，可能也需要付出一些代价。在前面提到的 Carrier 等人（2009）的一项研究中，被试报告称他们在多任务并行时感受到各种困难，尽管较年轻的一代人相比年长一代人报告的困难水平更低一些。各代人之间的共同之处是，关于哪些任务是可以混合在一起的（比如在吃饭的时候听音乐，或者在打电话的时候上网冲浪），这可以让研究者得出的结论是，每一代人都可能在进行多任务并行的能力上有相似的局限。此外，多任务并行也可能带来一些社会性的代价。在我们针对年轻人的工作中，我们听到过很多的故事，某个年轻人意外地把准备发给恋爱对象的文件，发到了一个普通朋友那里（这肯定让人尴尬不已！），或者因为漫不经心地与同伴联系时，可能会打扰了一个伙伴。我们也怀疑多任务并行非常可能影响亲子关系和家庭关系，这一点值得进一步的研究。

五、对年轻人的数字世界进行研究

至此我们已经表明，年轻人的数字景象既五彩缤纷，又纷繁复杂，对它们在发展中的作用展开研究并非轻而易举之事。因此，我们会考虑在对年轻人的数字世界进行研究时可能产生的问题，在考虑技术在发展中的作用时，我们必须对可能阻碍对这一课题的研究的逻辑上和方法学上的问题有所考虑。

（一）逻辑上的考虑

对于研究者而言，最大的挑战之一是要跟上青少年实际在使用的技术，这有几方面的原因。首先，在过去的十几年中，交互技术已经发生了翻天覆地的变化。其次，在年轻人中，电子配件（比如摩托罗拉的 Razr 电话、i-Phone）和在线应用程序（比如聊天室和博客）的流行就像是时尚一样——火热而疯狂地流行一阵，然后慢慢地销声匿迹。某些在线应用程序（比如即时通讯或社交网站）和配件（可以用作电话的移动设备、即时信息等）看似能够更加持久，并且可能岿然不动。再次，不仅仅是应用程序会变化，而且正如我们在前面提到的，这当中的标准和行为一直处于起起落落之中。最后，与成年人相比，年轻人更可能早早地适应技术，对这些技术的使用极为娴熟（就速度和技能而言）。因为所有这些原因，一般被认为是数字移民的成年研究者要想迎头赶上，以研究年轻的"数字土著"的在线行为，就成了吃力不讨好的事儿了。

当我们最开始研究年轻人对互联网的使用时，这种情况在我们身上就一而再再而三地发生。在我们认识到年轻人中很流行聊天室，我们就申请基金资助、设计研究方案、获取机构审查委员会的同意，然后展开研究，此时，聊天室已经是如日中天了。甚至是在我们对我们的数据进行分析、写出研究结果然后发表时，年轻人已经转到即时通讯和博客上去了。对研究在线行为感兴趣的研究者必须改变他们进行研究的方式——随着技术的变化，他们必须灵活自如，随时准备调整自己的方法。鉴于以上种种，他们会慢慢认识到这一点，并且我们已经看到关于大学生社交网站使用的几篇论文和专辑。

另一个挑战是，成年研究者作为数字移民在研究青少年的在线世界和虚拟行为时，实际上采用的是一种局外人的视角，换言之，他们使用的是语言学家 Kenneth Pike 所谓的"非位的"（etic）思路。这种思路可能会妨碍他们研究和理解年轻人在线行为的能力。想想看我们在最初开始研究青少年聊天室时的经验。我们无法从一份打印出来的聊天对话记录中看出任何意思来，反反复复琢磨这些记录，我们才渐渐地明白了某些有意义的表达，但是，实验室开会时，我们仍然是一片茫然，直到一个 20 多岁的研究生为我们拟出了不同的谈话线索。我们也在成年人的聊天室花费了大量的时间，既作为观察者，也作为参与者，有时候会要求其他用户解释一下那些密码和约定俗成的东西。在我们对在线青少年聊天背景下谈话的一致性（Greenfield & Subrahmanyam，2003）和对发展过程结构（Šmahel & Subrahmanyam，2007；Subrahmanyam et al.，2004，2006）所做的研究工作中，我们做的真是竭尽全力。

理想的情况下，我们应该尝试使用一种"主位的"（emic）的思路，在这种情况下，研究者于所研究的在线文化中，是作为一个参与观察者。当在线背景是公开的情况下，这一点非常容易，并且我们能够深入其中去观察和记录在线的人际交往。艰难的是，在今天，应用程序要么是私密的（比如即时通讯），要么是年轻人可以通过隐私控制来选择谁可以进入（比如 MySpace 和 Facebook 这样的社交网站）。尽管这似乎是一个挑战，但是创造性的解决方法仍然可以找到，比如找一些青少年线人和研究助理，"洛杉矶儿童数字媒体中心"的研究者也已经使用MySpace用户群，并且让MySpace用户对他们的站点进行录像（Manago，Graham，Greenfield & Salimkhan，2008）。

（二）方法学上的考虑

　　一个基本的方法学问题是没有控制组可言，实验组和控制组是经过时间检验的传统，心理学家在研究一个变量对另一个变量的影响时，可以籍此获得因果性的推论。然而，技术的快速普及，在任何时候都是只有很小一部分年轻人并不使用热门流行的应用程序。找到一个不使用互联网或某种应用程序、或者很少使用它的对等的青少年控制组，在今天几乎是不可能的，甚至在工业化不足的国家也是如此。即使找到了这样一个组，技术使用组和不使用组也会是不匹配的，这会限制人们能够做出的关于互联网影响的结论。纵向数据是解决这一问题的一种方式，这种思路有两个例子，包括 Steinfield，Ellison 和 Lampe（2008）对大学生自尊、Facebook 使用以及社会资本之间关系的研究，还有就是 Eijnden 及其同事对青少年在线沟通、强迫性互联网使用以及幸福感之间关系的研究（Eijnden，Meerkerk，Vermulst，Spijkerman & Engels，2008）。

　　另一个方法学的问题是对在线行为的操作化和测量。在线时间是要研究的一个相当让人头疼的互联网变量，为了突出这一问题，我们会让读者估计一下自己每天用来上网的时间平均量，包括列出最频繁的三种在线活动。很快，我们就明白这是一项非常困难的任务——不仅仅是因为互联网已经成了我们每天生活中的重要部分，从电子邮件到健康信息，到电影票预订，到指引方向，到处方，不一而足，而且是因为如此多的使用是在多任务并行的情况下进行的。我们在第七章中会进一步讨论时间的问题，在那里我们会讨论互联网对幸福感的影响。技术的其他方面，比如所使用的特定应用程序、其中包含的活动、与之交往的人，都同样是难以测量的。一种选择是使用软件来自动记录在线活动，但是这又会引发隐私问题和伦理关注，以及数据过载的问题。自我报告往往是测量互联网使用的最常用的方法，当我们考虑使用这种测量来展开研究时，建议读者记住它们的局限（比如记忆损失、估计偏差）。

　　确认被试的身份细节（比如他们的年龄、性别、种族和住址）是研究在线行为时另一个重要的方法学挑战。Greenfield 和 Yan（2006）指出，在发展研究中，报告年龄、性别和种族是理所当然的事。事实上，在试图确定发展趋势和差异时，它们是必须知道的重要信息（Subrahmanyam & Greenfield，2008b）。然而，关于被试的这些基本信息在匿名的在线背景（比如聊天室和广告牌）下，并非总是可以获得的，相似地，在匿名的在线调查中，我们甚至不知道被试或做出反应的人是否准确地报告了他们的年龄、性别和其他人口学细节。即使是在可以获得时，比如在博客档案中，自我报告的年龄、性别或住址信息也可能是不准确的，在我们的博客研究中，一些被试甚至报告他们来自"南极洲"（Subrahmanyam et al.，2009）。对研究者的挑战是既要获得准确的年龄和性别信息，也要进行具有生态效度的评价（Subrahmanyam & Greenfield，2008b），可以做到这一点的一些方法是招募离线被试，然后给他们发送在线调查的链接（Subrahmanyam et al.，2009），或者在一个有限定的社区（比如大学校园）中通过电子邮件招募被试（Steinfield et al.，2008）。

六、本书的目的和组织架构

我们的目的是检验青少年对交互技术的使用及其对发展的意义。第二章会通过对青少年期的总体概述（青少年的发展任务，比如性和亲密，以及背景在发展中的作用）来呈现我们的发展思路以及本书中我们采用的理论框架。沿着这条发展线索，第三、四和五章将会呈现年轻人是如何使用数字技术来促进性、自我认同和亲密等核心发展任务的。第六章如法炮制，呈现的是道德的发展，以及对社区的参与，这虽然不是核心问题，但是对青少年的发展而言仍然是重要的问题。

本书的第二部分检验了年轻人对技术的使用的某些实践意义。在第七章和第八章，我们会检验技术使用与幸福感的关系——作为信息源的直接关系，以及作为提供干预和治疗工具的间接关系。在第九章和第十章会探讨年轻人生活中技术的阴暗面和较为令人讨厌的方面——在线成瘾行为（第九章）、暴力和仇恨内容以及攻击性的交互关系（包括同伴的网络欺负、捕食者陌生人 / 成年人发起的性诱惑和伤害，第十章）。在第十一章，我们会看到不同的监管者（比如父母、政府）能够做些什么来保护年轻人避免接触有害的在线内容和免受伤害。在第十二章，我们会对青少年在数字背景下的在线生活意味着什么做一个总结和综合，明确我们遭遇到的一些常见而持久的主题，并展望未来。

尽管我们的目的是对年轻人与新技术的交互作用做一个在综合性的、发展性的解释，但是我们并未回顾所有的相关文献。相反，我们根据自己的看法，确认和突出了一些主题和研究，以帮助我们对青少年数字生活的发展意义形成更好的理解。即使我们开始检验年轻人所使用的不同类型的数字技术，现有的研究也主要是关注了互联网和通过计算机来接触的在线应用程序，因此，我们的讨论也反映的是这一领域的状况。然而，为了写作的方便，我们偶尔也会交替使用数字媒体、技术、在线背景以及数字背景这样的说法，在意义上把它们等同于"互联网"和"互联网背景"。相似地，有时候我们会使用"青少年"（teens）和"年轻人"（youth）来替代"青少年"（adolescents）。最后，我们回避了使用"真实的世界"（real world）来指离线的、物理的世界，因为我们无法低估一种可能性，即，对于年轻人而言，虚拟世界甚至可能比所谓的真实世界更加真实。

我们在不同章中突出了不同的在线应用程序和电子背景——比如，在第四章中讨论的是短信、即时通讯和社交网站，在第九章和第十章中是游戏，第八章是网上冲浪，第十章是在线音乐内容。在我们写作这本书的时候，我们非常留意数字媒体的规律就像是时尚一样，并且在写作某个章节时人们趋之若鹜的一种在线应用，很可能在这本书出版之时会销声匿迹了。因此，如果对于某种应用程序的研究结果与发展有着密切关系，那么不管青少年是否还在使用它，我们都把这一研究包含进来了。我们的希望就是，发展的思路将给读者一个与时间无关的、对年轻人生活中的数字媒体的阐释，即使是更新更复杂的应用程序已经替代了当前热门的应用程序，这种阐释也仍然是贴切中肯的。

【参考文献】

Blinka,L. & Šmahel,D.（2009）.Fourteen is fourteen and a girl is a girl:Validating the identity of adolescent bloggers.Cyberpsychology & Behavior,12,735–739.

Brown,B.B（2004）Adolescents' relationships with peers.In M.R.Lerner & L.Steinberg（Eds.）,Handbook of adolescent psychology（2nd ed.）.Hoboken,NJ:Wiley.

Buhrmester,D. & Prager,K.（1995）.Patterns and functions of self-disclosure during childhood and adolescence.In K.J.Rotenberg Ed.）Disclosure processes in children and adolescents（pp.10–56）.New York,NY:Cambridge University Press.

Carrier,L.M.,Cheever,N.A.,Rosen,L.D.,Benitez,S. & Chang,J.（2009）.Multitasking across generations:Multitasking choices and difficulty ratings in three generations of Americans.Computers in Human Behavior,25,483−489.

Crystal,D.(2004).A glossary of netspeak and textspeak.Edinburgh:Edinburgh University Press.Crystal,D.(2006).Language and the internet.Cambridge:Cambridge University Press.

Derks,D.,Bos,A.E.R. & von Grumbkow,J.(2008).Emoticons and online message interpretation.Social Science Computer Review,26,379−388.

Durkin,K. & Barber,B.(2002).Not so doomed:Computer game play and positive adolescent development.Journal of Applied Developmental Psychology,23,373−392.

Eijnden,R.,Meerkerk,G.J.,Vermulst,A.A.,Spijkerman,R. & Engels,R.(2008).Online communication,compulsive internet use,and psychosocial well-being among adolescents:A longitudinal study.Developmental Psychology,44,655−665.

Europa Press-Release.(2009).Commission calls on mobile operators to continue to improve child safety policies(Electronic version).Retrieved August 14,2009,http://europa.eu/rapid/pressReleasesAction.do?reference=IP/09/596.

eMarketer.(2007).Kids and teens:Virtual Worlds Open New Universe.Retrieved 16 July,2009,http://www.emarketer.com/Report.aspx?code=emarketer_2000437.

Fields,D.A. & Kafai,Y.B.(2007).Stealing from grandma or generating cultural knowledge?Contestations and effects of cheats in a tween virtual world.Paper presented at the Situated Play,Proceedings of DiGRA 2007 conference.Retrieved March 4,2009,http://www.gseis.ucla.edu/faculty/kafai/paper/whyville_pdfs/DIGRA07_cheat.pdf.

Greenfield,P.M. & Subrahmanyam,K.(2003).Online discourse in a teen chatroom:New codes and new modes of coherence in a visual medium.Journal of Applied Developmental Psychology,24,713−738.

Greenfield,P.M. & Yan,Z.(2006).Children,adolescents,and the internet:A new field of inquiry in developmental psychology.Developmental Psychology,42,391−394.

Griffiths,M.D.,Davies,M.N.O. & Chappell,D.(2004).Online computer gaming:A comparison of adolescent and adult gamers.Journal of Adolescence,27,87−96.

Grinter,R.E. & Eldridge,M.(2001). y do tngrs luv 2 txt msg.Paper presented at the seventh European conference on computer-supported cooperative work ECSCW' 01,Dordrecht,the Netherlands.

Gross,E.F.(2004).Adolescent internet use:What we expect,what teens report.Journal of Applied Developmental Psychology,25,633−649.

Hargittai,E.(2007).Whose space?Differences among users and non-users of social network sites.Journal of Computer-Mediated Communication,13,Article 14,Retrieved November 27,2009,http://jcmc.indiana.edu/vol13/issue1/hargittai.html.

Harris Interactive.(2008).Teenagers:A generation unplugged.Retrieved November 27,2009,http://files.ctia.org/pdf/HI_TeenMobileStudy_ResearchReport.pdf.

Herring,S.C.,Scheidt,L.A.,Bonus,S. & Wright,E.(2004).Bridging the gap:A genre analysis of weblogs.Paper presented at the Procceedings of the 37th Hawai'i International Conference on System Sciences,Hawai.

Huang,A.H.,Yen,D.C. & Zhang,X.N(2008)Exploring the potential effects of emoticons. Information & Management,45,466–473.

Joinson,A.N.(2001).Self-disclosure in computer-mediated communication:The role of selfawareness and visual anonymity.European Journal of Social Psychology,31,177–192.

Joinson,A.N.(2007).Disinhibition and the internet.In J.Gackenbach(Ed.).Psychology and the internet(pp.75–92).San Diego,CA:Academic Press.

Jones,S. & Fox,S.(2009).Generations online in 2009.Retrieved February 9,2009,http:// pewresearch.org/pubs/1093/generations-online.

Kendall,L.(2003).Cyberspace.In S.Jones(Ed.),Encyclopedia of new media(pp.112–114). Thousand Oaks,CA:Sage.

Kinnally,W.,Lacayo,A.,McClung,S. & Sapolsky,B.(2008).Getting up on the download:College students' motivations for acquiring music via the web.New Media Society,10,893–913.

Lebo,H.,Cole,J.I.,Suman,M.,Schramm,P.,Zhou,L.,Salvador,A.,et al.(2009).World internet project international report 2009.Los Angeles,LA:Center for the Digital Future.

Lenhart,A. & Madden,M.(2007).Social networking websites and teens:An overview. Pew Internet & American Life Project,Retrieved November 28,2009,http://www. pewinternet.org/~/media//Files/Reports/2007/PIP_SNS_Data_Memo_Jan_2007. pdf.pdf.

Lo,S.K.(2008).The nonverbal communication functions of emoticons in computer-mediated communication.Cyberpsychology & Behavior,11,595–597.

Manago,A.M.,Graham,M.B.,Greenfield,P.M. & Salimkhan,G.(2008).Self-presentation and gender on MySpace.Journal of Applied Developmental Psychology,29,446-458.

Oreskovic,A.(2009).Facebook makes money,tops 300 million users.Retrieved September 16,2009,http://news.yahoo.com/s/nm/us_facebook.

Prensky,M.(2001).Digital natives,digital immigrants.On the Horizon,9(5),1-6.

Ray,R.(2009).Netspeak and internet slang(Weblog).Retrieved August 10,2009,http://www.wordskit.com/blog/words/netspeak-and-internet-slang-words/.

Reich,S.M.,Subrahmanyam,K. & Espinoza,G.E.(2009).Adolescents' use of social networking sites-Should we be concerned?Paper presented at the Society for Research on Child Development,Denver,CO.

Roberts,D.F. & Foehr,U.G.(2008).Trends in media use.The Future of Children,18 (1),11-37.

Roberts,D.F.,Foehr,U.G. & Rideout,V.(2005).Generation M:Media in the lives of 8-18 Year-olds-report.Retrieved December 16,2008,http://www.kff.org/entmedia/7251.cfm.

Šmahel,D.(2001).Electronic communication and its specifics.Ceskoslovenska Psychologie,45,252-258.

Šmahel, D.(2003a).Communication of adolescents in the internet environment. Ceskoslovenska Psychologie,47,144-156.

Šmahel,D.(2003b).Psychologie a internet:d̆eti dosp̆elými, dosp̆elí d̆etmi.(Psychology and internet:Children being adults,adults being children.).Prague:Triton.

Šmahel,D. & Subrahmanyam,K.(2007). "Any girls want to chat press 911" :Partner selection in monitored and unmonitored teen chat rooms.CyberPsychology & Behavior,10,346-353.

Stallabrass,J.(1995).Empowering technology:The exploration of cyberspace.New Left Review,I/211,3-32.

Steinfield,C.,Ellison,N.B. & Lampe,C.A.C.(2008).Social capital,self-esteem,and use of online social network sites:A longitudinal analysis.Journal of Applied Developmental Psychology,29,434-445.

Subrahmanyam,K.(2009).Developmental implications of children's virtual worlds. Washington and Lee Law Review,66,1065-1084.

Subrahmanyam,K.,Garcia,E.C.,Harsono,S.L.,Li,J. & Lipana,L.(2009).In their words:-Connecting online weblogs to developmental processes.British Journal of Developmental Psychology,27,219-245.

Subrahmanyam,K. & Greenfield,P.M.(2008a).Online communication and adolescent relationships.The Future of Children,18,119–146.

Subrahmanyam,K. & Greenfield,P.M.(2008b).Virtual worlds in development:Implications of social networking sites.Journal of Applied Developmental Psychology,29,417–419.

Subrahmanyam,K.,Greenfield,P.M. & Tynes,B.M.(2004).Constructing sexuality and identity in an online teen chat room.Journal of Applied Developmental Psychology:An International Lifespan Journal,25,651–666.

Subrahmanyam,K.,Reich,S.M.,Waechter,N. & Espinoza,G.(2008).Online and offline social networks:Use of social networking sites by emerging adults.Journal of Applied Developmental Psychology,29,420–433.

Subrahmanyam,K.,Šmahel,D. & Greenfield,P.M.(2006).Connecting developmental constructions to the internet:Identity presentation and sexual exploration in online teen chat rooms.Developmental Psychology,42,395–406.

TechCrunch.(2009).Why don't teens tweet?We asked over 10000 of them.Retrieved September 20,2009,http://www.techcrunch.com/2009/08/30/why-dont-teens-tweet-we-asked-over-10000-of-them/.

Wakeford,N.(1999).Gender and the landscapes of computing in an internet café.In M. Crang,P.Crang & J.May(Eds.),Virtual geographies:Bodies, space,and relations (pp.178–202).London:Routledge.

Wallis,C.(2006).The multitasking generation.Time Magazine,167,48–56.

Wikipedia. (2009). List of social networking websites. Retrieved January 7, 2009, http://en.wikipedia.org/wiki/List_of_social_networking_websites.

第二章 青少年发展与其在线行为：
理论框架

    青少年期处于童年期和初显成人期之间，这个阶段的个体面临着生理、心理和社会性等方面的巨大挑战。Stanley Hall（斯坦利·霍尔，1904）曾经将青少年期描述为一个"疾风暴雨"的阶段，直到现在，大众文化和很多家长头脑中仍然是这么认为的。虽然有研究者也指出，青少年阶段并非总是那么混乱（Steinberg，2008），但不管怎样，很多论述青少年交互技术问题的观点，仍然是以疾风暴雨观点为基础的。数字世界已经成为青少年生活的一部分，有人认为这种变化会进一步威胁或阻碍青少年本来就很难渡过的转变期。我们的目的是探讨数字媒体在青少年发展中扮演的角色，本章内容会介绍我们讨论该问题的发展理论框架。第一部分内容简要回顾了发展心理学关于青少年的内容——青少年所面临的挑战及其影响因素，特别是影响青少年发展的背景因素。第二部分会探讨数字媒体对青少年产生的影响，并介绍我们对于青少年在线世界和离线世界之间心理联系的理论观点。

一、发展心理学告诉我们

    1983 年，心理学家 John P. Hill（希尔）在他的经典论文中提出了一个非常有影响的研究观点。他认为，想要了解青少年的发展，研究者必须三管齐下，强调应该从青少年的基本生理发展、背景因素和心理社会性任务三个方面来进行考虑（Hill，1983；Steinberg，2008）。根据希尔提出的理论模型，我们也会从这三个方面来理解青少年的数字生活。

（一）青少年期的变化

对于青少年期的个体来说，最突出的特点可能是在生理、认知和社会性等方面都会不可避免地出现变化（Steinberg，2008）。青春期生理方面的变化包括身高和体重的迅速增长，在性的发展方面，会成长为成年人的体型，并相应地拥有成年人的生殖能力（Tanner，1978）。与此同时，青少年还会在认知方面取得极大进步，包括抽象思维能力、根据假设情景推理的能力等（Inhelder & Piaget，1999；Steinberg，2008）。跟儿童相比，青少年能够从事更高级和更复杂的思考，但他们的很多认知能力仍然在继续发展，特别是那些跟大脑前额叶皮层有关的认知能力。新近有研究发现，大脑的这些区域在青少年期会一直持续发展，特别是大脑额叶，直到他们20多岁才发育完全（Sowell，Thompson，Holmes，Jernigan & Toga，1999；Sowell，Thompson，Tessner & Toga，2001）。最后，青少年个体的社会地位、权利、责任和权限等方面也会发生变化。大多数西方社会中，进入青少年阶段后，个体会拥有更大的自由，他们可以驾驶、放弃学业、参加工作、加入军队、开始约会、从事性生活，甚至结婚（Steinberg，2008）。

（二）发展任务问题

Hill 还指出，在青少年的心理社会性问题上还需要更多的研究，包括对依恋、自主性、性行为、亲密感、成就和自我认同等问题的研究。他认为，在研究这些问题时，应该考虑到他们在生理和认知上的变化，以及社会性方面的变化。发展心理学家认为，社会文化对个体提出了挑战或期望，在不同的人生阶段，人们需要完成不同的发展任务。根据 Havighurst（Havighurst，1972）的理论："发展任务指的是在个体在某个特定发展阶段需要完成的任务，如果能完成一个阶段的任务便能获得幸福感，并且更容易完成以后的任务；如果没有完成，则无法获得幸福感，难以得到社会赞许，也很难完成之后的任务。"他列举了从婴儿期到成年中期或者更成熟时期，个体在不同人生阶段所面对的发展任务，并指出某些特殊的任务可能取决于个体所居住的地区。根据 Havighurst 的提法，20 世纪 70 年代的美国青少年需要完成以下发展任务。

（1）与不同性别的同龄人建立新的、更成熟的关系——由于青春期的到来，青少年在生理和性特征方面发生很大的改变，他们必须学会与同龄人建立新的关系，这包括与同性同伴和异性同伴的关系。丰富的社会活动和社会经验能够帮他们学习成年人的社交技能，成长为社会适应良好的个体。

（2）获得男性或女性的社会角色——青春期的到来让不同性别个体的生理差异增大，青少年必须接受和适应社会对于不同性别的期待。海威格斯特补充说，青少年阶段的社会角色会发生变化，尤其是女孩，她们面对着前所未有的选择机会。

（3）接受自己的体型并有效地利用身体——随着青少年的性发育，他们的体型会发生变化，同时兴趣和态度也会发生改变。青少年必须学会接受自己的外表，并保护好自己的身体。

（4）从父母和其他成年人那里获得情感独立——青少年与父母的情感连结会发生改变，个体必须获得独立和自主，与此同时，还要与父母保持感情联系，并尊重他们。

（5）为婚姻和家庭生活做准备——根据 Havighurst 的理论，青少年必须建立对家庭的积极态度，同时女孩还要为家政管理和照看孩子等做好准备。

（6）为从事一份可以谋生的职业做准备——青少年应该计划并准备从事一份可以谋生的职业，以获得经济上的独立。在强调劳动技能的现代社会中，大多数职业都需要做相当复杂的准备。因此对于青少年来说，这一项任务应该优先于其他任务（比如找到一个伴侣）。

（7）建立价值观念和伦理道德体系以指导行为，或形成一种意识形态——青少年必须要建立一致的社会伦理和意识形态，这能够使得个体无论在何时何地都能定位自己。这一任务可以通过讨论道德问题，理性思考宗教和伦理问题，以及使用道德准则来解决社会问题等方式获得。

（8）渴望并履行社会责任行为——青少年必须参与社会群体活动，并为其所属群体承担相应责任，比如社区或更大的社会群体。这要求青少年为了更大的利益、为保持与社会意识形态一致而做出贡献。

尽管自 20 世纪七八十年代 Havighurst 第一次提出该理论以来，青少年已经发生了很大改变，但是直到现在，大部分发展任务仍然是有意义的。只有任务（5）（为婚姻和家庭生活做准备）和任务（6）（为职业做准备）对于今天的青少年来说并没有那么重要。现在大多数青少年对于准备婚姻和家庭生活跟以往相比很不积极。例如在高中课程中，家庭消费课一般被称为家庭和消费者科学，更注重职业培训和如何谋生（Trickey，2003），并且也不仅仅是专门为女孩开设的。同样，现在的青少年约会跟以往相比，极少是以婚姻和家庭为结果的（Gordon & Miller，1984），而更多地是为年轻人将来建立亲密关系做准备。对于任务（6）来说，为了从事未来的职业，青少年不得不花费更多的时间在前期教育上（Steinberg，2008），因此，尽管大多数青少年仍然在上高中，但是他们并没有跟 50 年前的青少年一样在积极地为谋生职业做准备。虽然今天的青少年可能并没有积极地准备从事一份谋生职业，但他们在正规学校教育中花了更多的时间，这也是为未来获得工作和谋生能力的一种投资。

由于这些变化，心理学家 Jeffrey Arnett（2000，2004）使用"初显成人期"这一术语来描述青少年后期到成年期之间这一人类发展的过渡时期。在特定的文化情境中，比如在工业化社会中，个体步入婚姻和为人父母的年龄都推迟到了 20 多岁甚至更晚。Arnett 认为，初显成人期是一个"探索和不稳定的阶段，自我关注的阶段，充满着可能性的阶段"（P21），这一阶段的个体所面对的两个重要发展任务就是获得自我认同和发展亲密感。虽然 Erikson（埃里克森）将建立自我认同看做是一种典型的青少年危机（Erikson，1959；Kroger，2003），但是我们现在知道，成年初期的个体仍然在努力解决某些自我认同问题，比如职业、宗教和道德等（Côté，2006）。

初显成人期个体还需要跟朋友、伴侣、亲戚和家庭成员等人互动，建立亲密感。尽管青少年所面临的挑战和初显期的成年人有一些重叠，但是这仍然是两个截然不同的发展阶段，各自面临着不同的机遇和挑战。我们这本书重点关注的是青少年阶段。我们将青少年操作化定义为 18 岁以下的初中和高中学生，初显成人期个体则包括了 18 岁以上的大学生群体。虽然 Arnett 没有将高中毕业作为青少年期结束或初显成人期开始的标志，但根据美国对于进入大学时个体的年龄设置，以及其他工业社会赋予个体更多独立性、探索机会和自主性的年龄界限，我们采用了的这个界定方法。所以，我们书中更多的是关于初高中的青少年研究。在此有必要向读者指出，根据本书的内容来讨论大学生是不合适的。接下来一节内容中，我们将围绕着第一部分提到的理论框架结构，简要描述青少年发展的三个主要方面——对生理性成熟的适应、建立自我认同和形成与同伴或伴侣的亲密感（Brown，2004；Erikson，1950；Weinstein & Rosen，1991）。

1. 性的发展

青少年必须适应他们的性变化，特别是性冲动和性兴趣，他们可能会经常使用性俚语、讨论性问题、互讲性笑话和分享跟性有关的资料等（Weinstein & Rosen，1991）。他们处于性活跃期（Mosher，Chandra & Jones，2005；Savin-Williams & Diamond，2004），性活动的机会随着年龄增加而升高（Cubbin，Santelli，Brindis & Braveman，2005）。青少年的性成熟和性行为会促使他们开始发展浪漫关系（Teare，

Garrett, Coughlin & S hanahan, 1995), 这种关系会在他们的生活中扮演重要的角色 (Furman, 2002)。青少年的浪漫关系是他们社会支持的来源之一，能够促进他们在自我认同、性取向、同伴和家庭关系，以及学业成就和职业道路等方面的发展 (Furman & Shaffer, 2003; Furman, 2002)。同时，浪漫关系也会对青少年造成困扰和压力，有调查发现，全国超过半数的热线电话处理的都是人际关系问题 (Teare et al., 1995)。

2. 自我认同

青少年面对的第二个任务是构建一致的、连续的自我认同,这其中包括社会性别、生理性别、道德、政治、宗教和职业等方面 (Erikson, 1959; Kroger, 2003)。一致的自我感指的是个体对于自己的身份和所处的环境感到舒适 (Erikson,1959, 1968)，包括"对自我独特性的意识，以及追求连续性经验的无意识" (Kroger, 2003, P206)。对于健康的自我认同发展过程来说，自我认同探索和承诺是很重要的，甚至可以说是必要的。实证研究表明，自我认同探索始于青少年期，但是连续性的自我认同通常到青少年后期和初显成人期才能形成 (Nurmi, Lerner & Steinberg, 2004; Reis &Youniss, 2004; Waterman, 1999)。

3. 彼此联系和亲密感

在青少年期,同伴和伴侣的作用越来越重要(Furman,Brown & Feiring,1999),跟他们建立亲密关系是青少年期的第三个重要任务。我们应该结合青少年的发展背景来讨论这种亲密关系：青少年阶段，他们跟家庭的距离变大，开始发展自主性和独立性 (Brown, 2004; Ryan, 2001)。已有研究结果表明，青少年需要亲密的友谊 (Pombeni, Kirchler & Palmonari, 1990), 渴望得到情感满足、亲密感，以及同伴和伴侣的陪伴 (Connolly, Furman & Konarski, 2000; Larson & Richards, 1991)。在青少年期，这些亲密关系的获得能够体现青少年的开放性、忠诚度和自我表露 (Brown, 2004)。对朋友的自我表露程度在青少年早期和中期会升高，最后青少年向朋友表露的内容会多于对父母的表露 (Buhrmester & Prager, 1995)。

（三）背景因素对青少年发展的影响

1. 社交网络作为发展的背景

Hill 强调了研究青少年社交网络的重要性，比如探索同龄人、家庭、学校、教堂和工作场所等因素对青少年行为和发展的影响。事实上，在过去的几十年中有很多研究结果显示,同伴、家庭、学校等背景因素能够间接影响青少年对发展问题的处理。例如，有研究表明，青少年在决定性行为问题时会向同伴寻求支持，同伴交流是他们获取性信息的重要来源（Kallen，Stephenson & Doughty，1983；Ward，2004），浪漫关系同样也是青少年交谈的重要话题（Furman & Shaffer，2003）。对于异性恋青少年来说，同伴在最初与异性建立浪漫关系的互动中扮演了重要的角色（Furman，2002）。此外，同伴对自我认同模式的形成也有重要影响。除了性问题和浪漫关系外，同伴还会影响其他常见问题，如外貌（Giblin，2004）、自我意识（Johnson & Aries，1983）等自我认同形成的重要方面。在更广泛的层面上，青少年也是团伙（crowds）的一部分（如"运动员"、"极客"、"格莱美迷"等），这涉及到"青少年对于拥有相似身体映像或声誉的同伴的认同"（Brown，2004）。Steinberg指出，是否加入团伙建立在声誉或刻板印象的基础上，所以团伙身份会影响青少年的自我认同发展（Steinberg，2008）。因此我们看到，同伴等背景因素对于青少年发展是很重要的。

2. 媒体作为发展的背景

自从Hill在20世纪80年代提出青少年的研究体系以来，媒体已经成为年轻人生活的重要组成部分。此外，差不多在过去的10年里，围绕着年轻人的媒体情况发生了迅速而巨大的变化。尽管大众媒体不是青少年从属的一种组织或社交网络，但它们已经成为年轻人生活中不可分割的一部分。

那么媒体在青少年发展中扮演了什么角色呢？首先，让我们回顾一下以前的电视机和出版物等媒体形式。研究结果显示，就像青少年转向求助同伴一样，他们也会通过看电视和阅读出版物来帮助自己处理离线问题。例如，他们能从电视和杂志中了解性知识（Borzekowski & Rickert，2001；Brown，Childers & Waszak，1990；Ward，2004）；他们还会通过看电视来获取自我方面的信息，例如社会性别和生理性别认同（Arnett，1995；Brown，2004；Ward，2004）。很多年轻人报告说在自己的卧室中安放了电视和其他各种媒体（Roberts & Foehr，2008），他们还提到会通过房间中的多媒体环境来明确自己的身份（Steele & Brown，1995），以及了解最初的性知识和浪漫关系的雏形（Brown et al.，1990；Evans，Rutberg，Sather & Turner，1991）。

二、数字媒体和青少年发展

在第一章中，我们已经向读者介绍了青少年生活中充满了各种各样的数字技术，比如电脑和互联网等。在这些新型的交互媒体中，最让人关注的是媒体技术将社会互动带入了电子世界，在线交流成为现在青少年与同伴沟通的最常见的方式（Subrahmanyam & Greenfield，2008）。这些新媒体不仅是青少年跟同伴交流的重要工具，还影响了青少年生活中的其他背景因素，比如休闲活动，甚至家庭等。除了家庭、同伴和学校之外，我们必须考虑将数字世界作为另外一种社会背景因素，考察其是如何影响青少年的发展的。数字媒体的影响已经深入并扩散到青少年期个体发展的各个方面。

之前的研究显示，对同伴的自我表露可能有助于青少年应对发展问题，现在新型的数字媒体为自我表露提供了更多机会。我们还了解到，以前青少年会通过旧媒体来获得解决发展问题的知识。本书的核心前提就是，在线交流形式结合了通过媒介进行的同伴互动，为青少年面对生活中的发展挑战提供了很好的探索场所（Subrahmanyam，Greenfield & Tynes，2004；Subrahmanyam，Šmahel & Greenfield，2006）。在过去的 10 年中，我们的研究议题都集中在寻找电子媒体与发展进程的关 系（Šmahel，2003；Šmahel，Blinka & Ledabyl，2008；Subrahmanyam et al.，2004；Subrahmanyam et al.，2006）。我们结合质性和量化研究方法发现，青少年的在线交互——包括多种在线论坛（如聊天室、博客和社交网站）——能够直接和间接地反映青少年的主要发展问题。

在本书中，我们采用这种方法来试图拼凑和描绘数字青少年和他们的数字世界。我们在第一部分中已经介绍了青少年所面对的主要发展任务和挑战——性的发展、自我认同、亲密感、人际联系、道德观和核心价值体系的建立等。接下来，我们将这些发展任务或挑战转移到数字世界中来讨论，在这个新领域中，这些发展任务可能会改变、加剧、逆转，或者保持不变。通过考察青少年的在线互动与持续发展过程的关系，我们可以对他们的在线生活有更完整的理解。

三、理解青少年在线行为的理论框架：结构共建模型

我们在这本书中采用的理论框架是结构共建模型（The Co-construction Model），该模型最早是由媒体研究的先行者 Patricia Greenfield 提出的（Greenfield，1984）。跟我们一样，该模型一开始是用来理解青少年的在线聊天行为的（Subrahmanyam et al.，2004，2006）。我们尝试将青少年的发展进程与数字世界联系起来，这是一种剔除媒体影响的方法，以前这种方法也被用于理解媒体对于人

类发展的影响（Anderson & Dill，2000；Bandura，Ross & Ross，1961；Klapper，1960）。媒体效应模型认为，媒体内容能够影响儿童的态度、思想和行为（Anderson & Dill，2000；Bandura et al.，1961；Klapper，1960）。媒体效应模型（the Media effects Model）支持者认为媒体只是外部因素，它对用户的影响是自外而内发生的。虽然这种观点没有明确提出用户是受到媒体影响的被动接受者，但媒体效应模型的确是这么认为的。持这种理论观点的研究包括：看电视能提高识字能力、玩视频游戏有益于注意和空间认知能力等。很多早期关于青少年使用互联网的研究，也探索了网络对于心理健康的积极或消极影响，评估了互联网对焦虑、抑郁、孤独感和其他心理健康因素的影响，我们在第七章将会对这方面的研究进行更详尽的介绍。

关于新型媒体的结构共建模型跟大众媒体的"用且满足理论（The Uses and Gratification Theory）"也不一样（Blumler & Katz，1974）。用且满足理论认为，用户使用媒体是为了不同的目的，并从中获得不同的满足，如逃避现实、获取信息或娱乐消遣等。跟媒体效应模型相比，用且满足理论假定用户在选择媒体中扮演了积极的角色，他们所选择的媒体进而又会影响他们。那些关注同伴交流（Gross，2004）、健康信息（Borzekowski, Fobil & Asante，2006；Suzuki & Calzo，2004）和社会支持（Whitlock, Powers & Eckenrode，2006）等方面的研究，都尝试着探索使用互联网对青少年的影响，进而理解其在线行为。在第八章中我们会详细探讨青少年使用互联网来获取身体健康和心理健康信息，以及互联网在心理治疗和干预方面的潜在作用。

媒体效应理论和用且满足理论促使我们对青少年的在线行为有了一定了解，但现在我们的了解仍然很有限，因为这些理论没有考虑到在线环境的关键特点。在聊天室、即时通讯、短信和社交网站等交互型数字场所中，是用户和这些工具共同建构了整个环境，设计者只是提供了交互平台或工具，实际上他们无法预料用户会如何使用这种平台或工具。Greenfield 和 Yan（2006）曾经提出，互联网是一种包含了无穷级数应用程序的文化工具系统。在线环境也是文化空间，它同样会建立规则，向其他用户传达该规则并共同遵守。在线文化不是静态的，而是呈现出周期性的变化，用户会不断设定并传达新的规则。因此，我们要摆脱青少年只是被动地受到在线环境影响的观念，要看到用户在与他人联系的同时也参与了建构环境，用户受到在线文化影响的同时，也在影响着在线文化。

如果青少年用户也参与了建构在线环境，那么就可以认为他们的在线世界和离线世界是彼此联系的。相应地，数字世界也是他们发展的一个重要场所，因而我们认为，青少年会通过在线行为来解决离线生活中遇到的问题和挑战。正如我们前面所提到的，青少年的这些发展任务包括性的发展、自我认同、亲密感和人际关系等。我们认为，青少年在线世界和离线世界之间的联系不仅体现在发展主题方面，还体现在青少年的行为、交往的对象和维持的关系等方面。在线世界和离线世界的联系在性别问题发展上也有所体现，比如在线聊天室中的性别化交流也体现了离线世界中的性别化行为和选择（Šmahel & Subrahmanyam，2007）。此外，在问题行为方面也是如此，在离线世界中存在问题行为的青少年进入在线世界后更有可能惹上麻烦。

我们认为，青少年的生理发展和社会性发展与数字世界是交织在一起的，它们彼此关联，相互影响。换句话说，青少年的在线生活和离线生活是紧密相关的。对于青少年来说，数字世界是非常真实的——在他们的主观经验中，"真实"和"虚拟"甚至可能是混合在一起的，因此，我们不用"真实世界"作为与"在线"或"数字世界"相对的概念。我们将会使用"物理/数字"和"离线/在线"来表示从在线世界到离线世界这一连续体的两端。

青少年会通过在线世界来拓展他们的离线物理世界。我们鼓励青少年用新颖和创造性的方式，利用各种机会去适应在线交流环境的挑战，关于这一点我们在第一章中已经讨论过（Greenfield & Subrahmanyam，2003）。例如，电子公告栏等匿名在线环境允许青少年询问、谈论敏感性问题和探索自我认同的问题。相比之下，聊天室和即时通讯等基于文本的应用程序为沟通的连贯性和有效性提出了挑战。对于用户来说，尤其是年轻用户，他们已经习惯了创建、分享、传递和转换一种新型的聊天代码（Greenfield & Subrahmanyam，2003）。所以，虽然我们认为虚拟世界体现了离线世界的行为和问题，但我们预计它们会以不同的方式表现出来。在线世界跟离线世界本身有很多不同，比如参与者的无实体性、匿名性，以及用户与陌生人交流的方式跟与熟人交流有所不同等。设想一下早期的聊天室，那时交流是基于文本的，而用户都是彼此看不见的，也是匿名的，大多数人都在跟陌生人进行交流。相比之下，社交网站则同时通过文本、音频和视频图像等形式进行交流——这样的话，用户的身份有更大的真实性，但是，他们同样也有相当大的自由，他们可以选择是否匿名，选择与陌生人交流还是与熟人交流。由于这些不同的服务应用，尽管年轻人可能会通过新型的虚拟场所来表现真实生活中的问题，我们认为他们表现的方式和程度将有所不同。所以我们看到在线世界对离线主题的反映可能是相似的，也可能是夸张的，或者跟离线世界是相反的。无论怎样，将数字世界跟物理世界看做是同一连续体的两端，能够帮助我们理解在线行为。

我们认为离线和在线世界是相互联系的，这一观点与早前认为在线自我与离线自我彼此分离的观点是相对的（Byam，1995；McKenna & Bargh，2000；Turkle，1995）。考虑到数字世界的无实体性特点，从理论上来说，用户可以将自己物理世界的身体隐藏起来，实现网络世界中的匿名，只要他们愿意，就可以成为任何人。在互联网普及之前，在线匿名性更容易实现，而现在数码相机和网络摄像头等工具使得上传视频和音频更加容易。根据这些特点，研究者推断，用户在上网时更容易摆脱种族和性别的限制。Turkle（1995）提出，青少年可以使用在线环境来做各种尝试，并作为自我认同的补充。这种观点是基于当时流行的应用程序而提出的，例如聊天室和多用户网络游戏（Multi User Dungeons 或 MUDs）等，在这里你可以选择匿名参与交流，也可以与陌生人进行交互。

当我们这本书出版之时，互联网和其他数字工具已经发生了巨大的变化，所以这些早期的观点还有待证实。相反的，青少年会将他们的离线生活带到在线世界中去，青少年已经通过一些在线应用服务——电子邮件、即时通讯和社交网站等——与生活中熟识的人联系。同时，他们还能通过公告栏和 MMORPG（多人在线角色扮演游戏）等在线服务，与离线生活中不认识的人进行交互。我们探讨在线世界和离线世界的联系时，需要考虑到不同的应用程序，因为在不同的在线背景中联系方式有所不同，需要具体考虑用户是否匿名、是否无实体，以及使用的是何种数字媒体工具等。

四、结论

Hill 提出青少年的研究框架之后的 30 年里，我们对青少年的了解已经取得了巨大的进步：我们了解到青少年期在生理方面、认知方面和社会性方面会发生变化，这个阶段要完成一系列发展任务，如性的发展、自我认同和亲密感等，以及背景（同伴、家庭和学校）这个最重要的角色会影响青少年如何应对挑战。

新型的互动媒体已经成为青少年生活中不可分割的一部分，让他们可以与生活中的他人联系和交流。媒体已经成为他们的生活中的一个重要的社会背景，这给了我们一个机会去探索青少年所面临的挑战。作为重要的社会背景，数字世界是由青少年自己参与构建的，因此我们认为，青少年的在线世界和离线世界在心理上是有联系的。从第三章到第五章，我们会延循这个思路，分别探讨技术在青少年的性发展、自我认同和亲密感等发展问题中扮演的角色。在第六章，我们会探讨媒体技术如何影响伦理道德发展和公民参与这一并非核心但也十分重要的任务。我们希望这种思路能够帮助我们对数字媒体如何影响青少年的发展有更加深入、更加全面的理解。

【参考文献】

Anderson,C.A. & Dill,K.E.（2000）.Video games and aggressive thoughts,feelings,and behavior in the laboratory and in life.Journal of Personality and Social Psychology,78,772–790.

Arnett,J.J(1995)Adolescents' uses of the media for self-socialization.Journal of Youth and Adolescence,24（5）,519–533.

Arnett,J.J.（2000）.Emerging adulthood-A theory of development from the late teens through the twenties.American Psychologist,55,469–480.

Arnett,J.J.（2004）.Emerging adulthood:The winding road from the late teens through the twenties.New York,NY:Oxford University Press.

Bandura,A.,Ross,D. & Ross,S.A.（1961）.Transmission of aggression through imitation of aggressive models.The Journal of Abnormal and Social Psychology,63,575–582.

Blumler,J.G. & Katz,E.（1974）.The uses of mass communications:Current perspectives on gratifications research.Beverly Hills,CA:Sage.

Borzekowski,D.L.G.,Fobil,J.N. & Asante,K.O.（2006）.Online access by adolescents in Accra:Ghanaian teens' use of the Internet for health information.Developmental Psychology,42,450–458.

Borzekowski,D.L.G. & Rickert,V.I.（2001）.Adolescent cybersurfing for health information:A new resource that crosses barriers.Archives of Pediatrics and Adolescent Medicine,155,813–817.

Brown,B.B(2004)Adolescents' relationships with peers.In R.M.Lerner & L.Steinberg（Eds.）,Handbook of adolescent psychology（2nd ed.,pp.363–394）.Hoboken,N-J:Wiley.

Brown,J.D.,Childers,K.W. &Waszak,C.S.（1990）.Television and adolescent sexuality.Journal of Adolescent Health Care,11,62–70.

Buhrmester,D. & Prager,K. (1995) .Patterns and functions of self-disclosure during childhood and adolescence.In K.J.Rotenberg Ed.)Disclosure processes in children and adolescents (pp.10–56) .New York,NY:Cambridge University Press.

Byam,N.K(1995)The emergence of community in computer-mediated communication. In S.G.Jones(Ed.),Cybersociety:Computer-mediated communication and community(pp.138–163).Thousand Oaks,CA:Sage.Connolly,J.,Furman,W. & Konarski,R. (2000)The role of peers in the emergence of heterosexual romantic relationships in adolescence.Child Development,71,1395–1408.

Cubbin,C.,Santelli,J.,Brindis,C.D. & Braveman,P. (2005) .Neighborhood context and sexual behaviors among adolescents:Findings from the National Longitudinal Study of Adolescent Health.Perspectives on Sexual and Reproductive Health,37,125–134.

Côté,J.E. (2006) .Emerging adulthood as an institutionalized moratorium:Risks and benefits to identity formation.In J.J.Arnett & J.L.Tanner(Eds.),Emerging adults in America:Coming of age in the 21st century(pp.85–116)Washington,DC:American Psychological Association.

Erikson,E.H. (1950) .Childhood and society.New York,NY:W W Norton & Company.

Erikson,E.H. (1959) .Identity and the life cycle:Selected papers.Oxford:International Universities Press.

Erikson,E.H.(1968).Identity:Youth and Crisis.New York,NY:W W Norton & Company.

Evans,E.D.,Rutberg,J.,Sather,C. & Turner,C. (1991) .Content analysis of contemporary teen magazines for adolescent females.Youth & Society,23,99–120.

Furman,W. (2002) .The emerging field of adolescent romantic relationships.Current Directions in Psychological Science,11,177–180.

Furman,W.,Brown,B.B. & Feiring,C. (1999) .Contemporary perspectives on adolescent romantic relationships.New York,NY:Cambridge University Press.

Furman,W. & Shaffer,L. (2003) .The role of romantic relationships in adolescent development.In P.Florsheim (Ed.) ,Adolescent romantic relations and sexual behavior:Theory,research,and practical implications (pp.3–22) .Mahwah,NJ:Lawrence Erlbaum Associates Publishers.

Giblin,A.A. (2004) .Adolescent girls' appearance conversations:Evaluation,pressure and coping.Seattle,WA:University of Washington.

Gordon,M. & Miller,R.L. (1984) .Going steady in the 1980s:Exclusive relationships in six Connecticut high schools.Sociology & Social Research,68,463–479.

Greenfield,P.M.(1984).Mind and media:The effects of television,video games,and computers.Cambridge,MA:Harvard University Press.

Greenfield,P.M. & Subrahmanyam,K.(2003)Online discourse in a teen chatroom:New codes and new modes of coherence in a visual medium.Journal of Applied Developmental Psychology,24,713–738..

Greenfield,P.M. & Yan,Z.(2006).Children,adolescents,and the Internet:A new field of inquiry in developmental psychology.Developmental Psychology,42,391–394.

Gross,E.F.(2004).Adolescent Internet use:What we expect,what teens report.Journal of Applied Developmental Psychology,25,633–649.

Hall,G.S.(1904).Adolescence:Its psychology and its relations to physiology,anthropology,sociology,sex,crime,religion and education,and education.New York,NY:D Appleton & Company.

Havighurst,R.J.(1972)Developmental tasks and education.New York,NY:David McKay Company.

Hill,J.P.1983).Early adolescence:A research agenda.The Journal of Early Adolescence,3,1–21.

Inhelder,B. & Piaget,J.(1999).The growth of logical thinking from childhood to adolescence.London:Routledge.

Johnson,F.L. & Aries,E.J.(1983).Conversational patterns among same-sex pairs of lateadolescent close friends.Journal of Genetic Psychology,142,225–238.

Kallen,D.J.,Stephenson,J.J. & Doughty,A.(1983)The need to know:Recalled adolescent sources of sexual and contraceptive information and sexual behavior.Journal of Sex Research,19,137–159.

Klapper,J.T.(1960).The effects of mass communication.New York,NY:Free Press.

Kroger,J.(2003).Identity development during adolescence.In G.R.Adams & M.D.Berzonsky(Eds.),Blackwell handbook of adolescence(pp.205–226).Malden,MA:-Blackwell.

Larson,R. & Richards,M.H.(1991).Daily companionship in late childhood and early adolescence:Changing developmental contexts.Child Development,62,284–300.

McKenna,K.Y.A. & Bargh,J.A.(2000).Plan 9 from cyberspace:The implications of the Internet for personality and social psychology.Personality and Social Psychology Review,4,57–75.

Mosher,W.D.,Chandra,A. & Jones,J.(2005).Sexual behavior and selected health measures:Men and women 15–44 years of age,United States,2002.Retrieved October

28,2005,http://www.cdc.gov/nchs/data/ad/ad362.pdf.

Nurmi,J.-E.,Lerner,R.M. & Steinberg,L.（2004）.Socialization and self-development:Channeling,selection,adjustment,and reflection.Handbook of adolescent psychology（2nd ed.,pp.85–124）.Hoboken,NJ:Wiley.

Pombeni,M.L.,Kirchler,E. & Palmonari,A.（1990）.Identification with peers as a strategy to muddle through the troubles of the adolescent years.Journal of Adolescence,13,351–369.

Reis,O. & Youniss,J.（2004）Patterns in identity change and development in relationships with mothers and friends.Journal of Adolescent Research,19,31–44.

Roberts,D.F. & Foehr,U.G.（2008）Trends in media use.The Future of Children,18,11–37.

Ryan,A.M.（2001）.The peer group as a context for the development of young adolescent motivation and achievement.Child Development,72,1135–1150.

Savin-Williams,R.C. & Diamond,L.M.（2004）.Sex.In R.M.Lerner & L.Steinberg（Eds.）Handbook of adolescent psychology（2nd ed.,pp.189–231）New York,NY:Wiley.

Šmahel,D.（2003）Communication of adolescents in the internet environment.Ceskoslovenska psychologie,47,144–156.

Šmahel,D.,Blinka,L. & Ledabyl,O.（2008）.Playing MMORPGs:Connections between addiction and identifying with a character.Cyberpsychology and Behavior,11,715–718.

Šmahel,D. & Subrahmanyam,K.（2007）."Any girls want to chat press 911":Partner selection in monitored and unmonitored teen chat rooms.CyberPsychology & Behavior,10（3）,346–353.

Sowell,E.R.,Thompson,P.M.,Holmes,C.J.,Jernigan,T.L. & Toga,A.W.（1999）.In vivo evidence for postadolescent brain maturation in frontal and striatal regions.Nature Neuroscience,2,859–860.

Sowell,E.R.,Thompson,P.M.,Tessner,K.D. & Toga,A.W.（2001）Mapping continued brain growth and gray matter density reduction in dorsal frontal cortex:Inverse relationships during postadolescent brain maturation.Journal of Neuroscience,21,8819.

Steele,J.R. & Brown,J.D.（1995）Adolescent room culture:Studying media in the context of everyday life.Journal of Youth and Adolescence,24,551–576.

Steinberg,L.（2008）.Adolescence.New York,NY:McGraw-Hill.

Subrahmanyam,K. & Greenfield,P.M.（2008）.Communicating online:Adolescent relationships and the media.The Future of Children,18,119–146.

数字化的青年：媒体在发展中的作用

Subrahmanyam,K.,Greenfield,P.M. & Tynes,B.M.（2004）.Constructing sexuality and identity in an online teen chat room.Journal of Applied Developmental Psychology:An International Lifespan Journal,25,651–666.

Subrahmanyam,K.,Šmahel,D. & Greenfield,P.M.（2006）.Connecting developmental constructions to the Internet:Identity presentation and sexual exploration in online teen chat rooms.Developmental Psychology,42,395–406.

Suzuki,L.K. & Calzo,J.P.（2004）.The search for peer advice in cyberspace:An examination of online teen bulletin boards about health and sexuality.Journal of Applied Developmental Psychology,25,685–698.

Tanner,J.M.（1978）.Growth at adolescence（2nd ed.）.Oxford:Blackwell.

Teare,J.F.,Garrett,C.R.,Coughlin,D.G. & Shanahan,D.L.（1995）.America's children in crisis:Adolescents' requests for support from a national telephone hotline.Journal of Applied Developmental Psychology,16,21–33.

Trickey,H.（2003）.Home economics comes of age.Retrieved June 19,2008,http://www.cnn.com/SPECIALS/2001/schools/stories/homeec.revolution.html.

Turkle,S.（1995）.Life on the screen:Identity in the age of the Internet.New York,NY:Simon & Schuster.

Ward,L.M.（2004）.Wading through the stereotypes:Positive and negative associations between media use and black adolescents' conceptions of self.Developmental Psychology,40,284–294.

Waterman,A.S.（1999）.Identity,the identity statuses,and identity status development:A contemporary statement.Developmental Review,19,591–621.

Weinstein,E. & Rosen,E.（1991）.The development of adolescent sexual intimacy:Implications for counseling.Adolescence,26,331–339.

Whitlock,J.L.,Powers,J.L. & Eckenrode,J.（2006）.The virtual cutting edge:The Internet and adolescent-self-injury.Developmental Psychology,42,407.

第三章 互联网上的性：
性探索、网络性爱与色情

几年以前，当网络聊天室在青少年群体内开始流行时，我们通过分析使用者的说话方式和昵称对在线聊天室文化进行研究，结果发现，网络聊天室里充斥着"性"（Subrahmanyam, Smahel & Greenfield, 2006），这与青少年的离线生活如出一辙（Cubbin, Santelli, Brindis & Braveman, 2005；Rice, 2001）。具体来说，网络聊天室里大约5%的交谈线索由"性主题"构成（比如任何美女辣妹想要聊天请按"69"键），3%比例的内容由淫秽语言组成，大约每分钟呈现1次"性"评论和少于1次的猥亵言语（比如我的"鸡巴"）。同样令我们吃惊的是，大约20%的昵称涉及"性"，包括隐晦（RomancBab4U 或 Snowbunny2740）或直接（SexyDickHed 或 Da1pimp6sur）的"性"暗示。由此可见，线上昵称的选取与离线生活中的性感穿着、妩媚妆扮具有相同的功能，传达着丰富的"性"信息。

关于这一现象，在线聊天室的研究结果并非独一无二，"性"主题同样频繁地出现于"在线青少年健康公告板"上（Suzuki & Calzo, 2004）。此外，充斥着性内容的网站在互联网世界里最为流行（Cooper, Delmonico & Burg, 2000），而青少年群体正是这一类色情网站最为庞大的消费群体（Flood & Hamilton, 2003；Lo & Wei, 2005；Mitchell, Finkelhor & Wolak, 2003, 2005；Peter & Valkenburg, 2006a, 2006b；Ybarra & Mitchell, 2005）。毫无疑问，"性"是青少年成长过程中最为重要的问题之一，因此，青少年群体对于网络世界"性"信息的高度关注并不令人感到诧异。在这一章节，我们将会着重介绍青少年是如何使用互联网来应对"性发展"。首先，我们会强调这一青少年发展的重要主题，进而调查互联网环境对于青少年性活动的广泛性支持。然后，从性自我结构的建立到接触明显的色情内容，大量的章节将会用来描述这些青少年的在线性探索行为。因为绝大多数关于青少年在线性探索的研究总是默认为青少年男女同性恋的范畴，所以互联网在性少数人群中所承担的潜在角色将被单独考虑。

一、青少年的性特征

"性"的发展贯穿人的一生，在任何成长阶段都是重要的发展主题，尤其体现在青少年时期（Steinberg，2008，P13）。直面性萌发，青少年不得不调整自己以适应"性发展"，特别是他们日益增长的性冲动和性兴趣（Chilman，1990；Macek，2003；Weinstein & Rosen，1991），以及性自我的建构任务。在生活中，青少年将会花费许多时间去谈论"性"，分享彼此的黄色笑话和性文学，同时在对话中使用较多的性俚语（Rice，2001）。总之，性探索是青少年时期的重要任务，包括寻找伴侣并沉醉在恋爱关系之中（Buzwell & Rosenthal，1996）。在美国以及其他一些西方国家，许多青少年都从事性活动（Mosher，Chandra & Jones，2005；Savin-Williams & Diamond，2004），而且性活动的频率随着年龄的增长而增高（Cubbin et al.，2005）。

同伴和恋爱伴侣在青少年的性建构过程中扮演着十分重要的角色（Connolly，Furman & Konarski，2000），其中，同伴支持通常会影响到青少年个体的性行为决策，而同伴交流也是彼此获取性信息的主要来源（Ward，2004）。约会和恋爱关系是青少年性探索的重要背景。事实上，McCabe 与 Collins（1984）在对澳大利亚青少年的约会过程进行研究时发现，当他们对约会变得更加认真时，其性活动的层次也得到提升。然而，这个结论存在着一些性别差异。其中，男性比女性有着更多的性期待，但是这种差异会随着关系的进一步发展而消失。具体来说，两性具有不同的社会"性背景"（Macek，2003）。在青少年早期和中期阶段，男孩子在求爱时倾向于获取更多的性联系，性行为是同伴之间彼此交流的重要话题，性能力更是被视为一种渐增的社会地位。相比之下，女孩子则认为"性"是一种对于异性的吸引力，她们的伴侣将会刺激这种"性"的产生。虽然约会、恋爱关系与性之间具有显而易见的密切关联，但是恋爱关系和性关系也可能具有各自独立的发展体系（Miller & Benson，1999）。事实表明，互联网研究支持了这种分离现象，结果显示，至少在西方国家，当青少年在建立起纯净的网络关系时，他们也可能讨论着一些性话题并开展些许性尝试，一些青少年甚至报告了第一次虚拟性交的经历（Šmahel，2003）。

二、"性"网络环境的特征

我们在这一章节的开头曾经指出，性内容是网络最为重要的组成成分之一。为了解释这一现象，Cooper，Putnam，Planchon 和 Boies（1999a）以及 Cooper，Scherer，Boies 和 Gordon（1999b）等人鉴定出三类"性"网络环境的特征，称为"三'A'引擎"（Triple A Engine）。这一概念并非只适用于青少年群体，出于讨论的目的，我们现在将对其进行简单的介绍。

（1）易接近性（Accessibility）——互联网世界拥有数以万计可以轻松登入的性内容网页，而且在各种社交网站、聊天室以及私人信息系统平台上充斥着成千上万能够提供性信息传播的用户。

（2）可承受性（Affordability）——网络的色情和性交流成本低，往往只需要一台电脑和互联网连接设备即可。

（3）可匿名性（Anonymity）——网络具有匿名性，用户不仅可以选择隐匿自己的身份，而且可以察觉到在线性交流的匿名特点。值得注意的是，Cooper 在提出"三 A 引擎"假设时的网络平台比现在的匿名性更强。当然，现在也仍然存在一些高匿名性的网络环境（比如涉及性内容的布告栏和网页）。[1]但是，许多现在受到青少年欢迎的交流工具（比如社交网站）更多地强调了熟识朋友间的互动性（Reich，Subrahmanyam & Espinoza，2009），因此，如今的部分互联网交流工具已经不再需要保留匿名特征了。

与此同时，互联网也呈现出一些针对非实体"性"用户的特殊挑战，例如无法轻易获取交谈对象的一些身体吸引力线索（年龄、性别、种族、身高、体重、外貌等）。此外，姿势、眼神、肢体语言等面对面（face-to-face）线索也较难在网络媒介中得到。然而，近年来出现的一些带有摄像头和照相功能的网络设备能够

---

[1] 因为电脑 IP 地址和数字足迹可以被追踪获得，所以个人的真实匿名效果很难达到，这是互联网新手无法认识到的现实情况。

解决这一问题，它们能够提供照片和视频影像来帮助诸如社交网站在内的广大网络用户轻易地获取更为丰富的信息和线索。

三、网络性探索

在接下来的部分，我们将会考察青少年是如何使用数字技术（例如互联网、手机等）来处理他们不断变化的身体、日趋增长的性兴趣以及性自我构建的发展任务等问题。概括来讲，这些新兴的数字技术能够提供给人们快速获取信息的方便通道，帮助个体创造属于自己的网络内容并与其他用户产生信息交互，性内容也正是如此。其中，青少年不仅是性主题材料的主要消费群体，而且还积极地参与构建他们所沉浸的性环境之中（Greenfield，2004）。在本章节的这一部分，我们考察了青少年从事网络性探索的三种途径：构造和呈现他们形成的"性自我"、参与性交流和网络性爱、访问含有色情信息的网站。此外，我们将会在第四部分考虑到性少数青少年的特殊性并单独予以介绍，而有关"健康和性知识互联网搜索"等内容则会在第八章中呈现给读者。虽然网络性探索与离线环境类似，但是我们将会进一步介绍青少年在网络环境适应过程中所表现出来的新特征。

（一）构造和呈现网络"性自我"

在接下来的段落，我们将会介绍青少年是如何使用网络环境（例如聊天室和手机）以及附带的各种不同资料（例如昵称、化身、图片）来探索他们自身的"性变化"，进而构造和呈现"性自我"（Subrahmanyam，Greenfield & Tynes，2004；Subrahmanyam et al.，2006）。我们首先对青少年聊天室展开研究，因为这一类聊天室较为公开并且不受监视，它提供给研究人员一个窥见青少年网络性探索的良好平台。通过质性的话语方法（qualitative discourse methodology），我们在微观层面对一个在成人监控下的青少年网络聊天室进行了分析（Subrahmanyam et al.，2004）。聊天室对话的微观分析结果揭示，参与者谈论了大量的性主题和内容，包括堕胎、婚前性行为、避孕方法（使用避孕套）等。以下对话摘录了青少年用户全神贯注地谈论性话题的整个过程：

"548. Immaculate ros: 性、性、性，这就是所有你能想到的？

559. Snowbunny: 16 岁就有过性行为的人有病 :-(

560: Twonky: 我同意。

564. 0oo0CaFfEiNe: 不应该有性行为，直到你开启了快乐的婚姻之旅……这是规则

566. Twonky: 我也同意这个观点。

567. Snowbunny: 我也是！"

在这个案例中，匿名的青少年聊天室似乎鼓励着用户直率地、开放地谈论着性。需要特别注意的是，即使那些并不积极参与聊天的"潜水"（lurking）用户，他们也在被动地接受影响。我们将会在第八章介绍有关网络健康公告栏的研究。该研究提示，当性主题被探讨时，网络聊天室中的"潜水"现象十分普遍（Suzuki & Calzo，2004）。

为了避免一些读者对于以上个案可靠性的怀疑，我们在一个量化研究中分析了网络青少年聊天室的讨论内容，结果显示，每 10 小时的对话中包含了 12000 种表达方式（Subrahmanyam et al.，2006）。同时，我们也对用户的昵称进行了分析，最终我们可以发现，28% 拥有昵称的用户制造了至少一次性话语，而其中 19% 的昵称涉及"性"。即使绝大多数用户（72%）并没有参与性讨论，但是因为聊天室窗口具有公用性这一特点，他们也潜在地接收着大量的性内容。此外，我们还根据性内容的隐性及显性程度，对各种话语方式进行了编码。

隐性性话语的例子如下：

"所有迷人的朋友如果想要跟火辣的 13/f/nj 聊天，请感应我或者点击 5813；想要跟火辣和性感的 13/f/nj 聊天，请按 12345？"

显性性话语的例子如下：

"不要让你的'鸡鸡'被拉链捕捉哦；任何火辣、淫荡且湿身的女士如果想要与照片中 18 岁的加拿大小伙聊天，请联系我或者按 123。"

在所有对话中，隐性和显性话语各占 3%，这意味着每 1 分钟的聊天包含了至少 1 次的性话语，该频率对于青少年群体来说具有很高的接触水平。当我们确信青少年在面对面交谈中议论着性以及性相关的主题时，我们认为他们不太可能在网络聊天室以观察到的较高频率展开探讨。

因此，青少年的网络性探索还应该包括离线时对于性的关注。有趣的是，网络中的"性"发展趋势与个体的离线发展同步进行。研究表明，基于"自我描述"，那些更为年长的用户[1]往往拥有着更多的显性性话语（Subrahmanyam et al.,2006），而被编码为隐性性昵称（比如 RomancBab4U, Snowbunny2740, innocent_angel）的用户则更多来自于女性（26%）而非男性（10%）。不难发现，隐性性昵称能够被动地、巧妙地吸引着异性，这与离线行为相类似，所以，这种性别差异暗示着女性身份（女性昵称，如 Lilprincess72988）与隐性性交谈的高度关联，而男性身份（男性昵称，如 Vikingdude123）则与显性性交谈密切相关。以上的结果表明，性昵称将会成为青少年传递网络"性存在"信息的虚拟"脸蛋"和"身体"。

即时通信等网络设备给用户提供了一个聊天室之外更为隐私的交流平台，使用者可以自由选择和限制他们的对话。如今，年轻的一代对于隐私问题更为熟悉和理解，他们似乎在博客、社交网站等平台上更多地设置了隐私保护（Hinduja & Patchin, 2008；Subrahmanyam, Garcia, Harsono, Li & Lipana, 2009）。因此，关于聊天室的研究方法已经无法适用于新的网络数字环境，到目前为止，我们还没有寻找到合适的科学方法对青少年群体的性构建进行分析和研究。

然而，"全国预防青少年意外怀孕运动及'Cosmogirl.com'网站"（National Campaign to Prevent Teen and Unplanned Pregnancy and Cosmogirl.com）针对"13—19岁青少年"开展的调查显示，青少年依托于现代科技不断地获取性内容并以此完成性探索（National Campaign to Prevent Teen and Unplanned Pregnancy & Cosmogirl.com, 2008）。其中，20%的青少年（女性22%，男性18%）报告称，他们曾经在网络上发送或张贴过自己全裸或半裸的照片和视频，而11%处于青少年初期的女孩（13—16岁）也报告称有过类似经历。涉性内容包括了显性的文本，由手机或数码相机拍摄而成的并通过个人文章、电子邮件以及即时通信平台上传的全裸或半裸照片及视频。因为网络用户可以轻松地获取电子信息，所以即使这些人最初并不打算成为接受者，大量的涉性内容还是走进了他们的日常生活。

正如聊天室研究所描述的，网络性内容的互相交流是青少年日益增长的性探索兴趣的表现——确实，大多数青少年调查对象都认为这是一种无害的活动，他们会发送含有性内容的信息与自己的伴侣以及潜在的追求对象进行互动（National Campaign to Prevent Teen and Unplanned Pregnancy & Cosmogirl.com, 2008）。但

---

[1] 我们有目的性地在聊天室里寻找那些尴尬的却拥有更多准确表达方式的用户。在整个搜寻过程中，我们没有询问这些人的年龄或其他身份信息，而是基于他们聊天室里的自我描述内容进行分析研究，因此无法核实信息的准确性。

是，青少年的"无害"观念并非完全正确，携带显性色情文本和图片的性短信（sexting）就具有直接的危害。在美国，许多经常参与性短信互动的青少年将会受到起诉，背负"占有和传播儿童色情"等各种罪名，甚至还包括"怂恿性交易"等重罪（Galanos，2009）。

虽然有关性短信的报告多为轶事描述，研究的科学性也有待考究，但是种种结果告诉我们，青少年与他们的父母和研究人员不同，他们正在使用电子媒介来构造和呈现网络"性自我"。总之，即使一种活动的核心目的并未改，当用户在适应新技术的功能时，它的活动方式便已经发生了变化。

（二）网络性爱：在线性对话

关于"网络性爱"（Cybersex）的定义，学者们之间尚存在争议，广义上将它等同于可见的色情内容，狭义上则认为它指的是人与人之间的在线性交流。迄今为止，研究者更多地将网络性爱定义为"两人或多人之间的网络性聊天/谈论，可能伴随出现角色扮演及手淫等活动"（Noonan，2007；Saleh，2009；Whitty & Carr，2006）。其中，Turkle（1997）对于"网络性爱诱惑"的描述最为贴切：

> 许多参与过网络性爱的人都认为，该活动拥有如此强大的情绪和身体力量，以至于他们时常惊讶不已。这些人坚持这样一条真理，即百分之九十的性爱发生在精神领域。这当然不是一种新的概念，但是网络性爱的概念却存在于青少年男性群体中，而这些年轻的个体却通常不知道它的复杂性。(P21)

"网络性爱"一词往往包含着负面信息，而我们在本文中则持以中立的态度予以引用，将它描述为两人或多人之间的网络性交流。

令人惊讶的是，涉及青少年网络性爱的研究极为有限，而在该问题上非常流行的美国也缺乏着实有效的相关数据。然而，一项关于捷克共和国681名12—20岁青少年的研究显示，16%的男性和15%的女性报告称曾经参与过"虚拟性爱"（virtual sex）活动（Šmahel，2006）。

其中，14%的12—14岁、16%的15—17岁以及14%的18—20岁的青少年群体报告从事过网络性爱行为，并且不同年龄段之间没有显著差异。

毫无疑问，"三A引擎"（易接近性，可承受性，可匿名性，Cooper et al.，

1999a，1999b）所塑造的网络世界是发生网络性爱的绝佳平台。研究显示，青少年将网络性爱看做是获取性知识的一种有效手段（Divinova，2005）。以 Divinova 主持的研究为例，一个 15 岁的女孩给出了这样的回答："当我 11 岁的时候，总是把网络性爱当做是获取性信息的最佳途径，这非常地吸引我。"一些青少年甚至报告称他们在网络世界与人建立关系的目的就是为了获取网络性爱的经验，同时，他们也承认自己的第一次性经验发生在网络平台上（Šmahel，2003）。其实，由于青少年性兴趣的日益增长，该群体的网络性爱行为并不会让人感到惊讶（Suler，2008）。此外，人们往往认为网络性爱是肤浅的、虚伪的、不自然的，所以青少年参与其中并不适宜，但是，只要他们能够遵守基本的准则和底线，不去揭示用户的身份（姓名、地址、电话号码等），网络性爱还是可以作为获取性经验相对安全的方式而存在（Divinova，2005）。然而，网络性爱可能带来潜在的强迫或成瘾行为，这将在第九章中予以讨论。

四、访问网络显性性内容

因为拥有"三 A 引擎"所描述的易接近性、可承受性、可匿名性等特点，除了青少年对网络显性性素材的访问以外，研究者或许很难找到同样令人感到惊愕和苦恼的网络主题了（Peter & Valkenburg，2006c）。一般来说，这类材料等同于色情，并且容易在网络平台上获取。在 2006 年的调查显示，全球范围内共存在 4.2 亿个色情网站，每秒钟的访问量高达 28258 人次，一年可带来 970 亿美元的收入（Family Safe Media，2006）。在互联网发展的萌发初期，含有性和色情内容的网站往往能够获得最高的访问量，而"性"（sex）和"色情"（pornography）这两个关键词则有着最高的搜索频率（Cooper，Delmonico & Burg，2000）。Cooper 和同事们的调查研究显示，50% 的男性和 50% 女性会搜索关键词"性"，96% 的男性和 4% 的女性会搜索"色情"，而 36% 的男性和 64% 的女性则会搜索"成年约会"（Adult Dating）。在接下来的部分，我们将会调查青少年上网时显性性素材的接触程度，以及随之产生的相关因素和结果。如果你想知道父母、学校以及其他利益相关人是如何保护青少年远离这类不适宜内容的，请翻阅第十一章。

（一）青少年上网时显性性内容的接触问题

在展开这一敏感主题之前，我们需要明确"显性的性"（sexually explicit）包含了哪些内容。对于该问题，研究者们有着不同的意见，他们对于"性"和"色情"的定义也不尽相同。举例来说，在线性内容的分类包括：（1）生殖器暴露的清晰照片；（2）生殖器暴露的清晰视频；（3）做爱图片；（4）做爱视频；（5）色情链接网站（Peter & Valkenburg，2006a）。虽然这一目录不能彻底地代表所有研究者的意见，但是它能够让我们感受到什么样的内容才算是"显性的性"。

一些调查研究发现，23%—71%的青少年曾经接触网络显性性素材（Flood & Hamilton，2003；Lo & Wei，2005；Mitchell et al.，2003，2005；Peter & Valkenburg，2006a，2006b；Ybarra & Mitchell，2005），这一较高的接触比率与青少年逐渐增加的性兴趣保持一致，他们在离线生活中也会更多地接触色情内容（Brown & L'Engle，2009；Lo & Wei，2005；Ybarra & Mitchell，2005）。尽管青少年对于色情内容的喜欢与自身的发展需求相一致，但是他们实际上为此感到非常矛盾。在一项有关瑞士青少年的调查中，研究者发现，大多数15—25岁的青少年曾经接触过色情内容，而且其中有46%的女性和23%的男性认为这是非常"可耻的"。其中，年龄越小的男性用户对于色情内容有着更为积极的态度（Wallmyr & Welin，2006）。

关于显性性素材的接触问题，区分这种接触是故意的还是意外的十分重要。其中，"意外接触"对于青少年群体来说尤其重要，值得研究者们进一步关注。在1999年秋季至2000年春季这段时间里，一项针对1501名10—17岁青少年的全球性调查研究显示，有多达25%的青少年报告称他们曾经意外地接触过网络上的色情图片（Mitchell et al.，2003）。在调查中，大多数的"意外"事件（73%）发生在网上冲浪时，其余（27%）则发生在用户打开电子邮件或即时通信时。虽然大部分青少年在面对这样的事件时并没有出现消极反应，但是还是有24%的调查对象称"他们对这种接触感到非常沮丧"。此外，男孩接触"意外接触"的比例高于女孩（57%对42%），年龄较大的青少年有着更高的接触频率。概括而言，那些有着更长上网时间、经常在家里之外参与上网的、频繁使用在线聊天室和电子邮件的青少年更有可能意外接触在性素材之下。

同时，研究人员也向青少年群体询问了"故意接触"的问题，性素材接触的平台包括互联网和传统媒介（杂志）。大约25%的男性青少年报告称自己有过故意接触的经历，高于女性的5%（Ybarra & Mitchell，2005）。其中，年长的青少年表示，他们会更多地关注性网站，而那些年龄较小的青少年则更喜欢使用传统媒介（例如限制级视频）来接触性内容。其他的一些相关研究同样显示，男性会比女性更为频繁地接触显性性内容，而接触比例也会伴随着年龄的增长而增加（Flood & Hamilton，2003；Lo & Wei，2005；Wallmyr & Welin，2006）。图 3.1 呈现了"捷克世界互联网计划"（2008）的统计数据，我们可以清晰地看到，青少年在线性内容的观看比率以及对离线性素材的兴趣都会随着年龄的增长而增加，这也再次印证了在线与离线的性发展趋于同步。

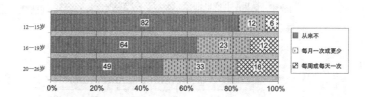

图3.1　青少年及成年初期个体观看性内容网站的频率（WIP2008，捷克）

　　为了考察广泛的社会态度（性与青少年性活动）是如何影响青少年对不适宜材料的接触行为，我们将借助 2007 年的 WIP 数据（图 3.2），以及一项涉及荷兰青少年显性性素材接触的纵向研究予以阐释（Peter & Valkenburg，2006a，2006b，2007，2008a，2008b）。其中，有关荷兰青少年的在线研究起始于 2005 年，调查对象为 745 名 13—18 岁青少年（Peter & Valkenburg，2006a）。结果表明，在调查前的 6 个月时间里，有 71% 的荷兰男性青少年和 40% 的女性青少年报告称自己曾接触各类显性性素材。而 WIP 的数据则显示，各国显性性素材的接触比例存在相当大的差异，我们可以看到，美国、加拿大以及捷克共和国的青少年有着最高的接触比例，他们每周至少有一次会接触显性性内容。一般而言，这些国家的接触比例要远远低于荷兰，即使 WIP 调查对象的年龄较大（青少年晚期、成年初期）也是如此。这是因为荷兰是全世界公认的性开放国家，所以荷兰青少年的高接触比例并不令人惊讶。此外，包括荷兰在内的绝大多数国家（WIP，美国、新西兰、匈牙利和加拿大）都存在显著的性别差异，男性表现出更高的性内容接触比例。值得注意的是，中国和新加坡的青少年在性别维度上并不存在差异，而相比于东方女性青少年，西方国家的女性有着更低的性内容接触比率。综合以上的研究我们可以发现，青少年的在线显性性内容接触行为与他们的离线"性社会化"类型同步发展。

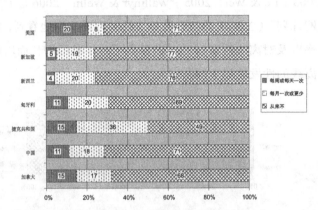

图 3.2 成年初期人群（18—21 岁）浏览性内容网站的频率（WIP2007）

（二）显性性素材接触的相关因素

一项关于美国青少年的研究显示，非裔美国青少年（相比于白人）、低社会经济地位青少年、父母教育程度较低的青少年以及高感觉寻求青少年将会更为频繁地访问观看显性性媒体（Brown & L'Engle，2009）。此外，故意接触色情内容的个体往往与犯罪行为和物质滥用高度关联，而那些频繁寻求在线性素材的个体也有着更多的抑郁临床表现，他们与父母和直系亲属之间的情感交流也更少（Ybarra & Mitchell，2005）。荷兰的研究也同样发现，感觉寻求青少年更有可能接触性素材，拥有更少的生活满意度，他们会在其他媒体平台上更为频繁地使用性内容，性兴趣更为浓厚，所交往的朋友也更为年轻。从性别角度着眼，在女性青少年群体中，有着更好性经验的个体接触在线显性性素材的可能性较低，而男性青少年的性经验和性材料接触之间并没有关联（Peter & Valkenburg，2006a）。总之，我们可以看到，除了诸如年龄、性别、种族等人口统计学因素以外，离线问题行为、心理幸福感等因素可以预测青少年的色情寻求行为。

（三）显性性素材接触的效果

由于青少年时期是性发展的成型时期，因而探究青少年显性性素材接触所引发的结果同样非常重要。进一步来说，接触色情内容不但可以扭曲青少年对于性的看法，也会影响和改变他们对于性和性行为的态度。举例来说，它可以导致青少年形成开放的、随意的性态度，甚至表现出随意的性行为。另一个较难被检验的假设是，青少年开放的性态度和兴趣可能是由于早期的显性性素材接触引起的。

一项有关台湾初、高中学生（14—17 岁）的研究显示，网络色情的接触能够导致这些青少年接纳性开放的态度，他们也更有可能从事性开放的行为（Lo & Wei，2005）。这一结果呈现显著相关，但开放的性态度也可能促使青少年在早期频繁地接触显性性素材，研究者对于这一变量并没有加以控制。然而，一项关于美国初、高中学生的纵向研究给予了清晰的提示，对于男性来说，青少年早期过多接触显性性媒体可以预测两年后更多的开放式性规范；对于女性来说，更多的接触则能够预测两年后更少的激进性别角色态度（Brown & L'Engle，2009）。此外，逐渐增加的接触可以预测两年后男性青少年更多的性骚扰犯罪行为，女性则没有这一现象。而使用显性性媒体所有三种类型（互联网、视频、杂志）的青少年，他们在两年后报告称有着更多的口交和性交行为。以上研究可以表明，青少年早期的显性性媒体接触是两年后个体性态度和行为方式的重要预测变量之一。

另外，青少年接触显性性素材是否与娱乐式的性态度存在关联呢？之前提及的荷兰青少年研究发现，性别决定了青少年互联网显性性素材的接触状态，这种接触与娱乐式的性态度并没有直接的相关，它们之间存在一个中介变量，即青少年对于性素材现实性的评价（Peter & Valkenburg，2006b）。具体来说，相对于女性来说，男性对于显性性素材有着更高频率的接触，他们同时也认为这些素材更为现实，而这种观点与娱乐式的性态度存在关联。因此，更多的接触并不能直接影响娱乐式性态度的形成和发展，但是，在线性素材现实性的观点却可以潜在地影响着这一态度。

此外，青少年暴露于显性性素材前是否能够促进他们对于性的全神贯注或者认知参与，这也是我们值得关注的问题之一。这就好比网络性爱，是指一种全身心投入于性爱之中的潜在成瘾状态，是非常重要的研究主题。荷兰于 2006 年开展了一项涉及 962 名 13—20 岁青少年的纵向研究，该研究分为三个阶段，每两个阶段之间时隔 6 个月（Peter & Valkenburg，2008a）。因为纵向研究的数据特性，该研究表明了潜在的效果方向。结果显示，长期接触在线显性性素材前够导致青少年对性的全神贯注，而性的全神贯注却不能反过来促使接触频率的增加。其中，主观性唤醒可能在显性性素材接触和青少年对性的全神贯注之间起到中介作用，接触在线显性性素材将会引起更高的性唤醒，进而引发更多对性的全神贯注和认知参与。与其他该主题的研究结果相反，在显性性素材接触对主观性唤醒的影响上并不存在性别差异。另外，接触显性性素材还可能造成潜在的性不确定性或者自由的性探索。第一阶段的研究结果印证了这一点，即更高频率的接触与更为强烈的性不确定性以及性探索的自由态度相关联，最终引起各种随意的性行为，甚至一夜情（Peter & Valkenburg，2008b）。

总之，先前的研究都证实了同样一个推测，即显性性素材的接触与更开放的性态度、对性更强烈的全神贯注以及更为随意的性探索之间存在密切关联。荷兰研究者也指出，不确定性是青少年性发展的组成部分，其中显性性素材在他们的成长中扮演了非常重要的角色。就如我们之前所指出的那样，荷兰是全世界范围内性态度最开放的国家，显性性素材受到的限制也最少，而其他国家的政府、家庭却并非如此。此外，我们还需要更多地去关注性内容的接触与青少年全神贯注状态之间的影响方向，因为有迹象表明，一些青少年（比如感觉寻求和上网需求更为强烈的个体）更容易去接触性素材，所以探究这种结果可能存在的不同效果显得非常重要。

（四）接触性暴力素材

在所有的显性性素材中，我们要特别关注在线容易获取的性暴力素材对青少年的影响。澳大利亚研究所的一项报告介绍了"主流色情"（商业上流通的色情影片）与互联网上滋生的"暴力和极端"素材之间的区别（Flood & Hamilton，2003）。性暴露内容在互联网新闻组及网站上通常以故事、图片以及视频等形式存在，虽然它们较为容易在互联网上获取，但是涉及这些素材对青少年影响的研究仍然比较缺乏。澳大利亚的这项研究将在线色情分为三类，皆为非自愿性行为：强奸（rape）、人兽交（bestiality）以及"超短裙"网站（upskirts' web sites）。作者还指出，青少年对色情的使用以及暴力描述的消费与性侵犯的态度和行为存在关联，而这种关系在4%—5%的16、17岁澳大利亚青少年中表现得十分显著，这些青少年每周都会观看在线"X"等级的视频或者其他色情内容。研究者最后总结称，定期接触和消费"暴力、极端"的色情内容是男孩或者青年男子从事性攻击犯罪的潜在风险因素之一。简言之，这种习惯可能促进青少年对性暴力的容忍程度。

另一项研究则提出这样的警示，面对容易接触的在线性暴力网站，女性获取的性暴力体验可能更为强烈（Gossett & Byrne，2002）。研究者们对 31 个容易进入的暴力色情网站进行了内容分析，在所有样本中，有 4 个网站特别宣传了它们"强奸"图片的真实性，其中一个还带有这样的许诺：想要真实的强奸视频吗？不开玩笑，这是真实制作的强奸视频（P696）。这一结果表明，在线色情的肖像强调了人们对受害者和具有不平等权力性关系的描述。Gossett 和 Byrne 认为，互联网带给用户一种互动式体验，使人们以强奸犯的视角关注被害者。与离线的色情内容相比，在线色情能够带给用户强烈的权力感。根据研究结果，在线形式的暴力色情内容比离线形式的更容易接触，对人们现实生活中的相应行为也有着更为强烈的影响。虽然至今没有足够的研究探讨这一主题，但是毋庸置疑的是，性暴力内容的接触很可能会影响青少年的性态度以及人们对性暴力行为的容忍程度。

（五）青少年性少数群体与互联网

到目前为止，我们讨论的话题包括青少年性自我的建构和呈现、网络性爱和显性性内容等。虽然没有特别提示，但是这些话题的研究对象往往指的是异性恋青少年。然而，那些促使异性恋个体使用互联网进行性探索的特征对性少数青少年来说可能更为重要，例如男同性恋、女同性恋、双性恋和变性人，这些青少年往往存在性别认同困难，并因而产生社会孤立感。现代传统媒体以及互联网确实给性少数人群提供了大量的信息资源来支持他们的同性恋情感和吸引力。Cloud 指出，纷繁的媒体资源环绕在青少年周围，从电视到书本杂志，还有无处不在的互联网，例如 www.outproud.org（Cloud，2005）。此外，学者们还注意到，互联网不仅能够提供信息，而且还是良好的互动平台。Alexander 在他的书中曾经提到："超越地理隔离，互联网技术给个体、团体提供了一个革命性的信息交流平台。人们可以使用文本、图片与自己感兴趣的网站互动，并能够尝试各种不同的表现模式"（Alexander，2002）。

关于性少数青少年使用互联网等技术来获取性认同的研究还处于褪褓之中，十分匮乏，研究素材往往来自新闻（Cloud，2005；Egan，2000；Silberman，2004）或者轶事报道（Alexander，2002；Driver，2006；Harper，Bruce，Serrano & Jamil，2009；Maczewski，2002）。一个关于男同性恋的研究发现，互联网确实能够给男同性恋青少年带来影响。通常来说，互联网往往扮演着看门人的角色，它使得女同性恋、男同性恋以及双性恋群体成员之间能够一直保持联系（Henrickson，2007）。

新西兰的一项研究揭示，对于品尝到更多社会孤立的亚洲裔移民来说，互联网是非常重要的平台。因此，在"少数派内部的少数派"中，比如农村男同性恋青少年、保守小镇上的男同性恋青少年、或者少数种族人群中的男同性恋青少年等，互联网体现着十分重要的特殊价值。

聊天室是青少年缓解男同性恋焦虑、获得社会支持、加入本地男同性恋俱乐部，以及寻求性和浪漫伴侣的重要环境之一（Tikkanen & Ross，2003）。我们期待性少数青少年能够利用在线环境的优点，获得同性恋信息与社会支持，加入本地男同性恋俱乐部并寻求浪漫伴侣（Thomas，2003）。以上这些条件支持了Savin-Williams的观点，相比于过去，现在的青少年在年龄较小的时候就公开了自己的同性恋身份（Savin-Williams，2005）。

五、结论

从性自我的呈现到网络性爱和显性性内容的描述，我们介绍了青少年是如何使用互联网等技术来帮助自身完成性建构的发展任务。与我们的假设相一致，青少年的在线性探索同样反映了他们离线时关心的核心主题。虽然在线性探索的年龄和性别趋势与离线时类似，但是当青少年个体需要去适应特殊的在线网络环境时，他们所呈现的在线行为却并不相同。

那么，青少年在线性探索的实际应用有哪些呢？研究表明，青少年在离线的现实生活中思考性、谈论性并且实践性。贯穿本章节，我们一直在表达这样一个观点，即青少年的数字生活与他们的现实生活并无差异，各种在线性活动都是青少年个体性发展的重要组成部分。同时，我们也认为互联网对青少年"性"的改变并没有那么多，虽然青少年能够较为容易地获取大量的有效性信息并且有着更多的机会进行性探索，但是从根本上来说，与我们身体存在密切联系的"性"和绝大多数性探索必须在离线的现实世界中完成。互联网无法取代接吻、抚摸、脸红、拥抱等物理表现，因而这种"物理探索"的基本成分仍然无法改变。然而，这种信息时代的产物毫无疑问是青少年克服羞怯、学会谈论性、寻找浪漫伴侣、学习性和性健康知识的理想工具之一。此外，我们相信温暖的亲子联系是确保青少年在线性探索能够安全、积极地展开的最佳方式（Greenfield，2004）。

虽然我们知道了青少年可以使用互联网进行性探索，但是对于这种探索结果的研究仍处于起步阶段，尤其是"网络色情"对青少年的影响。在线性探索和性相关素材的接触问题很可能同时具有积极面和消极面。虽然人们能够提供性探索的有利工具来完成性健康素材的搜索，但是性内容的获取却也可能是意外的、有害的或者是具有威胁的，我们将会在第十章中介绍性诱惑或牺牲等话题。在今后的研究中，研究者需要更加全面地了解性素材接触所产生的利益和损失。再者，性主题的绝大部分研究来自西方国家，尤其是美国和荷兰，而荷兰又被认为是性自由程度最高的国家。因此，互联网有可能在性保守国家扮演着不一样的角色，我们在推广和解释各种研究结论时需要更为谨慎。

【参考文献】

Alexander,J.（2002）.Introduction to the special issue:Queer webs:Representations of LGBT people and communities on the worldwide web.International Journal of Sexuality and Gender Studies,7,77–84.

Brown,J.D. & L' Engle,K.L.（2009）.X-rated:Sexual attitudes and behaviors associated with US early adolescents' exposure to sexually explicit media.Communication Research,36,129–151.

Buzwell,S. & Rosenthal,D.（1996）.Constructing a sexual self:Adolescents' sexual self-perceptions and sexual risk-taking.Journal of Research on Adolescence,6,489–513.

Chilman,C.S.（1990）.Promoting healthy adolescent sexuality.Family Relations,39,123–131.

Cloud,J.（2005,October）.The battle over gay teens.Time,2.Retrieved August 5,2009,http://www.time.com/time/magazine/article/0,9171,1112856,00.html.

Connolly,J.,Furman,W. & Konarski,R.（2000）.The role of peers in the emergence of heterosexual romantic relationships in adolescence.Child Development,71,1395–1408.

Cooper,A.,Delmonico,D.L. & Burg,R.（(2000）.Cybersex users,abusers,and compulsives:New findings and implications.Sexual Addiction & Compulsivity:The Journal of Treatment & Prevention,7,5–29.

Cooper,A.,Putnam,D.E.,Planchon,L.A. & Boies,S.C.(1999a).Online sexual compulsivity:Getting tangled in the net.Sexual Addiction & Compulsivity,6,79.

Cooper,A.,Scherer,C.R.,Boies,S.C. & Gordon,B.L.（1999b）.Sexuality on the Internet:-

From sexual exploration to pathological expression.Professional Psychology:Research and Practice,30,154–164.

Cubbin,C.,Santelli,J.,Brindis,C.D. & Braveman,P.(2005).Neighborhood context and sexual behaviors among adolescents:Findings from the national longitudinal study of adolescent health.Perspectives on Sexual and Reproductive Health,37,125–134.

Divinova,R.(2005).Cybersex-forma internetové komunikace(Cybersex-form of internet communication).Prague:Triton.

Driver,S.(2006).Virtually queer youth communities of girls and birls:Dialogical spaces of identity work and desiring exchanges.In D.Buckingham(Eds.),Digital generations:Children,young people and new media(pp.229–245).Mahwah,NJ:Lawrence Erlbaum Associates Publishers.

Egan,J.(2000).Lonely gay teen seeking same(Electronic version).New York Times Magazine,110.Retrieved August 17,2009,http://partners.nytimes.com/library/magazine/home/20001210mag-online.html.

Family Safe Media.(2006).Pornography statistics.Family Safe Media.Retrieved November 17,008,http://www.familysafemedia.com/pornography_statistics.html.

Flood,M. & Hamilton,C.(2003).Regulating youth access to pornography.Discussion Paper Number 53.https:// www.tai.org.au/documents/dp_fulltext/DP53.pdf.

Galanos,M.(2009).Is "sexting" child pornography?Retrieved July 16,2009,http://www.cnn.com/2009/CRIME/04/08/galanos.sexting/index.html.

Gossett,J.L. & Byrne,S.(2002)."Click here":A content analysis of Internet rape sites.Gender & Society,16,689–709.

Greenfield,P.M.(2004).Inadvertent exposure to pornography on the Internet:Implications of peer-to-peer file-sharing networks for child development and families.Journal of Applied Developmental Psychology:An International Lifespan Journal,25,741–750.

Harper,G.W.,Bruce,D.,Serrano,P. & Jamil,O.B.(2009).The role of the Internet in the sexual identity development of gay and bisexual male adolescents.In P.L.Hammack & B.J.Cohler(Eds.),The story of sexual identity:Narrative perspectives on the gay and lesbian life course(pp.297–326).New York,NY:Oxford University Press.

Henrickson,M.(2007).Reaching out,hooking up:Lavender netlife in a New Zealand study.Sexuality Research and Social Policy:Journal of NSRC,4,38–49.

Hinduja,S. & Patchin,J.W.(2008).Personal information of adolescents on the Internet:A quantitative content analysis of myspace.Journal of Adolescence,31,125–146.

Lo,V. & Wei,R. (2005).Exposure to Internet pornography and taiwanese adolescents' sexual attitudes and behavior.Journal of Broadcasting & Electronic Media,49,221–237.

Macek,P. (2003).Adolescence (2nd ed.).Praha:Portál.

Maczewski,M.(2002).Exploring identities through the Internet:Youth experiences online.Child and Youth Care Forum,31,111–129.

McCabe,M.P. & Collins,J.K. (1984).Measurement of depth of desired and experienced sexual involvement at different stages of dating.The Journal of Sex Research,20,377–390.

Miller,B.C. & Benson,B.(1999).Romantic and sexual relationship development during ado-lescence.In W.Furman,B.B.Brown & C.Feiring(Eds.),The development of romantic relationships in adolescence(pp.99–121)Cambridge:Cambridge University Press.

Mitchell,K.J.,Finkelhor,D. & Wolak,J(2003)The exposure of youth to unwanted sexual material on the Internet:A national survey of risk, impact,and prevention.Youth & Society,34,330–358.

Mitchell,K.J.,Finkelhor,D. & Wolak,J(2005)The Internet and family and acquaintance sexual abuse.Child Miltreatment,10,49–60.

Mosher,W.D.,Chandra,A. & Jones,J.(2005).Sexual behavior and selected health measures:Men and women 15–44 years of age,United States,2002.Retrieved October 28,2005,http://www.cdc.gov/nchs/data/ad/ad362.pdf.

National Campaign to Prevent Teen and Unplanned Pregnancy & Cosmogirl.com.(2008).Sex and tech:Results from a survey of teens and young adults.Retrieved July 16,2009,http://www.thenationalcampaign.org/sextech/PDF/SexTech_Summary.pdf.

Noonan,R.J.(2007).The psychology of sex:A mirror from the Internet.In J.Gackenbach(Ed.),Psychology and the internet:Intrapersonal,interpersonal,and transpersonal implications (2nd ed.,pp .93–139).San Diego,CA:Academic Press.

Peter,J. & Valkenburg,P.M(2006a)Adolescents' exposure to sexually explicit material on the Internet.Communication Research,33,178–204.

Peter,J. & Valkenburg,P.M. (2006b).Adolescents' exposure to sexually explicit online material and recreational attitudes toward sex.Journal of Communication,56,639–660.

Peter,J. & Valkenburg,P.M.(2007).Who looks for casual dates on the Internet?A test of the compensation and the recreation hypotheses.New Media & Society,9,455.

Peter,J. & Valkenburg,P.M.(2008a).Adolescents' exposure to sexually explicit Internet material and sexual preoccupancy:A three-wave panel study.Media Psychology,11,207–234.

Peter,J. & Valkenburg,P.M.(2008b).Adolescents' exposure to sexually explicit Internet mate-rial,sexual uncertainty,and attitudes toward uncommitted sexual exploration:Is there a link?Communication Research,35,579–601.

Reich,S.M.,Subrahmanyam,K. & Espinoza,G.E.(2009,April 3).Adolescents' use of social networking sites-Should we be concerned?Paper presented at the Society for Research on Child Development,Denver,CO.

Rice,F.P.(2001).Human development.Upper Saddle River,NJ:Prentice Hall.

Saleh,F.M.(2009).Internet pornography and cybersex.Paper presented at the American Society for Adolescent Psychiatry.Retrieved November 20,2009,http://www.adolpsych.org/presentations09/Saleh-InternetPornographyandCybersex.pdf.

Savin-Williams,R.C.(2005).The new gay teenager.Cambridge,MA:Harvard University Press.

Savin-Williams,R.C. & Diamond,L.M.(2004).Sex.In R.M.Lerner & L.Steinberg (Eds.)Handbook of adolescent psychology(2nd ed.,pp.189–231)New York,NY:Wiley.

Silberman,S.(2004).We're teen,we're queer,and we've got e-mail(Electronic version). Wired Magazine,2.11.Retrieved August 15,2009,http://www.wired.com/wired/archive/2.11/gay.teen_pr.html.

Šmahel,D.(2003).Psychologie a Internet:Dˇeti dospˇelými,dospˇelí dˇetmi.(Psychology and Internet:Children being adults,adults being children.).Prague:Triton.

Šmahel,D.(2006,March 23).Czech adolescents' partnership relations and sexuality in the Internet environment.Paper presented at the Biennial Meeting of the Society for Research on Adolescence,San Francisco,CA.Retrieved August 20,2008,http://www.terapie.cz/materials/smahel-SRA-SF-2006.pdf.

Steinberg,L.(2008).Adolescence.NewYork,NY:McGraw-Hill.

Subrahmanyam,K.,Garcia,E.C.,Harsono,S.L.,Li,J. & Lipana,L.(2009).In their words:-Connecting online weblogs to developmental processes.British Journal of Developmental Psychology,27,219–245.

Subrahmanyam,K.,Greenfield,P.M. & Tynes,B(2004)Constructing sexuality and identity in an online teen chat room.Journal of Applied Developmental Psychology:An International Lifespan Journal,25,651–666.

Subrahmanyam,K.,Šmahel,D. & Greenfield,P. (2006).Connecting developmental constructions to the Internet:Identity presentation and sexual exploration in online teen chat rooms.Developmental Psychology,42,395–406.

Suler,J. (2008).The psychology of cyberspace.Retrieved August 20,2008,http://www-usr.rider.edu/   suler/psycyber/psycyber.html.

Suzuki,L.K. & Calzo,J.P. (2004).The search for peer advice in cyberspace:An examination of online teen bulletin boards about health and sexuality.Journal of Applied Developmental Psychology,25,685–698.

Thomas,A.B. (2003).Internet chat room participation and the coming-out experiences of young gay men:A qualitative study (Doctoral dissertation,University of Texas-,Austin,2003).Dissertation Abstracts International,64,815.

Tikkanen,R. & Ross,M.W. (2003).Technological tearoom trade:Characteristics of Swedish men visiting gay Internet chat rooms.AIDS Education and Prevention,15,122–132.

Turkle,S. (1997).Life on the screen identity in the age of the Internet (1st ed.).New York,NY:Touchstone.

Wallmyr,G. & Welin,C. (2006).Young people,pornography,and sexuality:Sources and attitudes.The Journal of School Nursing,22,290–295.

Ward,L.M. (2004,March 11).And TV makes three:Comparing contributions of parents,peers,and the media to sexual socialization.Paper presented at the Society for Research in Adolescence,Baltimore,MD.

Weinstein,E. & Rosen,E.(1991).The development of adolescent sexual intimacy:Implications for counseling.Adolescence,26,331–339.

Whitty,M.T. & Carr,A.(2006).Cyberspace romance:The psychology of online relationships.Basingstoke,New York,NY:Palgrave Macmillan.

Ybarra,M.L. & Mitchell,K.J.(2005).Exposure to Internet pornography among children and adolescents:A national survey.CyberPsychology & Behavior,8,473–486.

opmental Psychology, 23, 215-45.

Subrahmanyam, K., Greenfield, P.M. & Tynes, B. (2004). Constructing sexuality and iden-
tity in an online teen chat room. Journal of Applied Developmental Psychology, 25, 651-666.

Subrahmanyam, K., Smahel, D. & Greenfield, P.M. (in press). Connecting developmental con-
structions to the internet: Identity presentation and sexual exploration in online teen
chat rooms. Developmental Psychology, 42, 395-406.

Suler, J. (2005). The psychology of cyberspace. Retrieved August 20, 2006, from: http://
www.rider.edu ~ suler/psycyber/psycyber.html.

第四章 建构在线自我认同:
自我认同探索和自我呈现

　　自互联网出现以来,也许还没有哪个主题会带来如此多的揣测或
令人兴奋的事物,那就是用户撇开自己的身体特征,创造崭新的且与
真实自我完全不同的身份或角色人物(例如 Kendall, 2003;Stallabrass,
1995;Turkle, 1997, 2005;Wakeford, 1999)。比如,Turkle 描述了一
位美国中西部大学的三年级学生,他在三个不同的基于文字的多用户
网络游戏(MUDs)中扮演四种不同的角色:一位性感的女性、一个具
有"大男子主义气概"的牛仔、一只性别不明的兔子和一只毛绒绒的
动物。各种电脑屏幕或操作系统使他可以实现自己的想法:"我只是在
这个显示器上打开自己心理的一部分,然后在另一个显示器上打开另
一部分。现实生活只是一个或多个操作系统,而且通常不是我最想要
的那一个。"(Turkle, 1997, P13)大概 10 多年后,Manago 和同事在
他们对社交网站 MySpace(聚友网)的研究中引用了一位女性焦点小
组参与者的话,她说:"不管你在 MySpace 上面留下什么信息,你都想
要知道别人对你的看法。"(Manago, Graham, Greenfield & Salimkhan,
2008, P450)尽管在本质上有所不同,但上面两个例子都说明了用户
如何利用科技来呈现自我的各个方面。

　　构想一种统一的自我感,换句话说,建构一种连贯而稳定的自我
认同,是青少年的一项重要发展任务,也是本章阐述的重点。正如我们
两位作者(印度裔美国人和捷克人)在开始写作本章时所发现的,自
我认同是一个相对复杂的术语,不同学科对它的解释并不一样,比如
心理学(甚至不同的心理学流派)、社会学、人类学和哲学,以及来自
不同文化背景的研究者的解释都不尽相同。我们在此采用 Moshman 的
定义,他概括了各种重要理论强调的要素,并提供了一个研究青少年

期自我认同的理论框架："自我认同，至少在部分程度上来说，是一种对自我的外显理论。"（Moshman，2005，P89）根据这个观点，一个人的自我认同是关于自我的一个复杂概念，它有助于回答诸如"我是谁"、"我属于哪里"、"我该怎么办"等问题。

本章将首先检验青少年期自我认同的理论概念，并探讨"在线自我呈现"（online self-presentation）和"虚拟自我认同"（virtual identity）这两个概念的含义。为了显现青少年如何使用科技来为自我认同服务，我们首先描述一些他们用来呈现自我和建构自我认同的在线工具。然后我们将向大家展示青少年如何使用这些工具在互联网上探索自我认同，尤其是通过博客和社交网站。我们也将向大家描述有助于理解青少年在线活动及其自我认同发展过程之间关系的研究。我们还将以一部分内容向您展示青少年如何使用互联网来建构他们的种族认同。最后，我们回到围绕着青少年自我认同实验和在线假装的问题上来。

一、青少年期的自我认同

Erikson（埃里克森）最先关注了自我认同的概念（Kroger，2006），他认为青少年期是个体必须完成建构自我认同这一任务的时期。创建一个自我认同，标志着将各种社会角色提供的现有经验、技能、天赋和机遇，整合成一个紧凑而复杂的个人认同。Erikson认为，职业决策、意识形态价值观和性认同的问题都是以自我认同为基础（Erikson & Stone，1959；Erikson，1968）。Erikson声称，青少年处于一个心理社会性延缓期，在这期间，他们可以探索不同的角色和自我认同。这样做的青少年更有可能对自己的认同感到满意，青少年对自我、自己的特征和社会地位的思考，将有助于他们探索和建构自我认同（Nurmi，2004）。

后来，Marcia进一步阐述了Erikson（1968）关于自我认同的理论，他将自我认同视为一个动态过程，并开发出一种方法来测量青少年在任何时间点的认同状态（Marcia，1966，1976）。Marcia指出，探索和承诺是确定青少年处于自我认同发展位置的关键。探索发生在青少年卷入对人际关系、宗教、生活方式或职业/工作问题的选择和决策过程，这是一个积极搜索和发现的过程。相比之下，承诺是接纳一个特定目标和生活计划，并使个体为他或她的生活选择和行为负责。

Marcia（马希耳）指出，探索和承诺核心维度的存在和（或）缺乏，导致了下面四个不同的自我认同状态或统合状态：

（1）自我认同早闭以承诺的存在和探索的缺乏为特征。尽管青少年会对他或她的自我认同感到满意，但它是按照权威人物的意愿建构起来的，而他们自己也可能变得僵化和循规蹈矩。

（2）自我认同扩散是青少年没有体验到危机和承诺，也不去积极探索他或她的自我感的状态。根据马希耳的观点，处于自我认同扩散的青少年很容易受到同伴的影响，也可能经常改变自己的观点和行为，以跟团体期望或规范保持一致。

（3）在自我认同延迟阶段，青少年体验到他或她的认同危机，但不对一个特定的自我感做出承诺。这类似于体育比赛中的一个"暂停"，他或她可能体验到焦虑和怀疑的状态，他们会探索和试验新的角色但却不做出承诺，也不去实验、发现和探索新的价值观和规范。

（4）在自我认同完成阶段，危机和承诺同时存在。青少年体验到自我认同的危机，他们会去探索和实验，并最终对某个特定的自我感做出承诺，接受承诺带来的责任。处于自我认同完成阶段的青少年具备积极的自我映像，行为处事更为灵活，也更独立。

根据 Erikson 和 Marcia 的观点，探索是在青少年期发展健康的自我认同的关键。发展研究表明，虽然这些自我认同探索可能发生在整个青少年阶段，但相对于年龄较小的青少年来说，自我认同作为一个发展任务对于那些年龄较大的青少年来说更为重要（Nurmi，2004；Reis & Youniss，2004；Waterman，1999）。自我认同探索不会在真空中发生，它与个体生活的其他方面有关。青少年的自我探索与其青少年期状态（Papini，Sebby & Clark，1989）、家庭变量比如对家庭功能的不同方面的满意和不满（如决策、家庭关系的情感质量，Papini et al.，1989），以及家庭互动模式和沟通风格（Grotevant & Cooper，1985；Quintana & Lapsley，1990；Reis & Youniss，2004）有关。朋友和同伴（参见第五章）很重要，青少年可能更喜欢在朋友和同伴中尝试新的态度和行为（Akers，Jones & Coyl，1998），他们依靠朋友和同伴的支持和反馈，并在试验自我定义的不同方面时，将同伴和朋友作为自己的一面镜子（Akers et al.，1998；Kroger，2006）。事实上，共同的朋友在自我认同以及与自我认同有关的态度、行为和意图方面都很相像（Akers et al.，1998），而与朋友之间产生的问题与青少年的自我认同轨迹存在负相关（Reis & Youniss，2004）。正如我们在本章的前言部分指出的那样，互联网被认为是为这种自我认同探索提供了一个理想的场所（Turkle，1997；Wallace，1999），下面我们要检验数字化的年轻人如何利用这个最新的环境来表达和建构他们的自我认同。

McAdams（麦克亚当斯）于1999年提出了另一个与我们的目的有联系的自我认同概念，他认为，自我认同的发展是一个持续和动态的过程，在这个过程中，自我认同适应于目前的后现代条件（McAdams，1997）。自我认同永远不会"完全确立"，恰恰相反，它是一个发生在多重自我背景下的叙事过程。根据McAdams的观点，处于初显成人期的个体会建构关于自我的叙事或动态的内部生活故事，而这些故事形成了他们自我认同的基础。这些自我认同叙事是从青少年的过去、现在和未来中提取出来的，它们包含与能力（或者成就和技巧）和共享（或者与他人的相互关系）有关的主题。在本章后面，我们会讨论青少年是如何利用数字化媒体（比如博客）来建构自我叙事的。

自我认同是一个多维度的概念，学者们已经区分了自我认同的不同方面，比如个人认同、社会认同、性别认同和种族认同。个人认同是基于自我评价和自我反思（如"我是谁"、"我就是我"），社会认同则与包含或者归属于一个社会环境或社会团体（如"我的归属哪里"、"我属于哪个团体"）有关（Macek，2003）。性别在青少年期和和显成人期很重要（Arnett，2004；Macek，2003）。男性和女性通常具有不同的社会角色，而社会角色的不同使他们经历的自我认同过程也不一样。种族认同也是在青少年期建构起来的，它被定义为"自我持久的、根本的方面，包括对一个种族群体的成员资格的感受，以及与成员资格有关的态度和情感"（Phinney，1996）。我们将向您展示，数字化环境可以支持年轻人建构他们的个人、社会、性别和种族认同（Manago et al.，2008；Tynes，Giang & Thompson，2008；Tynes，Reynolds & Greenfield，2004）。

二、在线自我呈现和虚拟自我认同

在互联网上，"虚拟自我认同"和"在线自我认同"的术语具有两个完全不同的含义（Šmahel，2003）。首先，它们把自我认同看做是个体在互联网上的一种确认和自我呈现（或表现）。其次，它们把在线自我认同看做一种心理感受———一个关于个体的在线自我或角色的复杂概念。虚拟自我认同的第一个解释源自这样一个事实，也就是个体在数字化背景下具有一个"虚拟表现"，而非真正的身体存在

（Šmahel，2003）。虚拟表现是用户在虚拟环境下的数字化数据"集群"，它包括一个或多个准确的名字、昵称／用户名、电子邮箱地址、在线记录，以及虚拟设置状态。换句话说，它就是用户在特定数字化情境下的面孔和身体。个体在不同的在线情境下（比如多个电子邮箱地址，如 teacher@university.cz 和 stampcollector@something.cz）可以有不同的数字化表现，甚至在相同的在线情境下具有不同的数字化表现（比如在一种在线游戏或虚拟世界里有多个化身）。

　　虚拟自我认同的第二个解释是，用户的虚拟表现是由思维、想法、视觉或者幻想构成的，它是用户把自己的思维、情绪和其他方面（可能是无意识地）迁移到了在线自我中去（Šmahel，2003）。虚拟自我认同也包括个人和社会方面。个人虚拟自我认同涉及在一个特定虚拟环境中作为一个人的"我是谁"，或者更准确地说，涉及用户在这种虚拟环境中的表现。社会虚拟自我认同则以个体属于一个特定的虚拟世界为特征，比如他／她可能是一个或多个在线社区的一份子，以及个体在这些社区中的地位，等等。比如，用户在"魔兽世界"（World of Warcraft，一款大型多人在线角色扮演游戏）里的化身可能是一个具有最高水平的魔法师[1]，也是该种游戏角色的领导者。附属于这个化身的个人认同可能包括优越感、对自我的强化，以及自尊的提升。对这个游戏角色的社会认同使他必须承担在一个玩家群体内的领导者位置，它可能与其他玩家对他的感谢和钦佩、对其他玩家的责任感以及常规战役的胜利有关（Šmahel，Blinka & Ledabyl，2008）。虽然"虚拟自我认同"的这两种界定都是有根据的，但对青少年的在线自我认同建构的研究主要体现在数字化表现和自我呈现方面，这一点我们将在下一节阐述。

三、青少年的在线自我认同建构

　　正如我们在前面提到的，建构一个稳定而连贯的认同需要探索（Erikson，1959），而对于今天的青少年来说，探索可以发生在离线世界和在线世界（Subrahmanyam，Šmahel & Greenfield，2006）。我们将在本节向您展示，在线环境提供了大量的 Erikson 和 Marcia 设想过的质疑和搜索的机会。事实上，互联网的潜在匿名性和相对安全允许自我认同实验，这为青少年检验他们自我认同的不同方面提供了一个绝佳的场所（Wallace，1999）。但是，并不是所有的在线场所

---

[1] 魔法师是"魔兽世界"里的一个特殊角色，他们有特定的责任和能力。

都允许用户保持匿名，青少年在这些不能匿名的环境里跟同伴进行互动、形成友谊，并磨练他们的社交技能，这些活动可能帮助他们完成构想自我感的任务。

在线自我认同建构也包括在线自我呈现，在线自我呈现包括用户以不同方式向其他在线用户呈现自我。请记住，在更少匿名但更隐私的环境里，比如社交网站，这些信息可能更容易获得。但在更加匿名性的在线环境里，比如聊天室和布告栏，即使最基本的信息比如性别、年龄、外貌、外表吸引力和种族等可能都无法获得（McKenna & Bargh，2000；Šmahel，2003；Subrahmanyam，2003；Subrahmanyam et al.，2006；Suler，2008）。无论如何，在线自我呈现是很重要的，因为要显示关于自我的哪些方面，个体具有相当大的选择空间，它可能是他们特别想要强调的自我方面，比如他们的性别、兴趣或者性偏好；但也可能是他们渴望承担或者想要避开的事物，甚至是通过探索和实验来观察自己和别人的反应。自我认同建构不是一项单一的活动，下面我们将描述发生在互联网上的各种不同的自我呈现方式，并显示在线自我呈现在很大程度上取决于特定工具和网络环境的功能。

（一）在线自我呈现的工具

1. 昵称（用户名）

在一些在线应用（比如聊天室、论坛或者文本在线游戏）中，自我认同经常以昵称或用户名来确立，它可能传达关于用户性别（如 prettygurl245）、性认同（如 straitangel）以及特殊爱好（如 soccerchick）等方面的信息。我们在对青少年在线聊天室的研究中分析了将近 500 个昵称，发现用户的网名在很多方面都反映了他们的离线自我（Subrahmanyam et al.，2006）。比如，在网络聊天室中，48%的女性的自我描述使用一个女性化的昵称（如 MandiCS12，Lilprincess72988），而32%的男性的自我描述使用了一个男性化的昵称（如 RAYMONI8，BlazinJosh55，Šmahel & Subrahmanyam，2007；Subrahmanyam et al.，2006）。此外，26%的女性和10%的男性的自我描述使用了性感的昵称（如 SexyDickHed，angel，prettygirl），这一模式也暗示了离线世界的差异。性感昵称是青少年的面孔和身体的替身，他们希望表达他们的兴趣和意图是参与具有性特征的活动。换句话说，性感昵称似乎是被用来吸引伙伴的兴趣和注意的（Šmahel & Subrahmanyam，2007；Šmahel & Vesela，2006；Subrahmanyam，Greenfield & Tynes，2004）。青少年也经常把他们的兴趣揉合进昵称里，比如足球男孩（soccerboy）或者音乐女生（musicgirl，这两个昵称都结合了兴趣和性别的信息）。在基于文本的聊天室里，昵称可能是用户虚拟自我认同最显著的方面，但是在诸如博客、社交网站和网络游戏等环境下，昵称或用户名可能并不是那么突出，因为其他人可以获得关于用户的虚拟认同的更多信息，比如穿戴了服装的化身、装备，以及在线游戏的记录。

2. 年龄 / 性别 / 地址代码

为了在互联网环境下分享关于他们自我认同的基本事实，年轻的互联网用户想出了一些很有创造性的策略。我们在对青少年网络聊天室的研究中发现的一个策略是 "年龄 / 性别 / 地址" 代码（a/s/l code，Greenfield & Subrahmanyam，2003）。年龄 / 性别 / 地址代码可以让其他用户标识自己，或者将这些信息填写为 16/M/CA。后面的格式向他人表明，用户是一位来自加利福尼亚的 16 岁男性，这是我们在网络聊天室研究中发现的最常见的表达方式。年龄 / 性别 / 地址代码让聊天者分享各自的身份信息，为在线情境下的潜在对话伙伴提供了最基本的信息。从社会心理学的经典研究中我们知道，年龄和性别也是人们在现实情境下面对面交流时最基本的分类标准（Brewer & Lui，1989）。在网络聊天室或更为一般的基于文本的在线交流中，青少年也估计了在面对面交往时显而易见的其他信息（如体形、服装、面孔，Šmahel，2003）。

有趣的是，在线用户用来分享身份信息的特殊代码似乎根据背景功能的不同而变化。我们观察到，年龄 / 性别 / 地址代码的青少年聊天室，是由美国供应商主办的，用户主要使用英语进行交流。但是，这些代码并没有出现在捷克共和国境内的网络聊天室，一种可能的原因是，捷克语的昵称已经传达了被试的性别信息，因为在捷克语里，姓名和昵称的语法后缀可能已经包含了性别的信息，而地址信息的用处不大，因为捷克共和国的国土面积并不大（大约 1000 万人口）。因此，捷克青少年通常只在聊天时提供他们的年龄信息，因为性别和地址信息在这种情况下没有什么实际意义。即便互联网是一个全球现象，我们期待看到来自不同背景的用户在特定设备上提供的自我呈现出现差异，因为与身份有关的线索会因为文化和地理位置的不同而不同。

3. 化身

化身（avatars）是玩家在电脑游戏（如大型多人在线角色扮演游戏）和复杂的虚拟世界（如虚拟人生）里的在线自我认同或者角色模型，它是可以调整的、能够运动的图像（见图 4.1）。根据网络空间的需要，化身能够设计成多种形式，从类似于人类到幻想的生物，最典型的是 3D 化身和动画化身。因此，创建一个虚拟自我认同的选择更多，因为玩家能够完全控制他们的化身，并且可以根据自己的意愿去塑造它。研究表明，在大型多人在线角色扮演游戏中，青少年和年轻的成年玩家比成年人更有可能认同化身（Šmahel，Blinka & Ledabyl，2008），他们更经常说"他们跟化身是一样的"、"他们拥有化身一样的技能和能力"。

图4.1　一个化身的例子：来自网络游戏"魔兽世界"

相对于昵称，作为虚拟人物的化身很有可能创造一个具有投射和自居作用的更好领域。如果一位年轻的用户能看见他或她的完整图示，包括面孔、体形、服装和装备（比如魔法力量、武器、宠物，等等），并能改变这个图示，便为认同虚拟图示本身开辟了更多的空间。至于昵称，用户通过社会沟通来与他们的虚拟形象发生联系，也就是说，他们通过与他人的沟通来创造一个社会认同。相反，用户与其化身或虚拟图像的关系则更为直接，它是以沟通和化身及其行为的视觉线索为基础的。对一位青少年玩家来说，一个虚拟的游戏角色或者化身，可能作为一种认同离线人格的积极以及消极方面的手段（Šmahel，Blinka & Ledabyl，2008）。

4. 照片和视频

照片和视频可以用作在线自我呈现，而且很容易上传到博客、社交网站和其他类似的用户生成网站上。我们对195个自称是青少年持有的英文博客的研究发现，60%的博主会发布用户图片，而且年纪越小的博主越有可能在博客上张贴图片（Subrahmanyam，Garcia，Harsono，Li & Lipana，2009，参见图4.2）。这也许是因为使用照片来呈现自己对年纪更小的博主来说更为重要，因为在这个年龄段，自我的公开展示可能驱动他们的自我感（Baumeister，1986）。但也有可能是因为年纪更小的青少年技术更为熟练，能轻松地创建和发布用户图片（Greenfield & Subrahmanyam，2003）。虽然我们知道青少年在频繁地使用可视化媒体，但我们还不知道这些使用的细节，以及这些使用与其自我认同发展的关系，特别是它是否有助或有碍于自我感的发展。在线展现图片会带来隐私和安全的问题，我们将在第十章和第十一章进行讨论。

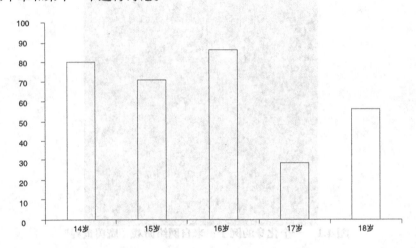

图 4.2　采用"我的头像"来标示年龄的博客作者的百分比
（引自 Subrahmanyam et al.，2009）

前已述及，青少年会利用在某个特定网络环境下获得的工具来探索和自我呈现。从独特的聊天代码（如年龄／性别／地址代码）、昵称和化身到照片和视频，青少年可以轻而易举地利用在线工具来显示他们希望与在线伙伴和同伴分享的自我方面。我们之前推测，科技会使用户更容易将其身体放在一边，转而假设新的替代身份，但恰恰相反，青少年用户似乎想要竭尽全力在互联网上呈现他们的离线自我，而非使其在线身份脱离现实。

（二）博客和个人主页里的自我认同表达和自我呈现

博客和网页呈现了青少年的生活、难题、欢乐和他们此时正在面对的问题的虚拟景像。当他们的在线文字和图像公诸于众时，他们为研究者提供了一个研究青少年如何使用科技来为他们发展自我认同服务的窗口（Huffaker & Calvert，2005；Mazur & Kozarian，2009；Schmitt，Dayanim & Matthias，2008；Subrahmanyam et al.，2009；Suzuki & Beale，2006）。我们以两个研究为例——一个是博客（Subrahmanyam et al.，2009），一个是个人主页（Schmitt et al.，2008），这两项研究为我们提供了一幅有关青少年在线自我认同建构的丰富而复杂的画面。

在对博客的研究中，我们分析了 195 个英文博客，这些博客的作者都是青少年（通过他们的年龄来确定，Subrahmanyam et al.，2009）。青少年作者们广泛使用了上述自我呈现工具，比如用户名（或昵称）和用户图像。所有的博客都有用户名，其中大约有 40% 的用户名传达了作者的性别信息。在这些性别化的用户名中，我们还发现，博主陈述的性别（我们在他们的个人简介或博客内容中发现的）和用户名呈现出的性别认同之间存在一致性。除了性别，博主们还经常会提供关于年龄（75%）和地址（70%）的信息。虽然用户图像的设置在博客里是可有可无的，还是有 60% 的博主上传了一张图片，而且年纪越小的博主越有可能这么做。用户图像通常包含图片（71%）或者图片和文本（26%）。我们可以进行编码的大多数图片是自拍照或者与流行文化有关的图片。流行文化，尤其是音乐，常常是青少年呈现自我的一种方式（Thornton，1996），此外还经常可以在他们的博客里发现他们自己的照片。

在这些博客里，对于自我认同的感想并不常见，比如下面这些："我说话很温柔，我也很强壮，但我经常对自己感到不满"，"我太幼稚了，很多时候表现得太功利。但当我把一切都归因于它时，心里的邪恶仙女又开始搞怪，毁坏我的生活"。同时，这些博客也很少出现浪漫、性和问题行为等主题的内容。也许作者们意识到他们的博客是公开的，所以回避了那些敏感的话题。回想一下第三章，在匿名程度更高的网络聊天室里，青少年不会这样抑制自己的行为（Subrahmanyam et al.，2006）。我们分析的博客条目具有叙事和反思的风格，主要集中于青少年作者们的同伴和日常活动（如学校、课外活动），并以情绪化的口吻讲述他们生活中的人物和事件。McAdams 认为，这些叙述或生活事故能帮助处于始成年期的个体建构一个连贯的自我认同（McAdams，1997）。我们推断，尽管青少年博主不会经常公开地谈论自己的身份，但他们在网络日志里的叙述可能有助于他们完成确立自我认同的任务。

Schmitt 等人（2008）对青少年个人主页的研究，同时采用了对 500 名 8—17 岁青少年的大规模调查和对相同年龄段的青少年创建的 72 个个人主页的内容分析。在调查研究中，青少年报告了有能力创建个人主页的成就感。大多数青少年觉得他们"能够以自己的方式来创建个人主页"，更重要的是"有助于别人理解他们是谁"。多数人也觉得在个人主页上相互分享各自的信息，比面对面更容易。内容分析证实了这些结果。有证据表明，个人主页同时表现了成就感（尤其是关于爱好和体育运动）和自我认同表达两个方面。与青少年博客作者一样，这些青少年个人主页作者也提供了自己的个人信息（比如年龄、性别、地址）以及自我呈现（比如照片或卡通图像），他们也会写自己的兴趣、人际关系和价值观。值得注意的是，女孩和年龄更大的青少年会提供更多关于自己的信息。被试对他们的个性和优势的陈述很好地阐明了上述发展趋势。处于前青少年期的儿童只是简单地陈述他们擅长做什么，比如下面这位 9 岁的儿童："我很擅长玩网络游戏，我也很善于打字。"该研究还提供了一个 16 岁女孩更为详细的描述，看看她是怎样为自己辩护的："如果你不喜欢我的外表，就请保持沉默。因为我就是我，我喜欢我现在的样子！这就是我的一切……享乐和做自己喜欢的事！！"因为他们的研究分析的个人主页数量较少，也没有详细描述这些外显的自我认同陈述的频率，因此我们实在无法将其与我们对青少年博客的研究结果进行比较。

两项研究都表明，青少年使用科技来为自我认同服务，并不是为了 Erikson（1968）提出的、Turkle（1997）加以通俗化的积极自我认同实验，但却是为了自我表达以及与同伴分享信息。与其他的在线行为一样，青少年在博客和个人主页上的自我认同表达可能取决于当时的情境。一项采用我们使用过的英文博客研究方法（参见 Subrahmanyam et al., 2009）的捷克研究，分析了 203 个 12—17 岁青少年创建的博客（Blinka, Šmahel & Subrahmanyam, 未注明日期）。与英文写作的博客不同，大部分捷克语的博客都以图片为主——大约 91% 的青少年博主使用图像，其中大部分是名人（歌星、演员等）的照片，以及一些标志和亚文化符号（如情绪化或哥特式符号）。相对于英文博客的作者，捷克青少年似乎更多的是在表达他们属于某个音乐流派的特定亚文化。这些在线表达与离线的文化偶像有关并且（或）属于离线的亚文化，它是青少年使用科技来探索离线自我认同的一种重要方式。

（三）社交网站上的自我认同表达和自我呈现

虽然社交网站（如 Facebook 和 MySpace）主要是用来与同伴联系（这个问题将在下一章详细讨论），但其间也存在自我认同表达和自我呈现（Livingstone,

2008；Manago et al.,，2008；Strano，2008；Subrahmanyam，Reich，Waechter & Espinoza，2008）。Livingstone（2008）对 16 位 13—16 岁的社交网站用户进行访谈发现，青少年的自我认同发展"似乎与社交网站的风格或选择有关"（P400）。比如说，有些青少年放弃 MySpace 转而使用 Facebook，因为他们发现 Facebook 上的人更为成熟老练，而且 Facebook 的个人资料看似更简单，色彩也没有那么丰富绚丽。年纪小的青少年会花很多时间"装饰"他们的个人资料、提供更详细的个人信息，而年龄大一些的青少年则偏爱朴实一些的网站，只要能快速连接到其他社交网站用户即可。换句话说，年纪小的青少年更多地在社交网站上展示他们的身份。事实上，在我们的博客研究中，我们也发现年纪小一些的博主更有可能上传用户图片，尽管不同年龄段博主的用户图片在实际内容上并没有年龄差异（Subrahmanyam et al.，2009）。

因为在线资料属于个人隐私，研究人员不可能用文件来证明社交网站的文化，而在更为开放的聊天室和博客里面是允许这样做的。但 Manago 和同事对 23 位 MySpace 用户的深度焦点团体访谈为了解社交网站上的自我认同表达带来了启示（Manago et al.，2008）。虽然他们研究的被试是 18—23 岁的大学生，但与青少年相比还是有一些相似的地方，因此我们挑选其中一些有趣的发现来进行说明。研究者在 MySpace 上发现了一些个人、社交和性别认同的建构，他们的结论是"MySpace 为即将进入成年的年轻人提供了探索可能自我和表达他们想要成为的理想自我的工具"（P455）。与此同时，"随着年轻女性展现性取向的压力不断增大，继续保持纯真会使她们感到困惑，并对她们的发展产生不利影响"（P455）。我们很容易发现青少年的在线性别角色建构和他们的离线性别角色建构之间存在相似之处：在美国的主流文化中，人们比较推崇温柔而有吸引力的女性和强壮有力的男性，而参加焦点团体访谈的被试报告了他们在 MySpace 上类似的性别模式。

（四）在线行为和自我认同状态

青少年的在线活动是否与他们的总体认同发展有关，这是一个重要问题。在接下来的部分，我们将讨论互联网对处于四种自我认同状态的个体的潜在影响。尽管我们的一些想法带有推测的性质，我们在此引用我们在捷克共和国开展的两项相关研究的结果———项是对 16 位被试（12—15 岁）的质性访谈研究，另一项是对 681 名 12—20 岁的青少年的量化调查研究（Šmahel，2003，2005；Vybiral，

Šmahel & Divínová，2004）。两项研究都采用了 Adams，Shea 和 Fitch（1979）编制的自我认同状态自陈量表来测量被试的自我认同状态。

1. 自我认同早闭

回想一下，自我认同早闭的青少年会承诺一个特定的自我认同，这个认同通常是他们的父母或权威人物倡导的，但他们没有经历过任何危机或者进行过积极的探索。自我认同早闭可能是青少年自我认同发展过程中的第一个自我认同状态，但在网络环境下，这些青少年可以恢复到以前的状态，也就是没有做出与处于扩散或没有承诺的自我认同状态的个体类似的承诺。网络环境和虚拟自我认同能帮助实现这个过程，它允许青少年更早地实验他们的自我认同，这是他们在现实生活中"不敢"去做的。我们的量化研究提供了这种可能性的证据。在被确认为是自我认同早闭的青少年中，接近 47% 的人同意"父母很少知道我在网上做了些什么"，20% 的人认为"在互联网上我是一个完全不同的人，我父母在网上肯定认不出我来"。与此同时，62% 的人说他们在互联网上不必遵守他们并不赞同的日常生活规则。尽管如此，与其他自我认同状态的青少年相比，自我认同早闭的青少年更经常报道说他们在现实世界中会根据父母的期望和态度行事。至少对一些离线自我认同早闭的青少年来说，互联网已经变成一种他们感觉不到限定他们离线生活的"承诺"的环境。对他们而言，在线自我认同和虚拟自我认同是他们的离线自我认同将要发生变化的征兆。

2. 自我认同扩散

处于认同扩散阶段的个体不会体验到危险和承诺，容易受到同伴的影响，不够自信，人际交往容易出现问题。我们推测，对自我认同扩散的青少年来说，网络环境可以成为一个安全的避风港，一个他们能够学会如何表达观点、与人交流、打破团体规范而不用担心受到团体制裁的地方。但是，我们研究中的这些观点目前仍缺乏实证研究的支持。自我认同扩散难以用问卷来测量，因为它包含了所有自我认同状态的特征。此外，我们的研究中测量这种自我认同状态的量表信度偏低，这也影响了我们研究结果的可靠性。

3. 自我认同延迟

处于自我认同延迟阶段的个体关心他们的自我认同，但没有对自我做出承诺或者充其量是软弱的承诺。根据 Marcia 的观点，处于自我认同延迟阶段的青少年尝试和实验不同的角色和认同，并发现新的价值观。如前所述，互联网可以成为这种自我认同探索和实验的一个理想场所。我们的研究结果也支持下面这个观点：

处于自我认同延迟阶段的青少年，他们在网络空间更频繁地打破离线生活常见的规则和规范，而且与离线生活相比，他们会更经常地在虚拟环境中改变他们的自我。自我认同延迟分数更高的青少年报告说，他们在互联网上更为开放，并表现得更好。他们还说，他们的父母在网上不会认出他们来，也更有可能使用互联网来澄清他们的价值观和态度。总的来说，59%处于自我认同延迟阶段的青少年赞同他们会在互联网上澄清他们的态度和规范，58%的青少年声称相对于现实生活，自己在网上更为开放。请记住，这并不意味着所有的处于自我认同延迟阶段的青少年都会使用互联网来实现这些目的，这么做的自我认同延迟青少年也不比处于其他自我认同状态的青少年多。

4. 自我认同完成

处于自我认同完成阶段的个体同时体验到自我认同危险和承诺，但是，不要简单地认为寻找一个人的自我认同、"自我"和"价值"会在青少年期结束。事实上，有些人认为寻找"自我"是一个持续终生的过程，永远不会停止（McAdams，1997）。至于自我认同完成，虚拟环境可能有助于反思用户当前的目标和价值观，并安全地"返回"到延迟阶段（Wallace，1999）。青少年或者成年人可能经历过所谓的"MAMA"循环，也就是延迟阶段和自我认同完成阶段一个接一个重复地出现。因此，数字化背景可以通过为青少年提供安全实验自我认同的机会，在他们寻找自我时发挥作用。我们的量化研究也证实，处于自我认同完成阶段的青少年更频繁地报告，他们会测试或者偏离日常生活的规范和规则。

上述讨论提供了青少年离线认同状态可能与他们的在线行为有关这一观点的主要支持证据（Šmahel，2003，2005）。尽管青少年的在线行为经常与离线自我认同状态相符，但与离线环境相比，在线环境提供了更多探索和更少承诺的机会。特别是我们在第一章提到的，很多在线交流环境的一个重要方面是它们可能使用户解除抑制，并增加潜在的自我表露。互联网可能增强探索并削弱承诺，由此导致青少年的自我认同状态在在线和离线情境时出现差异。我们的质性研究中的被试也好像意识到，有些在线环境，尤其是匿名的网络聊天室，可能不存在任何承诺。一位19岁的女孩如此评论在线环境："来自现实生活的阻碍消失了，你可以更加开放，但也更脆弱。"一位16岁的女孩说道："我不相信聊天室里的人，你无法看透屏幕，你不知道人们是不是在说实话"（Šmahel，2003）。请记住，我们是在2002—2003年开展这项研究的，当时聊天室正处于高峰期。在线环境，比如社交网站和文本信息，可能提供不同的探索和承诺机会，但我们还需要更多的研究来理解在这些网络空间里的活动与自我认同发展之间的关系。

（五）在线种族认同

直到现在，我们都一直在讨论能够推广到绝大多数青少年的自我方面，比如不同年龄、性别和兴趣的青少年。现在让我们把注意力转移到科技对一个非常特殊的自我认同方面的影响，这就是种族认同，正如我们在前面提到的，种族认同也是在青少年期进行建构的（Phinney，1996）。当然，性认同（一个人是异性恋还是同性恋）在青少年期也具有同等的重要性，相关内容参见第三章。与此前的预期不同，我们现在知道，青少年会将其种族和民族属性带到数字化环境中，比如青少年聊天室、布告栏、Facebook 和 YouTube（Greenfield et al.，2006；Subramanian，2010；Tynes，2007；Tynes et al.，2004）。

例如，Tynes 和同事同时分析了 2003 年间纪录下来的青少年在线聊天对话，这些对话分别发生在受到监控和没有监控的网络聊天室（Tynes et al.，2004）。受到监控的网络聊天室有成年人监督并执行相应的行为规则，比如没有仇恨言论和对聊天者的骚扰；而没有监控的聊天室则没有类似的监控，因此用户可以以任何方式自由地谈论任何话题。在受到监控的聊天室，有 19% 的机会接触到针对一个种族群体的负面评论，而在未受到监控的聊天室这一比例则为 59%。在没有监控的聊天室也记录到更多的民族或种族诽谤，这表明在缺乏社会控制（比如监督者）的情况下，可能产生普遍的消极群体间态度。但是，研究人员也观察到有关民族和种族的正面评论。该研究以聊天室为单位分析了发生在聊天室的谈话内容。该研究的假设是这些谈话内容能够揭示用户最可能在青少年网络聊天室遭遇的内容。因此，询问青少年从这些网络环境中学到哪些关于民族和种族的内容也同样重要。

Tynes 通过即时通讯访谈了 13—18 岁的青少年网络聊天参与者，下面这些摘录说明了这种聊天话语的潜在学习功能（Tynes，2007，P1316）：

TeenTalk2：你能举个例子说明你学到了什么吗？

Rothrider95：我学到了从那些受压迫的人的角度看问题

TeenTalk2：哦，能说得详细一点吗

TeenTalk2：比如哪些特殊群体

Rothrider95：主要是波多黎各移民

TeenTalk2：关于他们的什么事情

Rothrider95：为什么他们会感受到压迫

根据 Tynes 的研究，青少年被试报告说他们会接受并扮演在网上学到的与种族有关的认同。被试还报告说，他们会采用六种典型的种族角色中的一种：讨论者（46%）、目击者（41%）、受害者（41%）、朋友（28%）、同情者（18%）和拥护者（15%）。从百分比来看，很明显，他们报告了多个角色。"目击者"通常只是讨论而没有真正卷入与种族有关的行为，而"讨论者"则积极参与这种行为。"同情者"报道说，他们会跟聊天室里的"讨论者"分享感受，或者说，他们学会了从其他人的角度看待与种族有关的现象。"拥护者"报告说，他们尽力说服其他参与争论的人，"受害者"则声称他们经历过针对自己的种族歧视。作为"朋友"的青少年报告说，他们与不同种族群体的人建立了关系，并从这种经历中获得了与种族有关的问题的新知识。总的说来，青少年被试报告了他们从种族或民族问题的讨论中获得了大量的信息，包括文化习俗和信仰体系。他们也报告说，他们学到了种族压迫影响有色人种生活的方式。种族角色采择也有助于青少年聊天参与者理解来自不同种族群体的人的生活，并丰富他们关于种族的知识。

社交网站的私密性更好，不仅为用户提供了自我呈现的工具（如照片），同时为种族认同建构提供了不同的机会。Subramanian 发现，年轻的南亚裔美国女性报告说，她们在 Facebook 上与一个南亚人或者非南亚人分享自己穿着传统的南亚服装（如传统的印度长袍）的照片时感觉很安全，但在面对面时这么做就会感到别扭（Subramanian，2010）。对于少数族裔中的年轻人来说，比如南亚的穆斯林女性，像 Facebook 这样的互动论坛为她们共同建构传统文化结构提供了一个机遇，比如可以接受的性别角色。根据 Subramanian 的观点，年轻的南亚穆斯林女性在大学里使用日志和状态信息，来分析"穿上希贾布[1]后应该怎样行动才算得体，或者哪些宝莱坞电影[2]是虔诚的穆斯林女性该看和不该看的"（Subramanian,2010）。虽然这些讨论可能更多的带有怀旧色彩，不能完全反映他们国家文化的动态和当前现状，但是它们能帮助这些南亚女性培养并保持她们的文化和种族认同。

---

[1] 穆斯林女性应该穿戴的传统服饰。

[2] 宝莱坞制作的印地语电影，宝莱坞位于印度孟买。

（六）自我认同实验和假装

本章的假设是互联网用户可能利用网络环境的无实体本质来探索替代性的自我认同，本章的内容也以此为起点而展开。人们通常认为，互联网用户会经常冒充别人，并在日常活动中改变他/她的虚拟表现。青少年网络用户可能也存在这样的情况。一个流行的误解是，青少年坐在电脑前假装成某个人，至少是在一个电脑屏幕上打开的窗口中这样。早期研究把这些行为叫做"自我认同实验"。Turkle在她的经典著作中举了几个青少年在线自我认同实验或假装的例子（1997），发现它们通常会给现实生活带来积极影响。读者们应该记住，Turkle的著作是以基于文字的多用户网络游戏（MUDs）为基础的，MUDs是文本型的社交环境，而假装和角色扮演则是正常的、预期的社交环境。

从假装的意义上来说，自我认同实验在互联网用户中通常是司空见惯的，尤其对青少年来说更是如此。对于上述观点，迄今为止的研究发现了相互矛盾的支持证据。在那些报告会假装的互联网用户中间，青少年报告的频率要高于成年人。在一个以捷克人为代表的样本中，只有15%的互联网用户赞同"他们有时候会假装成别人"（Šmahel & Machovcova，2006）。"假装者"的比例最高的是12—15岁（27%）和16—20岁（25%）的年轻人，这个年龄段也被认为是处于发展前沿的寻找自我认同的时期（Erikson & Stone，1959；Erikson，1968）。这与Gross（2004）的研究结果相似，他发现在7年级（12—13岁）和10年级（15—16岁）的美国青少年中，假装一个不同的身份很少见，而当他们假装时，通常是为了跟朋友开玩笑而非想要真的创造一个"理想的自我"。创建一个虚拟自我认同和虚拟自我在这些研究的青少年被试里不是一个常见的现象，更经常出现的情形是，他们会在虚拟世界里测试和澄清他们的离线价值观和态度。从这个意义上来说，他们把现实世界和虚拟世界连接了起来（Šmahel，2003；Suler，2008）。

Valkenburg，Schouten和Peter（2005）对9—18岁荷兰青少年的调查研究取得了不同的结果。他们发现，接近50%使用即时通讯或聊天室的被试（占41%的总体被试）报告说，他们会使用互联网来进行在线自我认同实验。用于在线自我认同实验的最重要动机是自我探索（看看别人会如何反应）、社交补偿（为了克服害羞）和社会促进（为帮助形成人际关系）。年龄最小的被试（9—12岁）报告说，他们假装成为别人的比例最高（72%）。女孩和年纪小一些的青少年最可能假装成年龄更大一些的人（50%）。依次递减，他们报告说会假装成为一位现实生活中的熟人（18%）、一个更轻浮的人（13%），或者一个想象的人物（13%）。因为该研究只询问了被试他们是否"至少有时"会实验不同的自我认同，因此很难了解他们真正假装的频率是多少。抛开这一点，大多数的假装是把自己描述得年龄更大一点儿，这是大多数青少年在人生的某个阶段都会做的事情，不论是在线还是在离线时。因此，我们能否将他们的假装行为称为真正意义上的自我认同实验仍然存在争议。

有些网络环境比如网络聊天室（Konecny & Šmahel，2007），可能比其他网络环境（Blinka & Šmahel，2009；Huffaker & Calvert，2005）更有可能出现吹嘘和欺骗行为。我们（Blinka & Šmahel，2009）对123名开通了博客的13—17岁青少年的调查研究发现，大多数人（56%）报告说从来没有在博客里面撒谎，只有两名博客作者说他们谎报了自己的性别或年龄，只占样本量的1.6%。说谎的情况很少出现，它主要是关于伙伴关系（17%很少说谎，4%有时说谎）、家庭状况（14%很少说谎，2%有时说谎）、外貌（10%很少说谎，1%有时说谎）和性经验（7%很少说谎，2%有时说谎，1%经常说谎）。在博客里，青少年的自我认同实验似乎相对来说不那么常见，当他们说谎时，很显然是为了改善他们在别人心目中的形象，比如说假装自己有更多的伙伴、更多的性经验、看起来更有魅力，这与他们在现实生活中精心打扮自己是出于同样的原因。

（七）虚拟自我认同

在线工具，比如图像（化身）和昵称，也在虚拟自我认同或者在线角色的建构中起到重要作用。虚拟自我认同或者在线角色有别于在线自我呈现，这一点我们在前面已经提到过。根据Thomas的观点，虚拟自我认同也是通过对某个虚拟团体的归属感、用俚语来交流和获取技术知识建构起来的（Thomas，2000）。有些技能，比如能够使用某些软件、控制一个聊天室或者寻找新的软件，正在成为自我评价的一个重要组成部分。这些数字化技能很有价值，它们"属于"青少年的虚拟自我认同。Thomas还声称，儿童和青少年的虚拟自我认同非常有弹性，会按照当前的文化潮流（时尚和音乐趋势等）而发生改变，从而可能帮助他们试验各种不同的自我形象。一项对548名青少年大型多人在线角色扮演游戏玩家的调查表明，对某个虚拟团体的归属感很重要（Šmahel，2008）。调查中，66%的12—19岁玩家赞同"他们感觉自己属于某个团体"，而55%的玩家赞同他们感受到了自我的重要性。年龄大一些的青少年（16–19岁）对团体的归属感最为强烈。这于这群玩家来说，虚拟自我认同的社会（团体）方面似乎至少与其个人的自我认同一样重要。

关于青少年和虚拟自我认同还有一些疑问。一个基本的问题是，是否有可能存在真正的虚拟自我认同——考虑到虚拟呈现无法真正感受或体验到任何事情，是否有可能把对一个人的外显理论的思考和谈论当作是"虚拟人格"呢？此外，如果这种虚拟自我认同确实存在，它们有多稳定，对青少年的自我认同发展有哪些影响呢？Turkle声称，创建独立的虚拟自我认同有助于个体克服现实生活中的困难（Turkle，1997，2005），因为虚拟体验已经迁移到现实生活中。因此他还描述了一些例子，用来说明虚拟自我认同对离线生活出现困难的人有哪些帮助。与此相反，Reid（1998）则认为，网络环境下的独立自我认同可能妨碍灵活和完整人格的发展，她声称，与离线人际关系相比，虚拟人际关系缺乏连续性：在线人际关系很容易中断，而逃跑可能成为处理问题的一个主要策略。虚拟自我认同可能变得脱节和僵化，因而使在线自我认同可能对个体产生更大的消极影响。今后需要进一步对这些可能性进行分类和整理，以确定虚拟自我认同是否会阻碍或帮助青少年的自我认同轨迹。

四、结论

建构一个稳定而连贯的自我认同是青少年期的一个重要发展任务。自我认同本身是一个多维度结构，由不同的方面构成，包括个人认同、社会认同、性别认同和种族认同。"在线自我认同"这个词也同样复杂，它可以用来指用户的在线自我呈现，或者是用户的在线角色或自我的一个更为心理学化的概念。

本章我们向大家介绍了使用数字化工具来建构自我认同的不同方式，包括昵称、化身、个人档案、照片、视频和不同在线社区独特的语言/代码。大多数在线自我认同建构需要自我认同探索以及自我认同表达和自我呈现：在一个同伴社区里呈现和测试他们自我或自我认同的各个方面，根据同伴的反馈来修改和测试他们的自我，创建关于他们自己的故事，并寻找伙伴或朋友。正如我们研究中的一位女性青少年所说的："我并没有什么与众不同，我只是表达了一些有点极端的观点"（Šmahel，2003）。至少对青少年来说，现有研究无法对"网络环境是一个人悄悄扮演不同自我认同的理想场所"这一观点进行验证，青少年可能更改他们的性别，并把自己假扮成年龄更大或更小、更漂亮和更高大的人物形象。青少年很少在互联网上进行假装，而当他们这么做时，他们更可能在一些可以匿名的地方，比如网络聊天室。

　　青少年似乎在网络环境下建构和共同建构他们的个人认同、社会认同、性别认同和种族认同，因为他们都面临着"他们是谁、他们属于哪里、他们想干什么"等至关重要的问题。对这些问题我们只取得了初步的结果，今后仍需要更多的研究来理解年轻人的在线生活，以及这种在线生活带来的虚拟自我认同可能对他们发展产生的长期性影响。举例来说，尽管我们知道青少年使用数字化工具来进行自我认同建构，但我们还不了解他们的在线自我呈现和自我认同表达对其发展的影响。其中的一个问题是，数字化环境、用户的在线自我呈现和用户自身之间的关系。在用户和他们的在线自我呈现之间存在一定的差距或者说距离，这可能使他们与其在线自我呈现行为分隔开来，比如当他们的化身在网络游戏中杀死另一个玩家时。未来的研究需要检验青少年的自我认同发展，以及更广义上来说他们的发展（如浪漫关系的形成、道德行为、攻击行为，等等）与其在线自我呈现的数字化表征之间的心理距离。虽然迄今为止少有证据表明用户的在线活动和他们的离线自我认同状态之间存在关系，我们还需要更多研究来理解青少年的虚拟自我（如他们在游戏中的化身，或者他们在 Facebook 上的自我）如何影响其自我认同发展。这些问题的解决将有助于我们理解青少年的自我感受是如何在不断变化和发展的数字化环境中形成的。

【 参考文献 】

Adams,G.R.,Shea,J. & Fitch,S.A.（1979）.Toward the development of an objective assessment of ego-identity status.Journal of Youth and Adolescence,8,223–237.

Akers,J.F.,Jones,R.M. & Coyl,D.D.（1998）.Adolescent friendship pairs:Similarities in identity status development,behaviors,attitudes,and intentions.Journal of Adolescent Research,13,178–201.

Arnett,J.J.（2004）.Adolescence and emerging adulthood:A cultural approach（2nd ed.）.Upper Saddle River,NJ:Pearson Prentice Hall.

Baumeister,R.G.（1986）.Pubilc self and private self.New York,NY:Springer.

Blinka,L.,Smahel,D.,Subrahmanyam,K. & Seganti,F.R.（n.d.）.Cross-Cultural Differences in the Teen Blogosphere:Insights from a Content Analysis of English-and Czech-Language Weblogs Maintained by Adolescents.Paper under review.

Blinka,L. & Šmahel,D.（2009）.Fourteen is fourteen and a girl is a girl:Validating the identity of adolescent bloggers.CyberPsychology and Behavior,12,735–739.

Brewer,M.B. & Lui,L.（1989）.The primacy of age and sex in the structure of person categories.Social cognition,7,262–274.

Erikson,E.H.（1959）.Identity and the life cycle:Selected papers.Oxford:International Universities Press.

Erikson,E.H.（1968）.Identity,youth,and crisis（1st ed.）.New York,NY:W.W.Norton.

Erikson,E.H. & Stone,I.（1959）.Identity and the life cycle;selected papers.New York,NY:International Universities Press.

Greenfield,P.M.,Gross,E.F.,Subrahmanyam,K.,Suzuki,L.K.,Tynes,B.M.,Kraut,R.,et al（2006）Teens on the Internet:Interpersonal connection,identity,and information. In R.Kraut,M.Brynin & S.Kiesler（Eds.）,Computers,phones,and the Internet:Domesticating information technology（pp.185–200）New York,NY:Oxford University Press.

Greenfield,P.M. & Subrahmanyam,K.（2003）.Online discourse in a teen chatroom:New codes and new modes of coherence in a visual medium.Journal of Applied Developmental Psychology,24,713–738.

Gross,E.F.（2004）.Adolescent Internet use:What we expect,what teens report.Journal of Applied Developmental Psychology,25,633–649.

Grotevant,H.D. & Cooper,C.R.（1985）.Patterns of interaction in family relationships and the development of identity exploration in adolescence.Child Development,56,415–428.

Huffaker,D.A. & Calvert,S.L.（2005）.Gender,identity,and language use in teenage blogs.Journal of Computer-Mediated Communication,10,1.Retrieved October 15,2009,http://jcmc.indiana.edu/vol10/issue2/huffaker.html.

Kendall,L.（2003）.Cyberspace.In S.Jones（Ed.）,Encyclopedia of new media（pp.112–114）. Thousand Oaks,CA:Sage.

Konecny,S. & Šmahel,D.（2007）.Virtual communities and lying:Perspective of Czech adolescents and young adults.Paper presented at the AOIR Conference 2007,Vancouver.

Kroger,J.(2006)Identity development:Adolescence through adulthood.Thousand Oaks,-
CA:Sage Publications,Inc.

Livingstone,S.(2008).Taking risky opportunities in youthful content creation:Teenag-
ers' use of social networking sites for intimacy,privacy and self-expression.New
Media & Society,10,393−411.

Macek,P.(2003).Adolescence(2nd ed.).Praha:Portál.

Manago,A.M.,Graham,M.B.,Greenfield,P.M. & Salimkhan,G.(2008).Self-pres-
entation and gender on MySpace.Journal of Applied Developmental Psycholo-
gy,29,446−458.

Marcia,J.E.(1966).Development and validation of ego-identity status.Journal of Per-
sonality and Social Psychology,3,551−558.

Marcia,J.E.(1976).Identity six years after:A follow-up study.Journal of Youth and Ad-
olescence,5,145−160.

Mazur,E. & Kozarian,L(2009)Self-presentation and interaction in blogs of adolescents
and young emerging adults.Journal of Adolescent Research,25,124−144.

McAdams,D.P.(1997).The case for unity in the(post)modern self:A modest proposal.In
R.D.Ashmore & L.J.Jussim(Eds.)Self and identity:Fundamental issues(pp.46−78)
New York,NY:Oxford University Press.

McAdams,D.P.(1999).Personal narratives and the life story.In L.A.Perwin & O.P.John
(Eds.),Handbook of personality:Theory and research(Vol.2,pp.478−500).New
York,NY:Guilford Press.

McKenna,K.Y.A. & Bargh,J.A.(2000).Plan 9 from cyberspace:The implications of the
Internet for personality and social psychology.Personality and Social Psychology
Review,4,57−75.

Moshman,D.(2005).Adolescent psychological development rationality,morality,and
identity(2nd ed.).Mahwah,NJ:Lawrence Erlbaum Associates.

Nurmi,J.-E.(2004).Socialization and self-development:Channeling,selection,adjust-
ment,and reflection.In R.M.Lerner & L.Steinberg(Eds.),Handbook of adolescent
psychology(2nd ed.,pp.85−124).Hoboken,NJ:Wiley.

Papini,D.R.,Sebby,R.A. & Clark,S.(1989).Affective quality of family relations and
adolescent identity exploration.Adolescence,24,457−466.

Phinney,J.S.(1996).When we talk about American ethnic groups,what do we
mean?American Psychologist,51,918−927.

Quintana,S.M. & Lapsley,D.K.(1990).Rapprochement in late adolescent separationin-dividuation:A structural equations approach.Journal of Adolescence,13,371–385.

Reid,E.(1998).The self and the Internet:Variations on the illusion of one self.In J.Gack-enback(Ed.)Psychology and the Internet,intrapersonal,interpersonal,and transper-sonal implications(pp.31–44).San Diego,CA:Academic Press.

Reis,O. & Youniss,J(2004)Patterns in identity change and development in relationships with mothers and friends.Journal of Adolescent Research,19,31–44.

Schmitt,K.L.,Dayanim,S. & Matthias,S.(2008).Personal homepage construction as an expression of social development.Developmental Psychology,44,496–506.

Šmahel,D.(2003).Psychologie a internet:Dˇeti dospˇelými,dospˇelí dˇetmi.(Psychology and Internet:Children being adults, adults being children.).Prague:Triton.

Šmahel,D.(2005).Identity of Czech adolescents-Relation of cyberspace and reality.Pa-per presented at the 9th European Congress of Psychology,Granada,Spain.http://www.terapie.cz/materials/granada2005-smahel.pdf.

Šmahel,D. (2008).Adolescents and young players of MMORPG games:Virtual communities as a form of social group.Paper presented at the XIth EARA Con-ference,Torino,Italy.Retrieved May 5,2009,http://www.terapie.cz/materials/eara2008-torino.pdf.

Šmahel,D.,Blinka,L. & Ledabyl,O.(2008).Playing MMORPGs:Connections be-tween addiction and identifying with a character.Cyberpsychology and Behav-ior,11,715–718.

Šmahel,D. & Machovcova,K.(2006).Internet use in the Czech Republic:Gender and age differences.Paper presented at the Cultural Attitudes Towards Technology and Communication 2006,Tartu.

Šmahel,D. & Subrahmanyam,K.(2007)."Any girls want to chat press 911":Partner selection in monitored and unmonitored teen chat rooms.Cyberpsychology and Behavior,10,346–353.

Šmahel,D. & Vesela,M.(2006).Interpersonal attraction in the virtual environment. Ceskoslovenska Psychologie,50,174–186.

Stallabrass,J.(1995).Empowering technology:The exploration of cyberspace.New Left Review,I/211,3–32.

Strano,M.M.(2008).User descriptions and interpretations of self-presentation through Facebook profile images.Cyberpsychology:Journal of Psychosocial Research on

Cyberspace,2.Retrieved from http://www.cyberpsychology.eu/view.php?cislo-clanku=2008110402.

Subrahmanyam,K. (2003).Review of youth and media:Opportunities for development or lurking dangers?Children,adolescents,and the media.Journal of Applied Developmental Psychology,24,381–387.

Subrahmanyam,K.,Garcia,E.C.,Harsono,S.L.,Li,J. & Lipana,L. (2009).In their words:-Connecting online weblogs to developmental processes.British Journal of Developmental Psychology,27,219–245.

Subrahmanyam,K.,Greenfield,P.M. & Tynes,B(2004)Constructing sexuality and identity in an online teen chat room.Journal of Applied Developmental Psychologyn International Lifespan Journal,25,651–666.

Subrahmanyam,K.,Reich,S.M.,Waechter,N. & Espinoza,G. (2008).Online and offline social networks:Use of social networking sites by emerging adults.Journal of Applied Developmental Psychology,29,420–433.

Subrahmanyam,K.,Šmahel,D. & Greenfield,P.M. (2006).Connecting developmental constructions to the Internet:Identity presentation and sexual exploration in online teen chat rooms.Developmental Psychology,42,395–406.

Subramanian,M. (2010).New Modes of Communication:Web Representations and Blogs:United States:South Asians.Encyclopedia of Women and Islamic Cultures. Retrieved October 18,2010,http://brillonline.nl/subscriber/entry?entry=ewic_COM-0660.

Suler,J(2008)The psychology of cyberspace.Retrieved August 20,2008,http://wwwusr. rider.edu/ suler/psycyber/psycyber.html.

Suzuki,L.K. & Beale,I.L. (2006).Personal web home pages of adolescents with cancer:Self-presentation,information dissemination,and interpersonal connection. Journal of Pediatric Oncology Nursing,23,152–161.

Thomas,A(2000)Textual constructions of children's online identities.CyberPsychology and Behavior,3,665–672.

Thornton,S. (1996).Club cultures:Music,media,and sub-cultural capital.London:Wesleyan University Press.

Turkle,S. (1997).Life on the screen identity in the age of the Internet (1st ed.).New York,NY:Touchstone.

Turkle,S. (2005).The second self computers and the human spirit (20th anniversary ed.).Cambridge,MA:MIT Press.

Tynes,B.M.(2007).Role taking in online "classrooms":What adolescents are learning about race and ethnicity.Developmental Psychology,43,1312–1320.

Tynes,B.M.,Giang,M.T. & Thompson,G.N.(2008).Ethnic identity,intergroup contact,and outgroup orientation among diverse groups of adolescents on the Internet. CyberPsychology and Behavior,11,459–465.

Tynes,B.M.,Reynolds,L. & Greenfield,P.M.(2004).Adolescence,race,and ethnicity on the Internet:A comparison of discourse in monitored vs.unmonitored chat rooms. Journal of Applied Developmental Psychology,25,667–684.

Valkenburg,P.M.,Peter,J. & Schouten,A.(2005).Adolescents' identity experiments on the Internet.New media and Society,7,383–402.

Vybiral,Z.,Šmahel,D. & Divínová,R.(2004).Dospívání ve virtuální realit˘e-adolescenti a internet.(Growing up in virtual environment:Adolescents and the Internet.).In P.Mares(Ed.),Society,reproduction,and contemporary challenges(pp.169–188). Brno:Barrister & Principal.

Wakeford,N.(1999).Gender and the landscapes of computing in an Internet café.In M.Crang,P.Crang & J.May(Eds.),Virtual geographies:Bodies,space,and relations (pp.178–202).London:Routledge.

Wallace,P.M.(1999).The psychology of the Internet.New York,NY:Cambridge University Press.

Waterman,A.S.(1999).Identity,the identity statuses,and identity status development:A contemporary statement.Developmental Review,19,591–621.

第五章 亲密感与互联网：
与朋友、恋人及家人的关系

在前面两章中，我们考察了数字技术在两个重要的发展任务（性和自我认同）上的作用。在本章中，我们会探讨技术在青少年期所面对的第三个任务（即与自己生活中的人们建立亲密感和相互联系）上的作用（Brown，2004；Furman，Brown & Feiring，1999）。我们在第一章中已经看到，诸如电子邮件、即时通讯、文本短信、游戏和社交网站等在线沟通工具，在青少年中是非常流行的。年轻人使用这些工具与自己的同伴进行联系和沟通——包括离线的朋友、在线的朋友、恋人，也与家人联系和沟通（Šmahel & Subrahmanyam，2007；Šmahel & Vesela，2006；Subrahmanyam & Greenfield，2008；Subrahmanyam，Reich，Waechter & Espinoza，2008；Valkenburg & Peter，2009；Valkenburg，Peter & Schouten，2006）。本章将考察这些在线工具及背景与青少年的人际关系和亲密感的发展有何关系。

我们会考虑技术在年轻人生活中三种重要的人际关系中的中介作用：友谊及同伴团体关系、恋爱关系（约会）以及与家人的关系。首先，我们会描述青少年使用在线背景与朋友和其他同伴进行的交往。因为对纯粹的在线友谊的关注（Subrahmanyam & Greenfield，2008），所以我们会分别考察他们与离线朋友及熟人的在线交往，以及他们与并不属于离线世界的同伴的在线交往，同时考察这种纯粹的在线关系的性质。然后，我们会描述青少年的在线恋爱关系，并且通过现有的研究来聚焦于纯粹的在线关系。最后一部分将会描述技术与青少年和家人的关系，尤其是会强调青少年作为技术专家的地位可能对传统的家庭动力学与关系产生的影响。

一、青少年的友谊和同伴团体关系

（一）理论背景

青少年面临着与同伴、继而是恋人建立亲密关系的发展任务，后者在其生活中的重要性会与日俱增（Brown，2004；Furman et al.，1999）。这些关系与早年相比显得日益重要，与生命中的其他阶段相比，其重要性甚至可能达到顶峰（Bee，1994）。青少年与其同伴的关系反映了他们对学会沟通、在团体中寻求位置，以及分享经验的需要。而在童年期时，与同伴的关系是作为彼此消磨时间的平台，甚至只不过是在一起玩一玩而已。在整个青少年期，当年轻人在发展自主、从家人那里寻求独立时，同伴在他们的生活中变得日益突出（Brown，2004；Ryan，2001）。研究已经表明，青少年需要亲密的朋友（Pombeni，Kirchler & Palmonari，1990），事实上，正是在其生活中的这一阶段，年轻人发展了与朋友在一起时亲密、开放、诚实及自我表露所需要的能力（Brown，2004）。对朋友的自我表露会在青少年期一直增长，这一点很重要，因为它使得年轻人可以接触社会、参与社会，这可能有助于他们处理自己生活中面对的各种问题（Buhrmester & Prager，1995）。在这一章中，我们将展示青少年的在线生活也会使得他们离线生活中的典型人际交往和人际关系呈现出新的水平。

青少年同伴关系的结构也会随着发展而变化。Dunphy（1963）在悉尼的一所中学对青少年团体的形成、解体和交互作用进行了观察，他明确了同伴团体的两个基本类型：朋党（cliques）和团伙（crowds）。朋党通常包含 3—9 个成员，一般都是同性别的，并且是亲密度水平很高的有凝聚力的团体。朋党的成员通常在一周中非常频繁地见面，他们最经常的活动就是交谈。团伙有 15 - 30 个成员，平均为 20 个成员。团伙通常由 2—4 个聚在一起的朋党组成，比较典型的是在聚会、晚会上。团伙因为同性别的朋党聚在一起，而成了混合性别的。团伙的活动更有组织性，通常在周末举办，而不是在周中。对于两性混合的青少年而言，团伙活动让其有机会与另一性别的成员见面，这样就可以建立最初的恋爱关系和性接触。在互联网的社交背景下，我们会看到青少年在对在线应用程序（比如社交网站、聊天室和讨论组）的使用中反映了他们对同伴交往的需要。

青少年会报告,朋友是他们最重要的资源和支持源,甚至是超过他们的父母和其他家庭成员（Brown,2004）。大多数青少年会报告他们拥有亲密的朋友,尽管在青少年期友谊有时候比较短命,亲密朋友在 6 个月或更短的时间内就可能发生变化（Brown & Klute,2004）。青少年的友谊通常是基于平等和互惠,他们选择的朋友是与自己相似的人,通常是同性别的（Brown & Klute,2004；Brown,2004）。大量的研究已经表明,青少年的行为与他们朋友的所作所为关系密切,无论是积极的方面（比如不吸毒）,还是消极的方面（比如吸毒,Brown & Klute,2004）。

（二）在线背景及与离线朋友和同伴团体成员的关系

迄今为止,读者毫无疑问会意识到青少年会对在线沟通应用程序使用频密。尽管我们无法确切地说出他们在第一代的应用程序（比如聊天室）中与谁进行交往,然而,近年来,他们的在线交往似乎很明确地包含了来自离线背景的同伴,比如学校、课后背景（比如运动队和俱乐部）,以及邻居。Gross（2004）研究了 261 名来自加利福利亚州郊区公立学校的 7 年级（平均年龄 12 岁）和 10 年级（平均年龄 15 岁）学生,他们就自己与学校相关的适应状况和互联网活动的关系,完成了四份连续的全天报告。尽管大多数参与者报告说自己使用互联网是出于社交和非社交的目的,但是,在线沟通却是最频繁报告的在线活动。青少年认为自己的在线交往是在较为私人化的背景下进行的（即时通讯或电子邮件）,交往的朋友有一部分来自自己的物理世界,而他们的在线交谈大多数都集中在非常普通然而亲密的话题上（比如闲言碎语）。事实上,美国的青少年报告说,使用即时通讯程序主要是因为它们可以使自己与朋友们保持联系,可以和一帮朋友"闲逛逛",从而感觉到自己是团体的一部分（Boneva,Quinn,Kraut,Kiesler & Shklovski,2006）。

在社交网站的使用方面,美国的年轻人报告了相似的特点。一份"Pew 互联网计划"中,绝大多数使用社交网站的青少年（91%）报告说,他们使用社交网站与自己经常见面的朋友保持联系；稍微少一点的人（82%）报告说,他们使用社交网站是为了与自己很少见面的朋友保持联系。然而,这当中存在着性别差异,青少年女孩报告说她们使用社交网站主要是为了强化先前存在的友谊,而男孩则报告说他们使用社交网站是为了调情和结交新朋友（Lenhart & Madden,2007）。在一项包含多种城区青少年样本的调查中,就社交网站使用而言,参与者报告了相似的理由（保持和朋友及家人的联系,和朋友们一起策划一些事儿,见图 5.1,

Reich，Subrahmanyam & Espinoza，2009）。与即时通讯的使用一样，至少是美国的年轻人会使用社交网站作为联系他们离线生活中已经认识的人的一种手段。

由 Subrahmanyam 及其同事最近进行的一些研究证实了调查研究所揭示的趋势。我们的目的是找出到底"谁"是年轻人面对面及在线背景下（社交网站和即时通讯）交往的人，并看看他们的在线关系网和离线关系网是否有重叠（Reich et al.，2009；Subrahmanyam et al.，2008）。我们想要搞清楚研究对象真的是他们自己所说的那样吗——年龄、性别和其他特征。但是，我们也想要搞清楚，参与者对自己在线关系网的反应与其在网上的实际反应是否一致，因此，我们使用了一个两步骤的程序。首先，我们会要求参与者完成一份当面调查，然后再给他们发送一个在线调查的链接。我们的中学样本包含了 251 名 13—19 岁的年轻人，而成年初期的样本包含了 110 名 18—29 岁的大学生。大多数人（88% 的中学生及82% 的大学生）报告说拥有一个社交网站主页，而 MySpace 是首当其冲的选择。对于两个年龄组都一样的是，社交网站的使用都与离线伴侣及关注的问题融合在一起了，参与者使用社交网站的原因也与 Pew 报告的发现不谋而合（Lenhart & Madden，2007）。

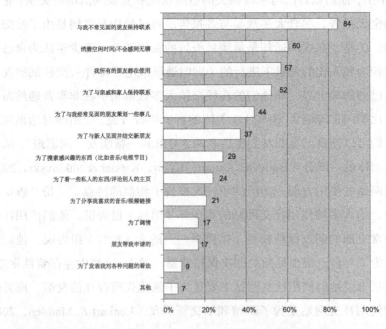

图 5.1　美国城区青少年使用社交网站的动机（% 参与者，改编自 Reich et al.，2009）

为了搞清楚年轻人的离线关系网与在线关系网实际重叠或分离的程度，我们要求他们列出他们既面对面交往、又通过即时通讯和社交网站联系最频繁的 10 个人。大多数情况下，研究对象都是与他们离线时已经认识的人们进行在线交往。然而，在他们最经常联系的朋友中，在线的和离线重叠的很少，这意味着尽管在线的社交世界和离线的社交世界有联系，但是它们并非彼此的镜像，年轻人可能是在使用不同的媒介与不同的伙伴进行联系。来自在线世界的最好朋友未必就是离线的最好朋友，未来研究应该评估是否在不同媒介中（离线的与在线的）进行的人际关系，可以提供给年轻人不同水平的亲密感和支持。

（三）在线同伴交往的得与失

我们采用的发展框架的一个重要前提是，年轻人使用技术的方式是为了使得在人生特定阶段面对的问题有意义，这有助于解释在线工具在与认识的同伴交往中越来越突出的作用。然而，即使存在如我们在第一章中所讨论的在线沟通环境的某些特征（比如无实体用户、匿名性等），我们也可以期望这样的使用特点未必就是没有什么好处或弊端的。在接下来的一部分中，我们会检验在网上与离线朋友和同伴团体成员进行交往的利弊得失。

1. 与离线朋友和同伴团体更多的接触

首先，正如我们已经提到的，在网上与离线时已经认识的人们进行沟通的机会可以让年轻人彼此之间相互交流和自我暴露，这些人恰是在他们生活中变得越来越重要的人。根据 Boneva 等人的发现，青少年的两种主要需要可以通过他们对即时通讯的使用而得以满足，那就是保持个人友谊和成为团体成员（Boneva et al.，2006）。在这一研究中，即时通讯主要是作为与当地朋友当面交谈的替代，很少被用作与陌生人的沟通，青少年也报告说通过即时通讯、打电话及面对面沟通所获得的支持水平相差无几。更为重要的是，这些工具是一周 7 天、一天 24 小时都可以随意使用的。比如，挪威 10—12 岁的年轻人报告说他们会使用自己愿意使用的任何媒介（互联网、移动电话）来与朋友及同学进行联系，这些新技术让他们随时随地与同伴进行方便的沟通，并且沟通方式是一种个人化的、私密的方式（Kaare，Brandtzaeg，Heim & Endestad，2007）。

鉴于技术为年轻人提供了这样的接触同伴的方式，人们可能就会预想互联网使用可能会以面对面交往为代价。令人惊讶的是，根据图 5.2 和图 5.3 显示的 WIP

的数据，情况并非如此。在被问到与朋友的面对面交往在使用互联网之后是增加还是减少时，来自七个国家的大多数青少年报告说没什么变化。然而，在被问到他们的互联网使用是否影响了他们与朋友的总体交往情况时，七个国家中有六个国家的绝大多数青少年说总体交往增加。因此，看来互联网是增加了与同伴的交往，但未必是以面对面交往为代价的。

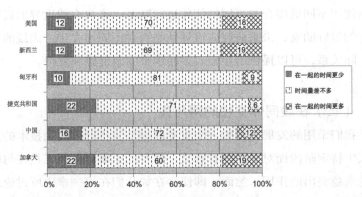

图 5.2　在接触互联网之后与朋友面对面交往所花费的时间的变化（2007 年 WIP 数据中 12—18 岁的青少年）

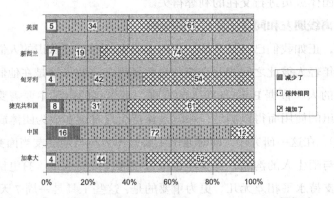

图 5.3　在接触互联网之后与朋友的总体交往的变化（2007 年 WIP 数据中 12—18 岁的青少年）

　　与同伴联系的增加也包含了同伴网络的扩展。在聊天室里，年轻人可能在公共空间里同时与多个伙伴进行交谈。使用即时通讯时，他们可能在同一时间与不同的伙伴交谈，而且，他们的"好友名录"可能有相当大数量的人名。社交网站把这一特点带入了另一个境界——在之前描述的我们对中学生进行的研究中，中学生报告说朋友数在 0—793 个之间，平均有 176 个，标准差是 166，中位数是 130，这些朋友中大多数（95%）都是离线认识的，并且其中 77% 的人经常联系（Reich et al.，2009）。对于这些来自离线世界的人，年轻人现在都可能通过对个人主页的评论、对个人主页的回应，或是通过更加私人化的信息来联系上。

数字工具显然增加了年轻人与离线同伴的接触，但是，这种接触会带来几个未来研究必须考虑的问题。首先，"朋友"一词本身可能正在发生转变，将包括的不仅仅是亲近的、亲密的朋友，而且包括那些先前可能只是被认为是熟人的人。其次，数字工具正在扩展年轻人的朋友圈，让他们与那些过往没有这种交流的同伴相互交流，提供支持并从同伴那里获得支持。这些离线的同伴一般都在他们的密友圈子之外，但是对互联网而言，则非常可能与他们没有任何显著的面对面的交往。这样一种"扩宽的朋友圈子"实际上对于青少年而言是非常有价值的——Giordano 根据一项对中学年度手册中手写信息的分析而提出，与距离遥远的同伴的交往，可能有助于年轻人学会了解自己和他们的社交世界（Giordano，1995）。最后，至少在社交网站受到关注的地方，这些交往很多都是在非常公开的情况下进行的，所有人都可以看到，比如在 Facebook 上，在某个青少年的朋友网络上的每一个人都能够通过发布的新消息来追踪年轻人与其 Facebook 好友的交往。我们不知道这些相当公开的同伴交往对于发展而言有何意义，尤其是它们对关系质量有何影响，这一问题我们在下一步会考虑。

2. 对友谊质量的影响

我们在前面一部分已经看到，很多不同国家的年轻人都报告互联网使用已经增加和扩展了他们与同伴的交往。对于青少年而言，朋友是主要的支持来源，友谊质量是其幸福感的重要中介因素。因此，评估这种交往上的增加是否会对友谊质量和亲密感产生影响就很重要了。在我们针对美国青少年对社交网站的使用进行的研究中，参与者在这个问题上有分歧——44% 的人觉得这对他们与朋友的关系没有产生什么影响，43% 的人觉得这使得他们变得更加亲密了，只有 5% 的人报告说这已经带来了麻烦（Reich et al.，2009）。

一些证据表明，与朋友在线交往较多的青少年也报告说感到与朋友更加亲近了。Valkenburg 及其同事对 10—16 岁荷兰年轻人（n = 794）的调查表明，对于 88% 的与面对面的朋友在网上交流的人来说，在线沟通与其友谊的亲近感呈正相关，然而，对于主要是与陌生人沟通的人而言，则没有什么影响（Valkenburg & Peter，2007）。在线沟通与朋友间亲近感的正相关关系在所有不同的发展阶段都保持着稳定，并且无论对于男孩女孩都一样。有 30% 的青少年声称，在对亲密信息进行自我表露方面，他们认为互联网比面对面沟通更为有效。这些青少年也报告了与其现有朋友之间更大的亲近感，他们与这些朋友在网上沟通频密。应该记住的是，这些研究是相关研究，因此我们无法分离两个可能的假设：其一，更多的在线沟通导致了更为亲近的友谊；其二，已经拥有亲密友谊的青少年会有更多的在线沟通。后一种可能性反映了某些研究者所谓的"富者更富假设"（rich get richer hypothesis，Kraut et al.，2002），这种观点我们会在第七章中更加详细地阐述。

即使年轻人似乎发现在线交往非常具有吸引力，这当中也可能存在着某些隐藏的代价。在我们前面描述的 Boneva 及其同事（2006）进行的研究中，青少年认为即时通讯并不如电话和面对面交谈那么有乐趣，并且觉得在心理上通过即时通讯联系的伙伴并不如通过电话或面对面交谈的伙伴那么亲近。或许年轻人会使用不同的背景（面对面或在线），以及在在线背景中使用不同的应用程序，来达到不同的目的及与不同关系水平的伙伴进行交往。与青少年非正式的讨论表明，他们经常会使用移动电话与较为亲密的朋友联系，而使用社交网站与离得较远的朋友联系。正如我们在前面所提到的，有必要进行更多的研究来搞清楚青少年从这些不同的交往中所获得的不同类型的支持和亲密感。

（四）在线背景及与陌生人的关系

1. 在线背景

根据"Pew 互联网计划"的调查，32% 的在线青少年在互联网上与陌生人有联系，21% 的人会联系网上的陌生人以搞清楚更多的关于这个人的信息（Lenhart & Madden, 2007）。在被陌生人联系的那些人中，23% 报告说因为这一联系而感到害怕或不舒服。于 2006 年进行的一项关于社交网站使用者的全国性调查发现，40% 的 14—22 的人在网上被他们并不认识的陌生人联系过（Annenberg Public Policy Center, 2006），然而，这一调查是在社交网站刚刚被引入，并且是无限制的网站（比如 MySpace）占主导的时候进行的。关于美国互联网用户的一项早期全国性调查发现，25% 年龄在 10—17 岁的儿童和青少年已经建立了偶然的在线友谊，并且 14% 的人拥有一份亲近的虚拟友谊（Wolak, Mitchell & Finkelhor, 2002）。这些虚拟关系中，大多数都是与同年龄的同伴（70%）、异性成员（71%）建立的。与男孩相比，女孩建立的在线友谊更多（29% : 23%），并且她们报告说建立了亲密友谊。这些在线友谊中，75% 认为这是亲密的友谊；59% 是在聊天室里，30% 通过即时通讯，5% 通过游戏，而 6% 则通过其他方式。大多数青少年声称会和自己的网上朋友分享兴趣或爱好。根据这一调查，很少有青少年（2%）声称对在线友谊有消极体验。基于同一调查的另一篇论文中，Wolak 等人声称，主要是年龄大一些的青少年、高加索裔以及与父母有明显冲突的人，他们会更经常建立在线关系（Wolak, Mitchell & Finkelhor, 2003）。根据作者的看法，一段在线关系发生的可能性在与父母缺乏沟通的男孩身上更大；并且不会随着与父母冲突的水平而升高，而对于女孩来说，情况却恰恰相反。

在互联网上与陌生人和新朋友见面的潜在可能也许和特定的在线背景密切联系，并且时间期限也是要考虑的（Subrahmanyam & Greenfield, 2008）。比如，因为聊天室把在线联系前彼此并不相识的人们带到了一起，人们更可能会与网上的陌生人交往，相比之下，社交网站设定的是"朋友"关系网，因此，人们更可能是与社交生活中已经认识的人进行联系。我们对青少年在聊天室里交谈的分析表明，在线聊天时对伙伴的寻求是一项突出的活动，正如离线状态时一样。在聊天室 12258 条聊天记录中，有 11% 是对伙伴的渴求。每分钟就会有两条对伙伴的诉求，相比之下，对性的要诉求每分钟一条，淫秽言语每两分钟一条。这些诉求差不多都是指向异性伙伴的，并且也有同性别伙伴的沟通。我们认为，这些诉求主要是针对陌生人的，因为这些人就是人们在公共聊天空间里非常可能与之交往的人。鉴于不同国家中聊天室本身使用的比例从 30%—69%（见第一章）不等，我们认为它非常可能作为一种背景影响着青少年对陌生人的态度以及实际的交往。

因为小部分的青少年报告了与陌生人见面，并形成在线友谊，所以搞清楚这样的友谊是否会把年轻人置于危险境地就很重要了。Wolak 等人就此问题，针对一个有代表性的全国性样本调查了 10—17 岁的美国青少年（Wolak, Finkelhor & Mitchell, 2008）。研究者发现，很多青少年与不认识的人进行交往，但是未遇到任何危险。在与其他人进行在线沟通的年轻人中，只有 17% 的是高风险的不受限制的沟通者，他们在进行着非常可能有风险的在线行为。风险最大的青少年在五花八门的问题上得分也很高，比如违规行为、抑郁和社交问题等。因此，我们可以假设，在离线时喜好风险行为的青少年也更可能在网上进行这样的行为。

2. 与陌生人在线友谊的质量

一个对纯粹在线交往的普遍性关注是，与离线的面对面关系相比，它们根本上是质量较差的。这种推理是，因为它们是通过机器而发生的，并且缺乏面对面的信号提示，比如姿势和眼神，结果导致的关系是一种弱联系，所以它是苍白无力的。因此，检验纯粹的在线关系的质量及其中介因素就很重要了。以色列的研究者调查了 987 名青少年（平均年龄 15.5 岁），以比较在线关系和离线关系的质量（Mesch & Talmud，2006）。参与者报告说，与自己面对面的朋友相比，他们认识的在线朋友时间较短，与他们共享的活动也比较少。他们很少与在线朋友讨论问题，即使是有所讨论，所涉及的个人的话题也很少。年轻人通常与他们的在线朋友分享的是特定的课外爱好或兴趣，这些人在他们的生活中扮演着更为特殊的角色。总体上，他们认为自己的在线朋友不及面对面的朋友那么亲近。作者的结论是，青少年亲密的面对面的友谊是整体性的，并不受到特定话题和活动的限制，相反，他们的在线友谊并未融入自己的日常生活，并且只是限于非个人化的话题，以及并非每天都有的活动中。

Mesch 和 Talmud 也分析了相同的数据，以评估在线友谊和离线友谊中的朋友的相似性（Mesch & Talmud，2007）。与在线朋友相比，在学校结交的朋友更可能在年龄、性别及居住地等方面是相似的。参与者把他们面对面的朋友看得比在线朋友更为亲近，然而，社会性方面的相似性也对在互联网上彼此是否会成为朋友产生影响：在线朋友在居住地和性别方面越相似，则关系越紧密。自我表露在对在线关系质量的感知上可能会起作用。一项涉及美国、日本和韩国大学生的跨文化研究表明，自我表露与在线关系的发展有着直接的联系（Yum & Hara，2005）。在网上自我表露比较多的研究对象更可能会报告体验到虚拟关系的好处，然而，自我表露与在线关系质量之间的联系并非是线性的，会受到诸如文化和人格等因素的调节。在美国参与者中，更多的自我表露与更多的信任相联系；对于韩国人而言，更高的自我表露则与信任呈反向联系；而对于日本人，它则是无关紧要。相似的人格变量在自我表露可能与在线关系发展产生联系的方式上起着作用，外向的青少年的在线沟通更为频密，会有更多的自我表露，这会进一步促进在线友谊的形成（Peter，Valkenburg & Schouten，2005）。相比之下，内向青少年的在线沟通更多地是为了弥补社交技能的欠缺，这可以增加他们结交在线朋友的机会。这种强烈的社会补偿动机会导致更为频密的在线沟通，增加自我表露，进而形成更多的在线友谊。

另一个在纯粹的在线关系中起作用的变量是关系的持续时间。关于香港 16—29 岁互联网用户的一项研究，从一个在线新闻组征募参与者，结果表明，在起初，面对面的关系质量最高，但是随后如果两种关系持续时间超过了一年，则变得没有差异（Chan & Cheng，2004）。关系持续的时间越长久，信息交换的机会就越多，年轻的互联网用户之间的自我表露就更多，要记住的是，自我表露对于在线关系和离线关系都很重要。因此，似乎纯粹的在线关系质量并不够高，除非双方有某些共享的离线相似性，并且关系持续的时间足够长。在第七章中，我们会显示除了这些局限，与陌生人的在线关系可能对年轻人也有一些好处。

二、青少年的恋爱关系

（一）理论背景

众所周知，恋爱关系是青少年社交世界的一个中心部分（Bouchey & Furman，2004），并且，根据 Erikson 的观点，恋爱关系是自我认同探索中的一个必需要素（Erikson，1968）。恋爱关系和性关系在青少年期是非常强烈的（比如 Miller & Benson，1999），尽管青少年正在成熟中的性是其恋爱关系的一个重要成分，但是恋爱关系和性关系也可能是各自独立发展的，"谁也不挨谁"（Miller & Benson，1999）。约会和恋爱关系受到文化规范的很大影响，生活在不同地方的青少年必然差异非常大。比如，年轻人开始约会的年龄与关于适合约会行为的年龄的规范之间关系更为密切，而不是性成熟本身。研究表明，那些较早开始约会的青少年会更早地获得性经验，到青少年后期时，会与更多的伴侣有更多的性经验（Thornton，1990）。因此，文化模式的压力会影响青少年开始性行为的时间，他们实际的性成熟则无关紧要。青少年会因为五花八门的原因而形成恋爱关系，包括社交愿望、从伴侣身上寻求安全感（尤其是对女孩而言）、学会爱及与伴侣进行沟通、获得认可及传递认可，以及从伴侣身上感受到身体欲望和情绪欲望（Miller & Benson，1999）。

女同性恋、男同性恋以及变性的青少年在寻求认可及从关系中寻求安全感时，可能有非常相似的感受。他们会体验到爱的感受以及坠入爱河，就像异性恋者一样。然而，与异性恋者不同的是，女同性恋、男同性恋以及变性的年轻人可能很少感受到可以自由表达他们的兴趣和对潜在伴侣的感情，第三章考察了互联网对他们探索和表达自己正在浮现的性认同方面可能的帮助。

（二）在线背景与青少年的恋爱关系

正如在友谊中一样，我们可以为离线恋爱关系而使用互联网，或者我们可以用它来发现和建立"纯粹的在线"恋爱关系。关于这一主题的大多数现有文献集中于后一种在线恋爱关系，这可能是因为这在互联网的早期更为典型。然而，我们应该记住的是，我们可以使用在线技术来维持和强化离线的恋爱关系，在相关的地方，我们都会指出这一点。

我们在前一章中已经看到，在线背景的无实体特性提供了自我认同表现及探索的机会。我们也看到，用户对此适应良好，有时候是通过修正自己的行为，或有时候是产生新的行为。相似地，在线背景也给恋爱关系提供了机会，用户对此也是欣然笑纳。比如，一些在线背景并不提供关于身体吸引力方面的信息，而这一点对于离线的爱情而言具有举足轻重的成分，尤其是在刚刚开始的时候。结果，在互联网上开始的一段恋爱关系更多涉及的是沟通交流，或者是描述感受和体验。"在线吸引力"的某些因素包括：接近、共享相同的兴趣、态度和观点、幽默感、自我表露、创造性、智力、沟通能力、"虚拟的超凡魅力"以及"你喜欢我、我喜欢你、你更加喜欢我、我更加喜欢你"的螺旋。可能导致在线吸引力下降的因素是被动、不当的暴露癖以及攻击性（Šmahel & Vesela，2006；Wallace，1999）。很多这些工具也可能会参与到基本的离线恋爱关系中去，尤其是诸如 Google 或社交网站主页这样的工具，可能会被用来寻找更多关于潜在伴侣的信息，也会被用来与之联系。

令人吃惊的是，对于年轻人在恋爱关系中在多大程度上使用不同的互联网应用程序，我们知之甚少。在一项针对 16 名年龄在 14—25 岁的捷克互联网用户的质性研究中，13 人声称他们使用互联网来找寻伴侣，并且，正如一个女孩所说的："在我看来，聊天室里的大多数男孩都是在找寻伴侣"（Šmahel，2003）。事实上，聊天室因为其无实体用户和匿名的潜在性而显示出很高比例的性探索和伴侣选择（比如，你想和一个热辣性感的潮人聊天的话，就输入 21）。我们对超过 12000 条青少年聊天室记录的分析表明，平均而言，在聊天室的公共空间里每分钟就有两条找寻伴侣的请求（Šmahel & Subrahmanyam，2007）。与表达自我认同不同的是，对伴侣的找寻请求是聊天记录中最为常见的内容，甚至比问候语还多。

尽管女性比男性更为频繁地搜寻伴侣，但是在性伴侣的请求方面却没有这样的差异（Šmahel & Subrahmanyam，2007），因此我们看到，虚拟背景的特殊特征可能调节了最为典型的离线行为在网上的表现方式。我们不知道这些对伴侣的请求成功的有多少，因为这些人可能会进入到私人空间里继续他们的交往。我们也不知道这些偶然的在线聊天邂逅者到底是否会发展为恋爱关系，如果是，他们会持续多久，以及他们感觉如何。伴侣选择毫无疑问是聊天室里非常突出的，这是其独特的沟通环境所决定的。在博客帖子中就不是这么回事儿了，或许是因为观众很清楚地知道了博客作者的身份。尽管博客包含了恋爱方面的内容，并且包含恋爱内容的帖子有着强烈的情绪色彩，但是，诸如同伴、日常生活和家人的主题也是司空见惯的，而且也看不出博客作者会使用这一场合来与潜在的伴侣进行联系（Subrahmanyam，Garcia，Harsono，Li & Lipana，2009）。

在线约会网站是另一种与恋爱关系有关的互联网背景。为了考察青少年的在线约会行为，Šmahel 及其同事于 2008 年 9 月调查了一个捷克样本（来自世界互联网计划未发布的数据中捷克部分），在接受了调查的 2215 人中，有 483 名 12—18 岁的青少年。大约 43% 的青少年报告说他们有时候会访问约会网站，23% 的在那些网站上有个人主页，并且为了约会而与另一个人联系过。在约会网站的使用上没有性别差异。年龄大一些的青少年（16—18 岁的）报告他们访问约会网站比年幼一些的青少年（12—15 岁）更为频繁（52% 对 35%）。在约会网站上拥有个人主页的青少年中，30% 给他们的伴侣打过电话，9% 使用过视频，8% 交换过情色图片，35% 面对面地与在线伴侣见过面。令人感兴趣的是，拥有个人主页的青少年只有 22% 认可他们是在寻求"严肃的约会"，64% 要的是没有承诺的约会，46% 是"纯粹的虚拟关系"，7% 报告说他们是为了发生性关系而寻求一次离线会面。在这一研究中，大多数捷克青少年好像参与了在线约会，或是为了摸索，或是为了乐趣，或是为了与潜在的伴侣进行交往而不想真正投入或给予承诺。一项对 16 名 14—25 岁的捷克互联网用户的质性研究，揭示了年轻人使用互联网进行约会和发展在线关系的原因（Šmahel，2003）。他们提出的一些原因是无限制的关系来源、无关地理位置的形成关系的能力，以及开始一段关系的容易度，参与者也认为，在线约会和关系对有社交障碍的青少年而言有着特别的价值，因为他们过分害羞或社交焦虑。

通过媒体和报刊以及我们自己的观察，我们知道青少年会使用即时通讯和社交网站来发展恋爱关系，但是，鉴于这些工具具有非常私密的性质，我们就无法知道使用过程中的细节了。正如我们已经指出的，互联网对于恋爱关系的形成和强化与维持离线的恋爱联系，都是有用的。对于聊天室伴侣选择以及在线约会网站的研究进一步印证了前者，而博客研究则反映了后者的范畴。通过偶然的观察可以看到，年轻人显然会使用这些技术来深化离线约会和恋爱关系，比如，他们会使用 Facebook 的个人主页来宣布一段关系的开始或破裂，或是向自己的伴侣表白感情，或是表露他们关系的状况（比如 6 个月了，等等），并且会公开地分享我们可能认为是比较私密的信息；他们也会使用 Facebook 的个人主页来找寻更多的他们在线下遇到的潜在伴侣的信息，比如他们的兴趣或活动。我们不知道青少年在多大程度上把诸如 Facebook 这样的应用程序用到恋爱关系上，并且技术现在及未来是否会提升或干扰他们获得伴侣亲密感的能力。

（三）在线恋爱关系有多"真实"？

自从互联网让用户能够与完全陌生的人轻而易举且毫无代价地进行交往以来，人们就越来越关注这种交往并不充分，会导致"弱联系"（Kraut et al., 1998）。一脉相承的是，考虑到在线恋爱关系对于年轻人来说到底有多真实，也是很重要的。看起来尽管青少年喜好在线约会，并且偶尔会结识陌生人并与他们聊天，但是，他们大多数人都认为在线关系"并不真实"，或"不是真的"。来自捷克青少年的一个评论很好地印证了这一点："它并不是真实的关系，我们只不过是结识一下、说说话而已，或者，我们并没有比较真实的关系和虚拟的关系。"（Šmahel, 2003）这一点与先前的发现是一致的，即在线关系被认为是质量较低的（2006；Mesch & Talmud, 2007）。尽管青少年会和在线恋爱伴侣交换亲密的信息，但是他们声称这种关系并非真实和有效。他们似乎进退维谷：它是一种关系，然而并不"真实"，亲密的细节彼此心知肚明，但是，仍然觉得拥有在任何时候退出关系的自由。非常可能的情况是，一种新型的关系类型正在互联网上诞生，一位女性研究对象表达了她的感受："关系这个词并不适合，但是我也不知道该叫它什么。"（Šmahel, 2003）

这一研究中的年轻人也似乎相信，与离线关系相比，在线恋爱关系通常是昙花一现，非常肤浅的。他们并不认为纯粹的虚拟关系是非常严肃的，并且在他们严肃地看待这些关系时，他们会试着把自己的虚拟关系转变为离线世界的、面对面的友谊或恋爱关系。正如一个 19 岁的女孩所说（Šmahel, 2003）："无论在哪，上网都很不错、很方便，你无法把它和真实生活进行比较。如果你只是想要说说话，互联网就没问题。但是，如果你想要感到一个朋友就在身边、来个拥抱，那么虚拟的朋友就无能为力了。"

总而言之，尽管青少年会使用互联网来结识新的伴侣，但是他们并不把这种关系看成是与离线伴侣的关系一样的。他们似乎知道，在线世界无法替代离线物理世界的关系。相反，他们使用互联网，尤其是诸如社交网站和即时通讯这样的工具，似乎只是为了形成或延续与离线时认识的人的恋爱关系。比如，刚刚踏入大学校门的新生通常使用 Facebook 的个人主页来获取关于室友的信息，并形成相应的看法。当青少年的恋爱纠结完全限于网上的人，且与其离线生活无关时，对于父母、监护人和专业人士而言，就应该予以警惕了。

（四）文化在在线恋爱关系中的作用

我们在关于性与互联网的章节（第三章）中已经看到，年轻人的离线性行为和在线性行为会受到他们生活于其中的离线文化背景的影响。离线约会和恋爱关系对于文化的依赖是相似的。在大多数现代西方社会，约会和恋爱伴侣是青少年生活中的重要方面，而在较为传统的社会中，比如亚洲及中东的一些地区，情况则并非如此。在后者的这些文化中，离线约会对青少年而言并非是自然而然的事儿，某些传统社会甚至实行的是性别隔离（Steinberg，2008）。互联网在恋爱关系发展中的作用可能在这些限制较多的背景下是完全不同的。一项关于毛里求斯（这是一个相对守旧的国家）年幼青少年（12—14 岁）在线约会及恋爱关系的生态学的人种学研究，可以阐释这一点（Rambaree，2008）。研究者分析了 136 个叙事访谈，并组织了 8 个焦点小组，他们发现，约会和恋爱关系对于年幼青少年而言是禁忌，父母也不会认可。事实上，很多年幼青少年并没有受到过任何类型的正式性教育。然而，参与者表示，互联网成了一种新的秘密的环境，让他们可以去体验、理解和幻想约会。Rambaree 指出，毛里求斯这些新型的、正在浮现的在线约会模式与西方国家中面对面背景下发现的行为如出一辙。这一研究很好地表明，在线背景给用户提供了机会去处理人们一直以来所关注的问题，但是，其方式却是新颖别致，它们可以提供新的途径，让生活环境中限制重重的青少年可以联系恋爱伴侣。

三、青少年与家人的关系

到此为止，我们已经重点看了技术是如何调节青少年与同伴（朋友及恋爱伴侣）的交往的。现在，我们转向技术与年轻人家人的交集。即使同伴团体的重要性在青少年期增加了，家庭仍然是一个重要的背景。技术在美国、西欧及世界上的其他地方的家庭生活中已经变得习以为常，我们会考察其对家庭动力，以及青少年与其父母之间关系的影响。根据2008年"Pew互联网计划"的结果，在已婚且有孩子的家庭中，76%的夫妻双方都会使用互联网，在他们7 - 17岁的孩子中，84%的使用互联网（Kennedy，Smith，Wells & Wellman，2008）；在这些家庭中，89%拥有多部移动电话，57%的孩子（7—17岁）拥有自己的移动电话。令人感兴趣的是，青少年（12—17岁）及其父母通常会使用相同的技术，使用频率也大同小异（Macgill，2007）。然而，与他们的父母相比，青少年更经常报告，技术让他们的生活变得更加方便了。父母往往关注的是媒体内容，而不是他们的孩子使用这些媒体所花费的时间，并且我们在第十一章中提出了父母要监控自己青少年期的孩子对技术的使用。

（一）技术已经改变了与家人的交往吗？

一个关键的问题是，父母及其青少年期的孩子对技术的广泛使用是否影响了青少年与家人的交往。在此隐含的关注是，青少年对技术的使用可能是以与父母及家人的面对面交往为代价的。图5.4及图5.5中描绘的WIP数据就与此问题有关。研究对象（12—18岁）被问到自从家里接通互联网以后，与家庭成员及家人的交往是否已经发生了变化。图5.4聚焦的是家庭成员，即与青少年生活于同一屋檐的人，而图5.5反映的是家人，即并未生活在一起的亲戚。在不同的国家里，绝大多数的年轻人报告，自从接通互联网以来，他们花费差不多相同的时间与家人联系，并且与分开居住的家人的总体联系也保持相同，唯一的例外是新西兰，在那里的青少年报告，互联网增加了他们与家人的联系。

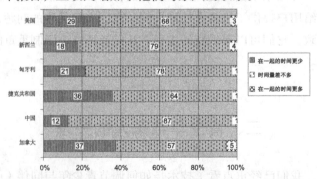

图5.4 自从接通互联网以后花费在与家庭成员面对面交往上的时间（12—18岁）

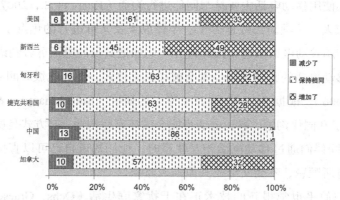

图 5.5　自从接通互联网以后与家人总体上的交往（12—18 岁）

Pew 互联网计划获得了某些相似的发现，其中 55% 的美国各年龄段互联网用户报告称，电子邮件改善了他们与家人的联系（60% 女性，51% 男性，Rainie & Kohut, 2000）。技术的魅力可能在于，它让人们可以不用什么花费就与家人进行联系。事实上，与亲戚进行电子邮件联系的人中，62% 认为他们喜欢电子邮件，因为它可以让他们不必花费太多的时间就能够与亲戚联络交谈。而且结果表明，彼此间经常通过电子邮件沟通的父母和孩子，也常常打电话交谈——彼此发送电子邮件的父母和孩子超过 75% 的每周至少一次通过这种方式进行沟通，并且，彼此打电话的频率也是不分伯仲。从调查数据中我们可以看到，年轻人觉得新技术并没有改变他们花费在与家庭成员及亲戚的交往上的时间量。

尽管年轻人觉得技术并未影响他们与家人交往的程度，但是，现有研究却指出了一个更为复杂的图景。毫无疑问，移动电话和即时通讯这样的工具可以使家人之间保持比过去更为频繁的联系。根据 2008 年的 Pew 报告，对绝大多数成年人而言，相比他们小时候，技术让他们今天的家庭生活亲近了（60%），或更加亲近了（25%）。参与者也觉得新的沟通工具让他们可以与家人随时保持联系，这一好处在孩子离家去上大学或独立生活的时候显得更有价值（Kennedy et al., 2008）。然而，恰恰是这些促进了家庭成员交往的工具，也能够使得青少年从父母那里获得比过去更多的自由和独立。一项在对 21 名 15—18 岁的以色列青少年进行的深度访谈研究中，也显示了移动电话的这种双重作用——参与者报告说它们既对亲密感有帮助，也造成了代际间的距离（Ribak, 2009）。移动电话和代际边界的问题是一个重要的问题。父母经常出于安全的原因而给他们的孩子移动电话，从而把它作为一种监控手段可以协调接孩子的时间，同时，他们也出于其他实际的考

5

亲密感与互联网：与朋友、恋人及家人的关系

虑。青少年使用移动电话主要是与同伴进行沟通（Kaare et al.，2007），有时候甚至会避开家人。一项对挪威青少年、年轻成人及父母进行的焦点小组研究显示，青少年会使用移动电话来建立代际边界（比如把父母的电话屏蔽到语音信箱），并且他们对移动电话的频繁使用经常会破坏家庭仪式，比如吃饭时间和假期（Ling & Yttri，2006）。根据 Subrahmanyam 等人的研究（Subrahmanyam & Greenfield，2008），为了和同伴沟通，移动电话可能会破坏家庭沟通，其方式是所谓的沟通个体化："当同伴们通过移动电话相互联系时，他们知道自己可以直接地与朋友对话，不必有所顾忌、不受父母或其他家人监控。"

父母们似乎也觉得新的技术正在干扰家庭生活（Ochs，Graesch，Mittman，Bradburg & Repetti，2006；Rosen，2007）。在一项针对洛杉矶各种父母的调查中，Rosen 发现，样本中 1/3 的人觉得花费在 MySpace 上的时间干扰了家庭生活，并且每天在社交网站上花费 2 个多小时的青少年的父母也增加了，接近半数（Rosen，2007）。另一项使用完全不同的方法进行的研究，也揭示技术在现代家庭生活中掀开了相似的图景（Ochs et al.，2007）。在这当中，研究者对洛杉矶 30 个双收入家庭进行了一项细致的历时 4 年的录像研究。孩子们对技术的沉迷彻头彻尾，父母们对此无计可施，常常是无功而返。研究者观察到，这种现象在夫妻双方都工作、父亲通常在一天结束后才回家的时候尤为突出：一般而言，孩子们不会去迎接他，只有 1/3 的时间会这么做，并且也只不过是马马虎虎的一声"嗨"。然而，可能有其他的因素也会产生影响。在本段前面描述的 Rosen 及其同事进行的研究中，在 MySpace 花费太多时间的青少年也报告说很少得到父母的支持（Rosen，2007）。另一项研究发现，只是在青少年为了社交目的而使用计算机时，家人交往才会受到消极影响，但是，如果他们是为了教育目的而使用时，则没有影响（Mesch，2006b）。

（二）对家庭关系的影响

正如技术使用与家人交往之间的关系错综复杂一样，技术使用及其对家庭关系的影响之间的关系也是如此。Mesch 进行的互联网对家庭关系影响的工作就关注了这一重要的问题（Mesch，2003，2006a，2006b）。在他的第一项研究中，Mesch 研究了 1000 个家里至少有一个青少年的以色列家庭（Mesch，2003）。研究显示，在家里接通互联网与未接通互联网的家庭之间，青少年与父母的亲近水平并无差异。父母和青少年的亲近感与父母及青少年的特征呈正相关，与家庭成员彼此交往的程度，尤其是他们花费在面对面交往上的时间量呈正相关。面对面交往的程度与家里是否接通了互联网无关。亲近感与在线时间呈负相关，青少年在网上花费的时间越多，他们与父母就越不亲近。青少年的在线活动也是相关的：为了教育目的而使用互联网——比如做作业、下载软件以及学习网络技术——与青少年同父母关系的质量呈正相关，或许是因为父母们对此类活动给予了正面评价。Mesch 的结论是，青少年频繁使用互联网，尤其是并非为了与学习相关的目的而使用时，就会带来代际冲突。

的确，研究证实，互联网使用是父母与青少年之间冲突的一个来源，并且可能打破传统的父母权力地位。Mesch 基于对 "Pew 互联网及美国生活计划 2000" 数据的再分析（Mesch，2006a），认为青少年与父母关于互联网的冲突已经随处可见，这些数据是来自对 1508 人的访谈，调查的是 754 名 12—17 岁青少年互联网用户和他们的一名父母。该样本中，40% 的父母报告了冲突，并且，如果青少年被看成是家里的互联网专家时，冲突的程度更大。青少年一般可能比自己的父母对于使用计算机和其他技术懂的更多。在对 2008 年捷克互联网用户的一项调查（世界互联网计划的一部分）中，41% 有年龄大于 18 岁的孩子的父母报告称，他们的孩子对于计算机懂的更多，而只有 29% 的报告称情况相反。父母的年龄越大，父母的知识与孩子的知识之间的差异就越大，这样的青少年专家颠覆了传统的家庭角色，在过去，典型的是由父母给孩子提供指导和知识。回想一下前面提到的，年轻人是 "数字土著"，而他们的父母则是 "数字移民"，因此，年轻人作为 "新一代专家" 的地位可能反映了家里的一种权力失衡，这是增加潜在冲突的来源之一。

父母与青少年围绕着互联网使用的冲突可能最终会影响家庭的凝聚力。Mesch 调查了 927 名 13—18 岁的青少年，以检验家庭凝聚力与互联网使用频率及类型的关系（Mesch，2006b）。为了社交目的（在线游戏、与朋友沟通、讨论组）而使用互联网的青少年报告了高水平的家庭冲突。为了学习或与学校有关的目的而使用互联网，则与冲突无关，但降低了家庭凝聚力。青少年较为频繁的互联网使用也与较低的家庭凝聚力相联系，即使是控制了人格特征时，也是如此。研究并未搞清楚互联网使用是否存在着任何的积极影响。Mesch 进行的前述研究描绘了一幅纷繁复杂的画面——尽管在家里接通了互联网可能并不会影响家庭的凝聚力（Mesch，2003），但是它可能会产生代际冲突，尤其是当青少年是 "互联网专家" 时（Mesch，2006a）。在青少年过分使用互联网时，家庭凝聚力也可能会降低

（Mesch，2006b）。相似地，移动电话由于既可能促进沟通，又可能拉开距离，所以可能与家庭关系和亲近感会有复杂的关系，这值得进一步研究。与此同时，我们可能也看到了，随着父母对技术越来越运用自如，以及熟悉技术的年轻成人自己成了父母，这些新工具的影响也在发生变化。至于青少年是否会一直保持他们作为家庭技术专家的地位，或者父母是否会想要恢复传统的家庭权力平衡，尚不得而知。随着技术越来越普及，以及随着没有技术的记忆慢慢消退，技术还会一直是冲突的来源吗？只有时间会告知这一切。

四、结论

毫无疑问，诸如互联网和移动电话这样的数字工具已经增加和扩展了青少年与其生活中的人们——朋友、家人、恋爱伴侣，有时候甚至是陌生人——的联系。与同伴联系的提升引人注目，并且不必担心的是，青少年在线联系最多的是在他们的离线生活中已经认识的人，他们的在线交往并未影响面对面的交往。这些趋势再次表明，离线行为模式在发展上的重要性也体现在青少年对于数字工具的使用上了。互联网可以让他们完成双重的发展任务：从父母那里获得自主，并在同伴团体中建立自我，而且是在相对舒适和安全的家里。然而，仍然有一些问题悬而未决，尤其是关于在线交往的本质，及其对友谊质量和家庭关系的影响方面。

在青少年关于友谊的概念发生演变，当他们的某些同伴交往发生于众目睽睽之下时，它会从根本上改变和转变青少年的同伴关系吗？来自面对面交往的亲密感和支持的水平，与来自数字化交往的会自然而然产生差异吗？不同的数字背景（比如即时通讯或文本短信）中的交往会提供不同的支持水平吗？尽管数字工具已经让青少年与得到扩展的同伴关系网进行交往，但值得注意的是，他们正在把自己摊成薄饼：他们可能会有数量更多的、但是不太亲密的同伴，而不是更少的、更为亲密的关系。另一种可能性是，互联网提供的自我表露提升了他们与亲密朋友的关系，同时，使得他们又可能与一个"更大的朋友圈子"进行交往（Giordano，1995），并且，后一种交往可能有助于年轻人了解自己和他们的社交世界。有必要进行更多的研究来厘清这些假设，尤其是很好地理解在线自我表露的机制和过程，它可能会影响亲密感、关系质量，最终影响年轻人的幸福感。

技术对家庭关系的影响正在呈现出一幅纷繁复杂的画面。青少年报告称，互联网没有改变他们与家人的交往量，诸如移动电话和社交网站这样的工具，甚至可以让他们与亲戚和家庭成员保持联系，在过去却并非如此。同时，它们可能会促进青少年的个体化以及从家人那里获得自主，甚至可能成为家庭冲突的一个来源。当青少年作为"数字土著"对技术的了解多过他们的"数字移民"父母时，我们可以看到，传统的角色被颠覆，这可能会破坏家庭关系。

【参考文献】

Annenberg Public Policy Center(2006,September)Stranger contact in adolescent online social networks.Philadelphia:Annenberg Public Policy Center,University of Pennsylvania.Retrieved October 19,2009,http://www.annenbergpublicpolicycenter.org/Downloads/Releases/Release_HC20060920/Report_HC20060920.pdf.

Bee,H.L.(1994).Lifespan development.New York,NY:HarperCollins Publishers.

Boneva,S.S.,Quinn,A.,Kraut,E.R.,Kiesler,S. & Shklovski,I.(2006).Teenage ommunication in the instant messaging era.In R.E.Kraut(Ed.),Information technology at home(pp.612–672).Oxford:Oxford University Press.

Bouchey,H.A. & Furman,W.(2004).Dating and romantic experiences in adolescence. In R.G.Adams & M.D.Berzonsky(Eds.),Blackwell handbook of adolescence. Oxford:Blackwell.

Brown,B.B(2004)Adolescents' relationships with peers.In R.M.Lerner & L.Steinberg (Eds.),Handbook of adolescent psychology(2nd ed., pp.363–394).Hoboken,N-J:Wiley.

Brown,B.B. & Klute,C.(2004).Friendships,cliques,and crowds.In M.R.Lerner & L.Steinberg(Eds.),Handbook of adolescent psychology(2nd ed.).Hoboken,NJ:Wiley.

Buhrmester,D. & Prager,K.(1995).Patterns and functions of self-disclosure during childhood and adolescence.In K.J.Rotenberg Ed.)Disclosure processes in children and adolescents(pp.10–56).New York,NY:Cambridge University Press.

Chan,D.K.S. & Cheng,G.H.L.(2004).A comparison of offline and online friendship qualities at different stages of relationship development.Journal of Social and Personal Relationships,21,305–320.

Dunphy,D.C.(1963).The social structure of urban adolescent peer groups.Sociometry,26,230–246.

Erikson,E.H. (1968).Identity,youth,and crisis (1st ed.).New York,NY:W.W.Norton.

Furman,W.,Brown,B.B. & Feiring,C.(1999).Contemporary perspectives on adolescent romantic relationships.New York,NY:Cambridge University Press.

Giordano,P.C.(1995).The wider circle of friends in adolescence.The American Journal of Sociology,101,661–697.

Gross,E.F.(2004).Adolescent Internet use:What we expect,what teens report.Journal of Applied Developmental Psychology,25,633–649.

Kaare,B.H.,Brandtzaeg,P.B.,Heim,J. & Endestad,T. (2007).In the borderland between family orientation and peer culture:The use of communication technologies among Norwegian tweens.New Media & Society,9,603–624.

Kennedy,T.L.M.,Smith,A.,Wells,A.T. & Wellman,B. (2008).Networked families.Pew Internet and American Life Project.Retrieved September 9,2009,http://www.pew-internet.org/~/media/Files/Reports/2008/PIP_Networked_Family.pdf.pdf.

Kraut,R.E.,Kiesler,S.,Boneva,B.,Cummings,J.,Helgeson,V. & Crawford,A. (2002). Internet paradox revisited.Journal of Social Issues,58,49–74.

Kraut,R.E.,Patterson,M.,Lundmark,V.,Kiesler,S.,Mukopadhyay,T. & Scherlis,W.(1998). Internet paradox:A social technology that reduces social involvement and psychological wellbeing?American Psychologist,53,1017–1031.

Lenhart,A. & Madden,M. (2007).Social networking websites and teens:An overview. Pew Internet and American Life Project.Retrieved November 3,http://www.pew-internet.org/pdfs/PIP_SNS_Data_Memo_Jan_2007.pdf.

Ling,R. & Yttri,B. (2006).Control,emancipation,and status:The mobile telephone in teens' parental and peer relationships.In R.E.Kraut,M.Brynin & S.Kiesler (Eds.),Computers,phones,and the Internet:Domesticating information technology (pp.219–235).New York,NY:Oxford University Press.

Macgill,A.R. (2007).Parent and teenager Internet use.Pew Internet & American Life Project.Retrieved November 8,2008,http://www.pewinternet.org/pdfs/PIP_Teen_Parents_data_memo_Oct2007.pdf.

Mesch,G.S. (2003).The family and the Internet:The Israeli case.Social Science Quarterly,84,1039–1050.

Mesch,G.S. (2006a).Family characteristics and intergenerational conflicts over the Internet.Information,Communication and Society,9,473–495.

Mesch,G.S. (2006b).Family relations and the Internet:Exploring a family boundaries approach.Journal of Family Communication,6,119–138.

Mesch,G.S. & Talmud,I(2006)The quality of online and offline relationships:The role of multiplexity and duration of social relationships.Information Society,22,137–148.

Mesch,G.S. & Talmud,I.(2007).Similarity and the quality of online and offline social relationships among adolescents in Israel.Journal of Research on Adolescence (Blackwell Publishing Limited),17,455–465.

Miller,B.C. & Benson,B.(1999).Romantic and sexual relationship development during adolescence.In W.Furman,B.B.Brown & C.Feiring(Eds.),The development of romantic relationships in adolescence.Cambridge:Cambridge University Press.

Ochs,E.,Graesch,A.P.,Mittman,A.,Bradbury,T. & Repetti,R(2006)Video ethnogroaphy and ethnoarcheological tracking.In E.E.Kossek & S.Sweet(Eds.),The work and family handbook:Multi-disciplinary perspectives and approaches(pp.387–409). Mahwah,NJ:Erlbaum.

Peter,J.,Valkenburg,P.M. & Schouten,A.P.(2005).Developing a model of adolescent friendship formation on the Internet.CyberPsychology & Behavior,8,423–430.

Pombeni,M.L.,Kirchler,E. & Palmonari,A.(1990).Identification with peers as a strategy to muddle through the troubles of the adolescent years.Journal of Adolescence,13,351–369.

Rainie,L. & Kohut,A.(2000).Tracking online life:How women use the Internet to cultivate relationships with family and friends.The Pew Internet & American Life Project.Retrieved October,31,2008,http://www.pewinternet.org/~/media//Files/Reports/2000/Report1.pdf.pdf.

Rambaree,K(2008)Internet-mediated dating/romance of mauritian early adolescents:A grounded theory analysis.International Journal of Emerging Technologies & Society,6,34–59.

Reich,S.M.,Subrahmanyam,K. & Espinoza,G.E.(2009,April 3).Adolescents' use of social networking sites-Should we be concerned?Paper presented at the Society for Research on Child Development,Denver,CO.

Ribak,R.(2009).Remote control,umbilical cord and beyond:The mobile phone as a transitional object.British Journal of Developmental Psychology,27,183–196.

Rosen,L.D.(2007).Me,MySpace and I:Parenting the net generation.New York,NY:Palgrave Macmillan.

Ryan,A.M.(2001)The peer group as a context for the development of young adolescent motivation and achievement.Child Development,72,1135–1150.

Šmahel,D.(2003).Psychologie a Internet:Dˇeti dospˇelými,dospˇelí dˇetmi.(Psychology and Internet:Children being adults,adults being children.).Prague:Triton.

Šmahel,D. & Subrahmanyam,K.(2007) ."Any girls want to chat press 911":Partner selection in monitored and unmonitored teen chat rooms.Cyberpsychology & Behavior,10,346–353.

Šmahel,D. & Vesela,M.(2006).Interpersonal attraction in the virtual environment. Ceskoslovenska Psychologie,50,174–186.

Steinberg,L.(2008).Adolescence.New York,NY:McGraw-Hill.

Subrahmanyam,K.,Garcia,E.C.,Harsono,S.L.,Li,J. & Lipana,L.(2009).In their words:- Connecting online weblogs to developmental processes.British Journal of Developmental Psychology,27,219–245.

Subrahmanyam,K. & Greenfield,P.M.(2008).Online communication and adolescent relationships.The Future of Children,18,119–146.

Subrahmanyam,K.,Reich,S.M.,Waechter,N. & Espinoza,G.(2008).Online and offline social networks:Use of social networking sites by emerging adults.Journal of Applied Developmental Psychology,29,420–433.

Thornton,A.(1990).The courtship process and adolescent sexuality.Journal of Family Issues,11,239–273.

Valkenburg,P.M. & Peter,J.(2007).Preadolescents' and adolescents' online communication and their closeness to friends.Developmental Psychology,43,267–277.

Valkenburg,P.M. & Peter,J.(2009).Social consequences of the Internet for adolescents. Current Directions in Psychological Science,18,1–5.

Valkenburg,P.M.,Peter,J. & Schouten,A.(2006).Friend networking sites and their relationship to adolescents' well-being and social self-esteem.CyberPsychology & Behavior,9,584–590.

Wallace,P.M.(1999).The psychology of the Internet.New York,NY:Cambridge University Press.

Wolak,J.,Finkelhor,D. & Mitchell,K.(2008).Is talking online to unknown people always risky?Distinguishing online Interaction styles in a national sample of youth Internet users.Cyberpsychology & Behavior,11,340–343.

Wolak,J.,Mitchell,K.J. & Finkelhor,D.(2002).Close online relationships in a national sample of adolescents.Adolescence,37,441.

Wolak,J.,Mitchell,K.J. & Finkelhor,D.（2003）.Escaping or connecting?Characteristics of youth who form close online relationships.Journal of Adolescence,26,105–119.

Yum,Y.-O. & Hara,K（2005）Computer-mediated relationship development:A cross-cultural comparison.Journal of Computer-Mediated Communication,11,133–152.

第六章 数字世界与做正确的事：
道德、伦理和公民参与

  通过前面章节的内容，我们可以看到，青少年在性的发展、自我认同和亲密感等的主要变化在网络世界中也有所体现。在本章中，我们要将注意力转向 Havighurst 提出的另外两种发展任务，在现今社会中，这两种任务仍然具有挑战性。我们要探讨技术对青少年的道德、伦理和价值观念形成的影响，以及技术在青少年加入社会群体（从最开始加入当地社区，到后来加入更大的社会群体）并成为活跃成员过程中扮演的角色。我们不仅会讨论技术为青少年完成这些任务提供的机遇，也会探讨技术所带来的挑战。

  我们首先看一下，作为一种工具和社会背景，互联网具有哪些特点。作为一种工具，互联网允许青少年很轻易地获得大量信息（在第八章和第十章，我们会讨论如此轻松就能获取信息的利弊），但是互联网也被用于剽窃、非法下载和共享电影、音乐和软件等。作为一种社会背景，互联网允许青少年跟同伴和陌生人交互联络、参与在线社区、加入当地社区或距离更远的群体，这种情况在多年前是不可想象的。在线世界同样也存在着自己的规则、礼仪和社会习俗（Bradley，2005）。青少年必须学会安全地使用数字世界，因为数字世界中有时会出现不符合离线世界道德和伦理的内容，最常见的形式就是欺骗和虚假信息。在线环境中，大多数人都在某种程度上会出现撒谎行为，特别是对自己的身份和从事的活动等问题。我们一般也会认为，出于保护隐私的考虑，这种在线欺骗和虚假信息是有必要的。此外，在线欺骗也可能是很危险的，比如青少年可能会为了进入成人网站而谎报年龄。而在离线世界中，对于欺骗行为就没有这样模棱两可的标准，我们从小就教育孩子要诚实，撒谎是错误的和不被允许的，显然，这是一个复杂的问题。在本章的第一部分，我们会进一步探讨青少年网络道德和伦理的形成问题，在第二部分，我们会关注青少年如何利用技术来参与当地社区和更远的社会群体。

一、在线道德和伦理

道德和伦理的核心在于指出正确和错误的标准是什么，并为个体在社会中如何坚持这些标准提供指导（Velasquez，Andre，Shanks & Meyer，2008）。对一个不断发展的社会来说，人们的行为符合道德和伦理是很重要的，这方面典型的事例如 2008 年全球金融危机爆发时，美国次级抵押贷款市场的崩溃就跟负责人的不道德行为有关。尽管导致崩溃的因素有很多，但最主要的两个原因就是抵押贷款经纪人的掠夺行为和银行不合理的贷款标准（Klein & Goldfarb，2008）。现在青少年的道德问题也引起了各界的注意。据"Josephson 研究所"（Josephson Institute）2008 年发布的美国青少年（n = 30000，美国高中学生）道德报告显示，在过去的一年里，超过 35% 的人报告他们从商店偷过东西，64% 的人在考试中作过弊，36% 的人曾经通过抄袭网络来完成作业（Josephson Institute，2006）。有意思的是，他们的行为跟价值观很不一致，93% 的人表示对自己的道德水平很满意，同时又有 26% 的人报告说在回答调查问题时至少撒谎了一两次。虽然这种结果可能是由于记忆偏差所导致的，但这也显示了在内心深处建立核心价值观念并非易事。

互联网为我们的道德行为提出了特殊的挑战：用户都是无实体的，并且可以根据自己的意愿选择是否匿名。因此，在线背景减少了身份线索，允许个体以"不知名的"的形式存在（Freestone & Mitchell，2004），这可能会导致对行为的道德约束变小。可能会涉及到道德的在线行为包括：不经允许就使用他人的电子邮件账户、入侵他人的电脑或网站、抄袭网络信息资源、通过电子邮件将作业或考试的答案发给同伴，以及非法下载音乐和电影等（Jackson et al.，2008）。

下面我们将分别探讨五种网络行为，青少年在这五个方面必须学会做正确的事：（1）维护隐私；（2）伪造信息；（3）作弊和窃取；（4）剽窃网络资源；（5）盗版软件和非法下载音乐、电影和软件。网络欺负和其他在线骚扰也是青少年发生的不道德行为，但现有的文献将这类行为看做攻击性行为，所以我们将在第十章中专门探讨。

（一）维护在线隐私

青年必须要学会理解在线隐私问题，包括理解自己的隐私和别人的隐私。同样重要的是，青少年还要学会如何保护隐私，例如他们必须学会不能与他人分享电子密码，明确他人的电子邮件账户属于私人信息，不应该将即时通讯内容复制、粘贴和转发给第三方等。

1. 理解在线隐私

这个主题受到很多研究关注，是因为很多青少年成为网络捕食事件的受害（Hinduja & Patchin，2008）。让人欣慰的是，大多数青少年在网络中都很小心，他们都尽量不泄露自己的个人信息。Hinduja 和 Patchin 的调查报告显示，只有极少青少年会在 MySpace 中透露私人信息，比如他们的全名（8.8%）、即时通讯用户名（4.2%）和电话号码（0.3%）。类似的，在我们自己对博客的研究中也发现，大多数的青少年博客作者没有透露自己的个人信息，尽管他们经常上传自拍照片（通常作为用户头像和 / 或在博客中上传），但大多数人能够意识到公众是可以看到的，他们对能够识别自己个人信息的内容还是很谨慎的（Subrahmanyam, Garcia, Harsono, Li & Lipana, 2009）。与此相对应，现在青少年报告的在线性骚扰和伤害也有所减少，毫无疑问，这跟青少年对隐私的保护意识升高是有关系的（Mitchell, Wolak & Finkelhor, 2007，详见第十章）。

2. 保护在线隐私

青少年会积极地维护自己的隐私，他们会使用不同的策略：当面对网站要求填写个人信息时，他们会提供不完整或不准确的信息，或者切换到不需要个人信息的网站，甚至退出该网站。此外还有其他一些策略，如青少年会在发送电子邮件时选择隐去自己的邮箱地址，拒绝网络运营商（ISP）发送的不必要邮件，甚至会对垃圾邮件反应激烈（他们可能会感到愤怒或回复骂人邮件，Moscardelli & Divine, 2007）。虽然青少年会主动用很多办法保护他们的隐私，但并不是所有隐私保护行为都是聪明的和有效的。例如，请求运营商将自己的地址从发送名单中删除的这种做法，实际上可能会适得其反，因为垃圾邮件制造者可以利用这样的请求来验证电子邮件地址的有效性，并将地址卖给第三方（Moscardelli & Divine, 2007）。具有讽刺意味的是，这种做法是排在提供不准确信息后面第二个青少年最常用的防骚扰策略。可见，激烈的反应并不是处理垃圾邮件的有效方法，但是青少年似乎更喜欢就垃圾邮件问题与网络服务运营商联系（Moscardelli & Divine, 2007）。

在面对在线营销商免费提供商品的邮件时，青少年同样能做到小心保护他们的隐私吗？早期的研究显示，青少年在面对网络营销时往往显得很不成熟，也无法很周到地保护隐私（Turow & Nir, 2000）。但是，随着互联网的发展和时间的变迁，很多在线行为已经发生了变化，近年来，青少年对在线隐私问题有了更多的了解，当他们提供自己的个人信息时，也更具辨别力。Youn 发现，青少年在研究中更愿意提供一般性的个人信息（如年龄和性别等）、个人兴趣、媒体使用等，但是他们不太愿意提供个人身份信息（如电子邮箱地址、通讯地址、父母信息、社会保险号码和信用卡号等身份信息）。娱乐（如听音乐）和交流（在线发送即时通讯）内容等更能促使青少年交换自己的信息，而工具性内容如促销或产品介绍等则不太容易让他们进行自我表露（Youn, 2005）。

青少年对隐私问题的关注和对风险的评估，可能会影响他们对隐私保护策略的使用，关心隐私问题的青少年也更可能使用隐私保护策略，如请求删除自己的电子邮件地址和提供不准确的信息（Moscardelli & Divine, 2007）。但青少年在担心隐私问题的同时，似乎也能够评估暴露个人信息产生的风险和收益。Youn 的研究发现，风险感知水平更高的人，更不愿意透露个人信息，而收益感知水平更高的人则更愿意透露个人信息（Youn, 2005）。

对隐私问题的关心会受到性别和家庭沟通等变量的影响。男孩对在线隐私问题相对更不在意，他们更愿意做一些可能威胁隐私的行为，比如他们会阅读陌生人发送的邮件，在网站注册和激烈地回复垃圾邮件等（Youn & Hall, 2008）。隐私问题还与家庭沟通风格有关，那些会将问题提出来一起讨论、提出不同意见以解决争议的家庭，能够促进青少年关注自己的隐私（Youn, 2005），发展心理学将这样的父母称为权威型父母（Baumrind, 1991）。权威型父母是温和的，他们的思想有逻辑性，会设立规则来控制孩子，经常跟孩子一起讨论问题。权威型教养方式通常会对儿童和青少年产生积极影响，这种父母也会积极参与控制青少年的互联网使用行为，比如限制使用时间和使用过滤软件等（Eastin, Greenberg & Hofschire, 2006）。我们在第十章中会看到，跟父母讨论过网络安全问题的青少年，更不可能把自己的个人信息告知网络陌生人。从鼓励理性谈话和讨论的家庭中出来的青少年，通常对在线隐私问题更有意识。

可见，对于父母和教师来说，很重要的做法就是要跟青少年谈论网络隐私问题，告诉他们保护隐私的最佳策略是什么（Moscardelli & Divine，2007）。当然，这些成年人必须自己首先了解什么是最合适和有效的隐私保护方法。之前我们曾提到，青少年经常写信给垃圾邮件发送者，请求删除他们的电子邮件地址，这并不是最明智的选择。但许多成年人可能并不知道这些，所以让父母和老师学会如何有效保护隐私是很重要的，这样他们就可以把这些方法教给青少年（Youn & Hall，2008）。我们可能还要对男孩和女孩进行不同的隐私教育（Youn & Hall，2008），这不仅是因为男孩更少关心隐私问题，而且他们还更有可能通过在线行为威胁到自己的隐私安全。涉及到隐私意识提高时，男孩和女孩的反应往往不同，男孩通常选择不继续注册网站，而女孩则倾向于提供不准确的信息。考虑到隐私问题的性别差异，所以我们不应该使用"一刀切"的方法来进行隐私教育。

（二）虚假的在线信息

青少年在网络中提供不正确或不完整的信息，不仅是为了保护自己的隐私，这也是他们使用技术时表现出来的重要特点。例如 Harman 和同事们在研究中指出，青少年在网络中更可能会伪造年龄、性别和体重等人口学信息，这种在线行为表现跟面对面（face-to-face）时的行为是不同的（Harman，Hansen，Cochran & Lindsey，2005）。在我们构建的青少年焦点小组中，参与者谈论了很多同龄人在MySpace 个人主页中提供不准确信息或修饰真实的情况，虽然对此类行为没有确定的名称，但青少年称之为"假装"（Harman et al.，2005）或"说谎"（Blinka & Šmahel，2008）。

事实上，青少年并非在所有的网络情境中都会说谎和假装，这种行为更可能发生在聊天室等匿名空间中（Kone ˇcný & Šmahel，2007），而在与离线生活中的熟人通过电子邮件和即时通讯进行交流时，这种行为就很少见。青少年伪造何种信息还依赖于特定的网络环境，比如他们在聊天室等不太可能被发现的空间中，更可能谎报年龄和外貌，但在社交网站等主要与离线世界朋友交流的空间中，他们就不太可能伪造此类信息。青少年在社交网站中更倾向于夸大自己的活动来获得同伴认可，这种行为我们喜欢称之为"创造性的修饰"。事实上，青少年撒谎最多的地方是在聊天室（跟其他网络应用程序相比），他们最经常谎报的信息是关于年龄问题的。一项研究显示，进入聊天室的 16% 的女孩和 15% 的男孩会谎报年龄

（Kone ˇcný & Šmahel，2007）。年龄小的青少年比年龄大些的青少年更可能撒谎：在博客中，13—14岁个体中有52%的人承认撒谎，而15—17岁个体中有35%的人会撒谎（Blinka & Šmahel，2009）。青少年也越来越善于处理在线世界中的谎言。在一项针对7名聊天经验丰富的青少年的质性研究中，他们承认说谎是司空见惯的事情，他们会使用多种策略来检测他人是否撒谎，比如利用直觉、评估表述风格、保存与特定聊天对象的对话记录并进行搜索等（Koubalikova & Šmahel，2008）。

下面我们着重讨论说谎和假装对发展的影响。

由于在线说谎和假装是经常发生的事情，而且通常这种行为也不会受到道德谴责，所以我们要考虑这种行为对发展的影响，以及在线道德和离线道德行为之间的关系。Harman等人对早期青少年（6—8年级）的一项相关研究发现，假装行为跟低水平的社交技能、低自尊、高水平的社交焦虑和高攻击性相关（Harman et al.，2005）。Jackson和同事发现，离线世界的道德态度和行为，能够预测在线世界的道德态度和行为（如未经同意就使用朋友的网络账户、未经询问就删除他人的文件或信息等），那些在离线世界中更能接受不道德观念和行为的青少年在进入在线世界后，行为更可能受到道德质疑（Jackson et al.，2008）。

尽管现在断定在线说谎和假装会威胁到社交和心理健康还为时过早，但是有必要提醒家长和教师，高水平的在线欺骗行为可能会导致社交和心理问题。我们还应该注意，在线撒谎和假装可能对青少年的道德和伦理观念产生长期影响。一方面，他们在早期被教育认为说谎是错误的；而另一方面，为了保证安全，他们又被教导说在网络中要保留隐私甚至提供虚假的信息。此外，青少年还可能会通过谎报年龄信息来绕过年龄限制（Subrahmanyam & Greenfield，2008）。事实上，所有人或多或少地都进行过无害的网络隐瞒或欺骗。假装行为或修饰过的情况本来就很难分辨真假（Erikson，1968），在互联网环境中自然也就更难判断了（Turkle，1995，我们在第四章中已经详细探讨了在线自我认同问题），现在还需要更多的研究来探讨什么时候在线说谎和假装是无害的，什么时候表现真实身份是有害的。

（三）在线窃取和作弊

从道德和伦理上来看，在线偷窃和欺骗是一种侵害行为。2007年，荷兰警方逮捕了一名十几岁的青少年，他主要涉及从荷兰一家青少年社交网站——"哈宝宾馆"（Habbo Hotel）中盗窃虚拟财产。这位问题青少年曾经入侵其他用户的账户，并盗窃价值达 4000 欧元的网络财产（Evans & Thomasson，2007）。除了这种极端案例，我们更常见的情况是，一些虚拟空间用户名下的内容全部消失，这通常是由于游戏玩家的密码被用于换取头像和装备等虚拟物品（Semuels，2008）。前面提到的第一个作者的孩子在"尼奥"（Neopets，某虚拟世界）网站上的账户就曾经被盗过。这种损失可能从金钱方面来说损失并不大，但这也是很让人痛心的——失主在很多年之后仍然可能会记得并谈起这件事。有意思的是，成为盗窃受害者通常能给青少年很好的教训，让他们更好地适应虚拟生活。现在网络钓鱼邮件非常普遍，一个人的身份信息已经成为切实存在的东西，一旦失去就会产生长远的影响。

　　Fields 与 Kafai 通过一项民族志研究观察和记录了青少年的虚拟空间——Whyville.net 中的作弊行为（Fields & Kafai，2007）。在 Whyville.net 中，成员能够彼此交互，进行非正式的科学游戏和活动。Fields 与 Kafai 对作弊网站的教育意义很感兴趣，他们将作弊定义为"游戏玩家创立的用于分享策略（或回答问题）以帮助他人解决虚拟游戏问题的网站"。在 Whyville.net 的民族志工作中，他们分析了网站论坛 The Whyville Times 中对于作弊的讨论。该网站的用户用许多创造性的方式描述作弊行为，他们突破了一些虚拟世界中的道德和伦理挑战。下面我们摘录了其中一些内容，希望可以尽可能多地传达作者的意思。

　　他们注意到，大概有 10% 的作弊文章中会包含"针对欺诈的明确警告，提到很多有想象力的欺骗形式，比如该网站的用户会试图通过提升级别、赠与装备等方式来获得别人的密码，有些骗子甚至声称自己是网站设计者"。另外还有一种狡猾的欺骗方法——"在智能汽车比赛中，不按照传统沿着赛车道行驶，而是开车绕过其他汽车直接通过终点，从而取得胜利"。还有 10% 的文章涉及到"恋爱关系中的欺骗问题，很多人会问到一个问题，那就是在'真实生活'中有男朋友，同时也在 Whyville 跟另外一位男性交往，这是否属于欺骗"。一些文章还提到"选举问题，在选举 Whyville 社区的管理者、最受欢迎的人时，创建多个用户来进行多次投票"。最后作者还注意到一种情况，他们称之为"从祖母那里偷盗"："Whyville 中的祖母之家是一个可以接受他人捐赠的场所"，但是"一些有经验的玩家会去祖母之家接受捐赠，然后到交易站点那里出售获利"。后面我们提到的两种欺诈方法值得注意，因为这两种行为没有明确打破虚拟世界的规则，但是它们试探了道德的边界。

　　我们需要更多研究来理解为什么青少年会发生这种行为——是因为在线空间

的去抑制性——也就是说，他们认为没有人知道他们所做的事情，所以觉得不必克制自己的行为？还是因为他们认为离线世界的道德规则不适用在线世界？我们还需要研究该如何教育青少年，告诉他们道德规则对于在线世界同样适用，在网络中偷窃同样是错误的。这对于我们是个挑战，因为在线财产和虚拟物品的概念是很模糊的，关于这一点接下来还可以看到。我们将在下一节中详细探讨网络剽窃和非法下载软件、音乐和电影问题。

（四）网络剽窃

网络剽窃指的是非引用性地使用网页信息，从复制和粘贴几行文本到购买整个论文和不经允许就使用在线图像、电影和其他材料等。网络剽窃跟前面描述的作弊和欺骗不同，它往往不是发生在网络环境中，而是在学校里青少年在完成学业任务时发生。一般而言，剽窃在青少年中相当常见，在一个关于学术诚信的调查中发现，超过 60% 的高中生承认自己曾经抄袭过，有一半人报告曾经抄袭过网络信息（Sisti，2007；参见 McCabe，2005）。

1. 网络剽窃的形式

青少年最常见的剽窃方式就是从网上照抄一些词句而不注明引用来源，不太常见的是从论文工厂网站购买文章（Conradson & Hernández-Ramos，2004）。除了学术论文和文章网站之外，青少年还可能剽窃其他互联网资源，如讲义网站以及编辑服务网站等。参见 Conradson 和 Hernández-Ramos 在书中列出的网站名称表，其中许多网站在写作此书时都是非常受欢迎的（Conradson & Hernández-Ramos，2004）。有时候剽窃可能不是故意的，例如以"潜隐记忆"的方式发生的剽窃，Sisti 将其定义为"无意识的挪用其他作者的成果，还以为该观点是自己原创的"（Sisti，2007）。因为从网页上复制和粘贴非常容易，所以有些学生出现剽窃行为，可能是因为他们根本对剽窃没有清晰的认识，不清楚直接引用和引证的区别，特别是对于数字产品的引用（Conradson & Hernández-Ramos，2004；Ercegovac，2005）。区分有意剽窃和无意剽窃是很重要的，因为这两种行为的动机不同。

2. 有意剽窃

Sisti 调查了 160 名高中生，询问他们对复制—粘贴剽窃、购买学期论文的态度和理由（Sisti，2007）。关于复制—粘贴剽窃，54% 的被调查者报告说他们通常是在作业中引用资料；35% 报告曾经复制和粘贴过资料；其中大约 46% 的人承认自己进行了剽窃。剽窃的常见理由是没有时间做作业，写论文时还没有做好准备，以及对题目缺乏兴趣等。只有2%的人报告说自己曾经购买过论文：两人因为他们尚未准备好作业，但又必须获得一个好成绩；另外一人是因为不知道这么做是错的。其他剽窃原因包括害怕失败和父母对他们的期望太高等（Ercegovac，2005）。不剽窃的原因主要有意识到这是一种欺骗、不想花钱、认为自己可以写出更好的论文，以及担心会被抓到等。

3. 无意剽窃

无意剽窃发生的主要原因是青少年缺乏对剽窃的清楚认识。学生必须要对剽窃的概念和过程有一定的理解：要从概念上明确什么是"剽窃"（如能给剽窃定义，剽窃发生时能意识到），要从程序上明确应该如何从网络上引用资源（Ercegovac，2005）。一项对37名初中生的案例研究发现，学生在引用某些作者／原创者的非文本材料时有巨大的困难，比如找不到摄影师、舞蹈编导和卡通艺术家。例如40%的人表示不会在编排《罗密欧与朱丽叶》芭蕾舞时注明原舞蹈编导；30%的人认为他们不需要注明地图的来源；只有16%的人认为制作DVD专辑并出售属于剽窃。很多数字产品学生很难找到原始作者，比如图片、网页代码、电子邮件副本和个人交流内容等。在我们自己作为大学教师的经验中也发现，很多学生认为他们只有在引用言论时才需要注明引用来源。在一项研究（Ercegovac，2005）中，83%的初中生认为，直接引用他人的话时应该注明资料来源，只有16%的人认为使用图片而不注明来源是一种剽窃。青少年对于引用的程序性知识是不清楚的，要求他们根据引用格式去寻找引用内容的源文件时，84%的人能够找到相应的书籍，但只有29%的人能够根据引用找到相应杂志。显然，有些网络剽窃是因为学生无论是从概念上还是从程序上，都没有对剽窃形成清楚的认识。

4. 对于网络剽窃，教师应该起到什么作用

研究表明，教师对剽窃的认识一般与学生对作弊的态度和行为有关（Sisti，2007）。Sisti指出，学生对剽窃缺乏清晰的认识，是由于教师的矛盾性指令会让学生产生困惑。另外一个问题是，通常学生在技术上比教师更有经验，教师在解释网络环境中的剽窃时可能会犯错。还有一种更复杂的情况是，教师和学生之间对于学术诚实的认识不一致（Ercegovac，2005）。

有几位学者提出了一些可以防止青少年进行网络剽窃的办法（Conradson & Hernández-Ramos，2004；Ercegovac，2005；Sisti，2007），以下是这些策略的总结。

（1）教师要对学生进行作弊教育（特别是针对网络剽窃），并有效地处理作弊。

（2）老师应该向学生清楚地表达自己的期望和要求，特别是关于学术诚信的规定。

（3）教育学生更好地理解剽窃——无论是从概念上了解什么是剽窃、什么时候会发生剽窃，还是从程序上了解剽窃的过程，以及如何正确引用资料和避免抄袭。不管哪种引用（如文本、音频或数字图像等），让学生学会如何引用、处理在线电子资源和数字对象等，必须经过特殊的训练。

（4）不要安排传统的论文和研究论文，而是布置新内容和创新型作业，要求学生自己分析综合资料来完成作业。

（5）使用技术解决方案如 Turnitin 等来检测剽窃内容——教育机构，特别是高中和大学等单位现在越来越多地使用这种工具来制止剽窃。要确定这种方式对于控制剽窃是否有效还为时过早，但重要的是，这是一种威慑，即便这没有触及到问题的本质。在这个问题上，我们还缺乏明确的道德或伦理标准。

（五）软件盗版和非法下载数字内容

在线盗版是个很棘手的问题，这里指的是未经授权就复制和共享在线音乐、软件或其他数字产品的做法（Yar，2007）。在线盗版主要通过点对点（peer-to-peer，P2P）的方式来共享网络资源，这是一种允许用户从其他网络连接的其他电脑中直接搜索和下载文件（比如音频和视频文件）的方法。在著名网站纳普斯特（Napster）关闭之后，P2P 软件如 Kazaa、LimeWire 和 Direct Connect 等，能让用户不必通过中间路由器就直接连接对方的电脑，这种非法下载软件、音乐、音乐视频和电影等资源的做法可能会导致刑事犯罪。自 2003 年以来，美国唱片工业协会（RIAA）一直在积极推动起诉通过文件共享而发生的侵犯版权行为，起诉的对象中就包括很多青少年和大学生（Yar，2007）。电子邮件附件、在线拍卖网站、文件传输协议（FTP）等是另外一些在线盗版形式。在美国，数字盗版还包括从他人的专辑中复制、刻录音乐 CD、DVD、购买盗版音乐、软件和电影等。

据报道，在全世界范围内，年轻人是发生数字盗版最多的群体（Freestone & Mitchell，2004；Kini，Ramakrishna & Vijayaraman，2003）。尽管关于这个主题的学术研究并不多，但是由几个商业组织进行的调查显示，这个问题是很重要的。在美国，现在非法下载受版权保护的数字资料的行为已经有所减少。例如，商业软件协会 2004 年对 1100 名 8—18 岁的美国人进行了调查，结果显示，有 53% 的人承认在没有支付费用的情况下下载过音乐，22% 的人下载过软件，17% 的人下载过电影（Harris Interactive，2004）。在 2007 年一项类似的调查中，就只有 30% 的人下载过音乐、11% 下载过软件和 8% 的人下载过电影（Harris Interactive，2007）。毫无疑问，这种行为的减少跟 RIAA 毫不留情地维权诉讼和随之而来的美国媒体宣传有关。我们可以看到，只要让用户了解到问题的严重性和可能引起的麻烦，他们的在线行为是可以被改变的。随着市场本身的发展变化，现在人们只要合法地支付很少钱就能从 iTunes 一类的网站上下载音乐了。我们还不知道非法下载行为在其他国家中是否也在减少，是否是因为美国执法强度更大才使得美国的情况比较特殊。

跟网络剽窃一样，年轻人从事在线盗版的一个主要原因是他们不知道下载和共享在线内容的法规。"开锐咨询"（KRC）在 2008 年为微软公司进行的一项调查研究显示，7—10 年级的学生在下载和共享网络内容时，根本意识不到这种行为可能会涉及到法律问题（KRC Research，2008），他们还表示在听说这种行为会触犯法律之后就不会继续下载或分享在线内容了。那些了解下载相关法律的学生更赞成应该让违法者接受惩罚。父母是这些法律信息的重要来源，那些听父母谈论过非法下载问题的青少年更少从事这种行为（Harris Interactive，2007；KRC Research，2008）。

了解知识版权本身并不足以阻止非法下载，利益因素在其中也会产生影响（KRC Research，2008）。"哈里斯互动调查公司" 2004 年的研究显示，尽管大多数的受访者表示知道书籍、电影、音乐、软件和游戏是有版权的，但他们仍然经常下载这类材料，没钱是他们这样做的主要理由。即便某种数字产品能够从商店或网站中买到，青少年也会下载这种产品，他们更关心是否下载到了病毒，而不是担心该行为是否触犯了法律。

第三个也是最有趣的非法下载理由是，青少年并不认为违反版权法跟其他犯罪一样严重，这表明道德推理因素可能也会有影响。Teston 研究了 7 年级学生（大概 12—13 岁）对于盗版行为的道德发展维度，发现跟有形资产相比，青少年对网络资产有不同的道德定位（Teston，2001）。大约 60% 的人认为可以通过互联网获得盗版软件，85% 的人认为可以非法下载音乐 MP3 文件，只有 10% 的人认为这种行为跟偷盗自行车的性质是相同的。青少年被试将软件看做 "公共财产"，多数人认为所有者或开发商将该产品卖出时就不再具有产权。大概 7 年之后，开锐咨询针对微软产品的研究也发现类似的结果，被调查者并未将非法下载在线内容跟窃取移动电话和自行车等物品看做是同一回事，只有大约 70% 的青少年认为非法下载应该受到惩罚。Crowell 和同事认为："跟有形财产相比，数字对象或材料在某种程度上被认为更不具私有性"，对于这类产品的侵犯也有很大的道德包容性（Crowell，Narvaez & Gomberg，2005，P29）。因此，我们了解到，青少年用户似乎对软件和音乐等数字产品的知识产权有不同的认识。我们不知道这种道德上的宽容在年轻人中更普遍（如青少年和年轻成年人），还是在年纪大一点的人中同样如此，我们也不知道年轻人现在的这种观点是否会随着成长而改变——换句话说，这些在数字时代中成长起来的第一代人，会对数字产品一直保持这种看法直到他们终老吗？

二、在线政治和公民参与

在这一节中，我们会探讨技术媒体和公民参与之间的关系，也就是青少年通过技术参与社区的过程。在传统上，我们将公民定义为行使公民权力和义务的人。在民主国家中，一项非常重要的公民义务就是参与政治和政府管理，这主要是通过选举投票来实现的。在过去的一段时间里，政治和政府管理的参与度一直在下降，这种情况不仅美国存在，在其他民主国家如德国、瑞典和英国也同样存在（Bennett，2007a；Carpini & Michael，2000）。跟年长的人相比，年轻的人较少参与投票，他们似乎缺乏参与政治的热情，这已经被视为一个严重的问题，因为这可能会对未来能否建立有效的民主国家产生很大影响（(Bennett。2007c）。但在 2008 年美国大选中，18—29 岁之间的公民投票率突然升高（CIRCLE，2008），当然只有时间能证明，这种趋势究竟是由 2008 年选举的特殊性导致的，还是反映了青年人的选举行为发生了真正的转变。

Bennett 指出，虽然年轻人对参与政治和政府管理的积极性下降，但与此同时，他们参与非政府领域的工作的积极性在提高，这包括"积极参与社区志愿工作，高水平的消费者行动主义、积极参与从环境保护到经济不公平等主题的社会公益事业等"（P1—2）。Bennett 认为，现在对现实生活中青少年的政治表现主要有两种观点——第一种即为刚才所描述的观点，认为青年是跟政治脱节的，是被动的；第二种认为青年是活跃和积极的（Bennett，2007b）。持后一种观点的人将同伴网络和在线社区看做是公民参与公众问题的场所，比如认为青年在 MySpace

和 Facebook 中的表现也是公民参与的一部分。公民行为不再只包括投票，还应包括"更多个体行为，如消费主义、社区志愿服务和跨国行动主义"等通过松散的在线关系而维持的行为（Bennett, 2007）。Bennett 指出，一些学者认为我们应该扩大公民参与的范围，要包括网络空间如博客、游戏和娱乐网站中出现的公众集体活动（如抗议、请愿等）。作为很方便就能进入的公共空间，数字世界能让人更容易地参与到同伴和社区群体中。

尽管青少年可以在学校中参与投票选举相关学生组织（如学生会），但通常不能参与州、地方和国家的选举。虽然他们未来作为成年人参与政治进程是很重要的，但现在我们只能关注他们使用技术参与社区的行为，包括参与地方、国家、甚至全球的社区（Bennett, 2007a；Montgomery, 2007）。这样的公民参与对投票和政府管理来说显得没那么重要，但是它同样能从发展意义上促进青少年建立公民身份和社会责任感（Bennett, 2007a；Montgomery, 2007），促进他们的自尊和心理健康，甚至可能有助于防止问题行为的发生（Steinberg, 2008）。接下来，我们简单地看一下技术如何影响传统公民投票和政治参与行为，以及探讨青少年如何使用互联网和其他工具加入同伴和社区。

（一）互联网、青少年和政治

互联网已经成为整体政治进程的一部分。美国在 2004 年和 2008 年的大选中创新性地使用了包括电子邮件、短信、博客和社交网站在内的多种技术形式（Montgomery, 2007；Sanson, 2008），这种做法成为提高选举投票率的关键因素。一项研究估算，2008 年美国初选开始时，在超级星期二（Super Tuesday, 2008 年2 月 5 日）发送短信提醒选民投票的做法，使得目标样本中的投票率升高了 4.1%，而在选举日前一天发短信仅提高了 2.1%（New Voters Project, 2008）。事实上，在2008 年美国大选中，技术可能对促进青年选民投票方面发挥了作用——据公民学习与参与信息和研究中心（Center for Information and Research on Civic Learning and Engagement）提供的数据，18—29 岁之间的选民投票人数比 2004 年增加了 220万（CIRCLE, 2008）。很显然，技术吸引了年轻成年人对选举的兴趣，青年人似乎也相信利用互联网能提高个人的政治权力。图 6.1 中的数据显示了受访者对互联网和政治权力之间关系的认识，我们希望这些观念能促使青少年在成人之后积极参与政治和政府管理。

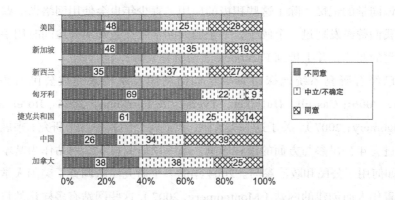

图 6.1 从 12—18 岁青少年对"通过使用互联网，人们是否能够拥有更多政治权力"这一问题的回答情况（百分数，WIP 2007）

（二）互联网、青少年与公民参与

我们首先介绍年轻人使用技术进行公民参与的一些典型的、全新的和创造性的方式。为了让读者真正了解青少年在生活中所做的事情，我们会介绍两个有趣的事例。当然，我们并非暗示这种事情在青少年中是常见的，这些只是用于说明青少年如何利用互联网创造机会去加入同伴和大型社区。

在我们之中，有一位作者的两个孩子正处于青少年期和初显成人期，所以头脑中对青少年使用技术工具的情况有所了解。比如他们会通过 Facebook 跟同学交流，有时这些应用会产生积极影响，有时候则并非如此。两年前，这个作者的儿子初中毕业后，被一所高中的暑期"艺术集训课程"录取了。由于这只是他的第四个志愿，他跟我们一样都很失望。但因为是暑假期间，我们没有办法直接了解这个选择是否真如我们想得那么糟糕。这位作者的大女儿刚刚从同一所高中毕业，她在 Facebook 上发布了一个求助信息，希望得到更多信息，如难度等级、需要达到的要求等。在几个小时之内，她就收到了超过 10 个曾经参加过该艺术课程学生的回复，这些信息让我们确认，该课程的确跟儿子所担心的那样是个糟糕的选择。对我们来说，这个事件有个很好的结束，从 Facebook 上获得的信息帮助儿子下定决心改变志愿。我们还观察到，青少年会使用 Facebook 发布参与社区服务的通知、即将举行的学生集会和其他学生活动。让我们感动的是，当同伴意外死亡时，青少年还会使用 Facebook 创建 RIP（（Rest in Peace，安息）小组，分享彼此对该同学的记忆。除了这些积极的应用，青少年也会使用网络做一些不好的事情。我们曾经发现过一个例子，一个胆大的学生在老师离开房间时用手机拍了考试试卷的照片，并上传到 Facebook 上给所有人看。

已经有研究系统地探讨青少年如何利用互联网来完成公民行为（Bers & Chau，2006；Cassell，Huffaker，Tversky & Ferriman，2006；Ito et al.，2007；Montgomery，2007）。关于这一类文献，我们将介绍其中三个研究，来展示互联网在促进青年公民参与方面的潜在影响。第一项研究显示，网站作为基本的在线工具，如何用于公民和政治参与。2004 年的一个研究团队调查了美国大学中 300 多个为青年人而创建的网站（Montgomery，2007），这些网站有多样化的目的（介绍明尼苏达州圣保罗大学的公共艺术、消灭仇恨、同性恋问题和环境问题等）、目标受众（针对一般的受众群体，或有特定的受众如城市和农村青少年等），以及创造性地利用多种网络的交互功能（Montgomery，2007）[1]。Montgomery 指出，这些网站为青少年提供了表达自己和与他人交流（如民意调查、论坛、通过艺术作品和文章表达自己意见等）的在线工具，她推测，青少年可能会形成一种归属感，帮助他们加入同伴，巩固他们的自我认同，并帮助他们提高公民技能，如募捐、志愿活动、甚至联络政治领导人等（Montgomery，2007）。

除了巨大的网络资源，互联网还提供了非公开的虚拟空间，这对提高青少年的公民参与也很有意义。对此，我们介绍两个截然不同的研究：一个是对 12 个使用三维多人环境用户的案例研究（Bers & Chau，2006），另一个是对全球超过 3000 名在线社区青少年的研究（Cassell，2002；Cassell et al.，2006）。Bers 和 Chau 的这项研究是以虚拟的世界"卓拉"（Zora）为背景进行的。卓拉是一种允许用户"跟他人进行对话，方便和安全地表达想法、讲故事和根据个人意愿创造虚拟对象"的网络空间（Bers & Chau，2006），它允许青少年用户"设计并居住在一个虚拟的城市中"，并为他们从事公民活动和发表言论提供机会。公民活动包括一些在线行为，如创造虚拟形象（如蒂姆·邓肯、爱因斯坦等英雄形象，或者后街男孩，萨达姆·侯赛因等坏人形象），讲述他们的故事，以及定义共同的价值观和伦理（如平等、宽容等）并与他人分享等。公民言论包括参与者通过对话分享自己深思熟虑的观点，彼此进行协商，最终达成某种共识。Bers 和 Chau 发现，即便没有成年人的指导和监督，在探索虚拟环境时，11—17 岁的青少年们对很多公民问题提出了自己的观点，比如对平等和财富问题的看法；他们也会对很多公民

[1] 报告全文参见 Montgomery，Gottlieb-Robles & Larson，2004.

问题发表自己的观点，比如宗教、种族背景、时事、种族主义和歧视问题的解决等。这样的公民言论出现的频率是很惊人的，大概占到总谈话内容的44%。有趣的是，公民对话虽然经常出现，但是都比较简短，而且商量解决问题内容出现的频率较低，但一旦发生，这种谈论就是更广泛的，而且也是更深层的。

还有另外一个完全不同的例子：在麻省理工学院举行的在线社区初级会议中聚集了来自139个国家不同背景（社会经济地位、城市或农村、计算机使用经验等）的3062名青少年，参与者的年龄范围从9—16岁，他们是从8000多个网络应用程序中挑选出来的，其中一些青少年是以个人方式参会，也有一些是通过跟朋友组成团体或以学校班级为单位参会。这次在线社区会议关注的问题是如何利用技术使世界变得更美好。青少年成员第一次就这个问题进行了对话和讨论，并从成员中选举产生了100位领导，这些领导代表在线青少年社区参加了在麻省理工学院的会议，并会见了来自世界各地的政治和商业领导，一起探讨如何利用技术产生积极影响（Cassell et al.，2006）。Cassell指出，在没有成年人的指导下，青少年"对技术如何促进世界发展这一问题进行了辩论，提出了行动计划，投票选举出参加面谈会议的领导，并开始实施他们的计划"（Cassell，2002）。初级会议在1998年正式结束，但从1998—2002年之间，青少年参与者们交流了50000条信息（Cassell et al.，2006），Cassell（Cassell，2002；Cassell et al.，2006）指出，会议结束三年后，仍然有很多参与者们非常活跃，经常在论坛中交流，并在离线世界中履行初级会议中提出的计划。例如在2001年，一些参与者从第一国家（Nation①）[1]那里收到部分基金，用以赞助他们继续工作。截至2005年，这种在线参与行为一直持续保持了7年（Cassell et al.，2006）。可以说这次活动是相当成功的，它吸引了不同群体的青少年为了共同利益而关注一个话题，并且在坚持很久之后转化为离线世界的实际行动。

上述以研究为基础的实例证明，青少年会利用技术以意想不到的方式加入同伴和社区的活动。正如发展心理学家所说的，我们的兴趣不仅仅是描述青少年如何使用技术来实现公民参与，更是要了解公民参与和非正式在线同伴社区之间的关系。研究表明，媒体使用的确能提高青少年的公民参与和政治意识（Pasek，Kenski，Romer & Jamieson，2006）。在一项针对14—22岁个体的大样本调查中，

---

[1] 译者注：第一国家（Nation ①）是一家以由年轻人建立并管理的网络机构，目标在于建立以互联网概念为基础的虚拟国家机构，鼓励年轻人对世界发表自己的观点并参与管理（资料来自维基百科）。

Pasek 等人发现，通过网络获取信息、读书和观看电视节目等行为，与公民行为和政治意识的提高相关，其中公民行为的评估是通过询问参与者在课外是否参与志愿活动和社区服务活动。作者假设非正式媒体的使用可能会帮年轻人建立共同利益观念，促使他们为社区建设和社会资本做出贡献。从研究和前面的事例中我们可以看到，在线空间和社交网站等非正式网络可能会促进年轻人建立社会资本，促进其公民和政治参与。未来的研究应该进一步检验在线环境中的非正式同伴交流是否能促进公民投入和参与行为。

除了使用技术来创建参与社区的新型另类途径外（Bennett，2007b），青少年正在通过在线背景发展属于自己的公民参与和领导模式（Cassell et al.，2006）。Cassell 等人在对初级会议的内容进行话语分析时发现，跟我们观察到的成年领导相比，青少年领导采取了非常不同的领导风格，他们会提供很多想法，以任务为取向，并且使用有力量的语言。青少年领导还比其他人做得更多，他们的行为通常更多以群体为导向——他们会集中群体目标，更多关心组织而不是自己，并且经常综合他人的发言来帮助群体达成共识。

初步迹象表明，在线背景中公民活动的效果可能存在一些局限。Cassell 通过青少年填写的问卷结果发现，在参与在线论坛初级会议一个月之后的自我价值感水平比参与前水平高。参与在线论坛也跟"有意义的工具性活动"有更大的相关，这些活动也跟更高的自我价值感和幸福感有关。总之，参与在线青少年论坛会议似乎在短期内有积极的效果，但我们尚无法知晓这些影响能否累计和持久（Cassell，2002）。其他影响影响因素还包括青少年对公民参与的态度和信念、他们当下以及今后作为成年人的公民参与行为等。我们更关心的是，青少年参与在线同伴和社区的行为是否能转化为成人参与公民机构的行为，因为这是所有的民主制度的基石。

三、结论

既然青少年不可避免要在数字环境中遨游，所以就跟在离线生活中一样，必须让他们学会处理在线道德和伦理问题。虽然他们在保护自己的隐私行为上表现得很好，但在网络剽窃和在线盗版方面则并非如此。导致他们这种表现的因素包括：对在线伦理问题还缺乏理解、欠缺法律知识和经济条件有限等。我们相信可以通过父母、教师和法律实施等系统教育的方法来帮助他们理解这些问题。

事实上，可能更具挑战性的是，青少年对不同类型的财产有不同的道德定位。他们不把窃取数字财产看得比盗窃自行车更严重，尽管后者的价值可能比前者低。产生这种现象的原因之一可能是，通过电脑屏幕呈现的数字对象跟人的心理距离比较大。在线说谎和伪造信息可能同样跟个体本身与其行为之间的心理距离有关。由于越来越多的物理世界向虚拟形式转变，克服心理距离和提高对道德伦理问题的认识成为青少年很重要的任务。对青少年来说，技术为他们参与政治和公民活动提供了更多机会，我们期待，通过让青少年参与在线社区，能够帮助他们转变为健康的、在政治上活跃的成年人。

【参考文献】

Baumrind,D.（1991）.The influence of parenting style on adolescent competence and substance use.The Journal of Early Adolescence,11,56–95.

Bennett,W.L.（2007a）.Changing citizenship in the digital age.The John D.and Catherine T.MacArthur Foundation Series on digital media and learning,1–24.

Retrieved February 20,2009,http://www.mitpressjournals.org/doi/abs/10.1162/ dmal.9780262524827.001.

Bennett,W.L.（2007b）.Changing citizenship in the digital age.Paper presented at the OECD/INDIRE Conference on Millennial Learners,Florence,Italy.Retrieved February 20,2009,http://www.oecd.org/dataoecd/0/8/38360794.pdf.

Bennett,W.L.（2007c）.Civic learning in changing democracies:Challenges for citizenship and civic education.Young citizens and new media: Learning for democracy.New York,NY:Routledge.Retrieved September 20,2009,http://depts.washington.edu/ ccce/assets/documents/bennet_civic_learning_in_changing_democracies.pdf.

Bers,M.U. & Chau,C.（2006）.Fostering civic engagement by building a virtual city. Journal of Computer-Mediated Communication,11,748–770.

Blinka,L. & Šmahel,D.（2008）.Matching reality and virtuality:Are adolescents lying on their weblogs.In F.Sudweeks,H.Hrachovec & Ch.Ess（Eds.）,Cultural attitudes towardstechnology and communication（pp.457–561）.Australia:School of Information Technology,Murdoch University.

Blinka,L. & Šmahel,D.（2009）.Fourteen is fourteen and a girl is a girl:Validating the identity of adolescent bloggers.Cyber Psychology & Behavior,12,735–739.

Bradley,K.（2005）.Internet lives:Social context and moral domain in adolescent development.New Directions for Youth Development,108,57–76.

Carpini,M.X.D. & Michael,X. (2000).Gen.com:Youth,civic engagement,and the new information environment.Political Communication,17,341–349.

Cassell,J. (2002). "We have these rules inside":The effects of exercising voice in a children's online forum.In S.Calvert,R.Cocking & A.Jordan (Eds.),Children in the digital age:Influences of electronic media on development (pp.123–144).New York,NY:Praeger Press.

Cassell,J.,Huffaker,D.,Tversky,D. & Ferriman,K. (2006).The language of online leadership:Gender and youth engagement on the Internet.Developmental Psychology,42,436.

CIRCLE. (2008).Preliminary circle projection:Youth voter turnout up.Retrieved February 23,2009,http://www.civicyouth.org/?p=322.

Conradson,S. & Hernández-Ramos,P. (2004).Computers,the Internet,and cheating among secondary school students:Some implications for educators.Practical Assessment,Research and Evaluation,9.Retrieved October 26,2009,http://pareonline.net/getvn.asp?v=9&n=9.

Crowell,C.R.,Narvaez,D. & Gomberg,A. (2005).Moral psychology and information ethics:Psychological distance and the components of moral behavior in a digital world.In L.A.Freeman & A.G.Peace (Eds.),Information ethics:Privacy and intellectual property (pp.19–37).Hershey,PA:Information Science Publishing.

Eastin,M.S.,Greenberg,B.S. & Hofschire,L. (2006).Parenting the Internet.Journal of Communication,56,486–504.

Ercegovac,Z. (2005).What students say they know,feel,and do about cyber plagiarism and academic dishonesty:A case study.Retrieved June 10,2009,http://www.asis.org/Conferences/AM05/abstracts/42.html.

Erikson,E.H. (1968).Identity:Youth and crisis.New York,NY:WW Norton & Company.

Evans,D. & Thomasson,E. (2007).Dutch police arrest teenage online furniture thief.Retrieved February 24,2009,http://uk.reuters.com/article/oddlyEnough-News/idUKL1453844620071114.

Fields,D.A. & Kafai,Y.B. (2007).Stealing from grandma or generating cultural knowledge?Contestations and effects of cheats in a tween virtual world.Paper presented at the Situated Play,Proceedings of Digital Games Research Association 2007 Conference,Tokyo,Japan.

Freestone,O. & Mitchell,V. (2004).Generation y attitudes towards e-ethics and Internet-related misbehaviours.Journal of Business Ethics,54,121–128.

Harman,J.P.,Hansen,C.E.,Cochran,M.E. & Lindsey,C.R.（2005）.Liar,liar:Internet faking but not frequency of use affects social skills,self-esteem,social anxiety,and aggression.CyberPsychology & Behavior,8,1–6.

Harris Interactive.（2004）.Tweens' and teens' Internet behavior and attitudes about copyrighted materials.Retrieved November 20,2008,http://www.bsa.org/country/Research%20and%20Statistics/Research%20Papers.aspx.

Harris Interactive（2007）BSA and Harris youth and interactive study-Youth downloading statistics and chart.Retrieved November 20,2008,http://www.bsa.org/country/Research%20and%20Statistics/Research%20Papers.aspx.

Hinduja,S. & Patchin,J.W.（2008）Personal information of adolescents on the Internet:A quantitative content analysis of MySpace.Journal of Adolescence,31,125–146.

Ito,M.,Davidson,C.,Jenkins,H.,Lee,C.,Eisenberg,M. & Weiss,J.（2007）.Civic life online:Learning how digital media can engage youth.The John D.and Catherine T.MacArthur Foundation Series on Digital media and learning.Cambridge,MA:MIT Press.Retrieved February 24,2009,http://www.mitpressjournals.org/toc/dmal/-/1.

Jackson,L.A.,Zhao,Y.,Qiu,W.,Kolenic,A.,Fitzgerald,H.E.,Harold,R.,et al（2008）Cultural differences in morality in the real and virtual worlds:A comparison of Chinese and US youth.CyberPsychology & Behavior,11,279–286.

Josephson Institute.（2006）.The ethics of American youth:2006.Retrieved November 11,2008,http://charactercounts.org/programs/reportcard/2006/index.html.

Kini,R.B.,Ramakrishna,H.V. & Vijayaraman,B.S（2003）An exploratory study of moral intensity regarding software piracy of students in Thailand.Behaviour & Information Technology,22,63–70.

Klein,A. & Goldfarb,Z.（2008,June 15）.Anatomy of a meltdown:The credit crisis.Washington Post.http://www.washingtonpost.com/wp-srv/business/creditcrisis/.

Kone ˇcný,Š. & Šmahel,D.（2007）.Virtual communities and lying:Perspective of Czech adolescents and young adults.Paper presented at Internet Research 8.0:Let's Play （Association of Internet Researchers）,Vancouver,Canada.

Koubalikova,S. & Šmahel,D.（2008）.Fenomen lhani v prostredi internetu（Phenomenon of lying on the Internet.）.Ceskoslovenska Psychologie,52,289–301.

KRC Research.（2008）.Topline results of Microsoft survey of teen attitudes on illeagal downloading.Retrieved November 22,2008,http://www.microsoft.com/presspass/download/press/2008/02-13KRCStudy.pdf.

McGuire,J.K. &Gamble,W.C.（2006）.Community service for youth:The value of psychological engagement over number of hours spent.Journal of Adolescence,29,289–298.

Metz,E.,McLellan,J. & Youniss,J.（2003）.Types of voluntary service and adolescents' civic development.Journal of Adolescent Research,18,188–203.

Mitchell,K.J.,Wolak,J. & Finkelhor,D.（2007）.Trends in youth reports of sexual solicitations,harassment and unwanted exposure to pornography on the Internet.Journal of Adolescent Health,40,116–126.

Montgomery,K.C.（2007）.Youth and digital democracy:Intersections of practice,policy,and the marketplace.In W.Bennett（Ed.）The John D.and Catherine T.MacArthur Foundation Series on Digital media and learning（pp.25–49）.Cambridge,MA:The MIT Press.

Montgomery,K.C.,Gottlieb-Robles,B. & Larson,G.O.（2004）Youth as e-citizens:Engaging the digital generation.Washington,DC:American University.Retrieved February 23,2009,http://www.centerforsocialmedia.org/ecitizens/youthreport.pdf.

Moscardelli,D.M. & Divine,R（2007）Adolescents' concern for privacy when using the Internet:An empirical analysis of predictors and relationships with privacy-protecting behaviors.Family and Consumer Sciences Research Journal,35,232–252.

New Voters Project.（2008）.Text reminders increase primary youth turnout.Retrieved February 24,2009,http://www.newvotersproject.org/uploads/Mv/wt/Mvwt-STcFqKDlkNloOS0Onw/2008_texting_fact_sheet.pdf.

Pasek,J.,Kenski,K.,Romer,D. & Jamieson,K.H.（2006）.America's youth and community engagement:How use of mass media is related to civic activity and political awareness in 14-to 22-year-olds.Communication Research,33,115–135.

Sanson,A.（2008）.Facebook and youth mobilization in the 2008 presidential election. Gnovis Journal.Retrieved March 3,2009,http://www.gnovisjournal.org/files/Facebook-Youth-Mobilization.pdf.

Semuels,A.（2008,July 2）.In virtual worlds,child avatars need protecting-from each other.LosAngeles Times.Retrieved from http://articles.latimes.com/2008/jul/02/business/fi-kidssafe2.

Sisti,D.A.（2007）.How do high school students justify Internet plagiarism?Ethics & Behavior,17,215–231.

Steinberg,L.(2008).Adolescence.New York,NY:McGraw-Hill.

Subrahmanyam,K.,Garcia,E.C.,Harsono,S.L.,Li,J. & Lipana,L.(2009).In their words:-Connecting online weblogs to developmental processes.British Journal of Developmental Psychology,27,219–245.

Subrahmanyam,K. & Greenfield,P.M.(2008).Online communication and adolescent relationships.Future of Children,18,119–146.

Teston,G.(2001).A developmental perspective of computer and information technology ethics:Piracy of software and digital music by young adolescents.Minneapolis,MN:Walden University.

Turkle,S.(1995).Life on the screen:Identity in the age of the Internet.New York,NY:Simon & Schuster.

Turow,J. & Nir,L.(2000).The Internet and the family 2000:The view from parents,the view from kids.Philadelphia,PA:Annenberg Public Policy Center of the University of Pennsylvania.

Velasquez,M.,Andre,C.,Shanks,T.S.J. & Meyer,M.J.(2008).What is ethics.Retrieved November 11,2008,http://www.scu.edu/ethics/practicing/decision/whatisethics.html.

Yar,M.(2007).Teenage kicks or virtual villainy?Internet piracy,moral entrepreneurship,and the social construction of a crime problem.In Y.Jewkes(Ed.),Crime online:Committing, policing and regulating cybercrime(pp.95–108).Oxfordshire:Willan Publishing.

Youn,S.(2005).Teenagers' perceptions of online privacy and coping behaviors:A risk-benefit appraisal approach.Journal of Broadcasting & Electronic Media,49,86–110.

Youn,S. & Hall,K.(2008).Gender and online privacy among teens:Risk perception,privacy concerns,and protection behaviors.CyberPsychology & Behavior,11,763–765.

第七章 互联网使用和幸福感：对身体和心理的影响

在前面的章节中，我们探讨了现代科技与青少年自身发展之间的交集，包括了现代生活中所面对和需要处理的各种挑战和问题。在接下来的几个章节里，我们将调整角度，来了解各种技术的实际应用过程中的交互产物。本章节就深入考察了青少年在线活动是如何影响个体幸福感的。互联网使用能够造成青少年肥胖吗？青少年会因为过多的在线互动而造成睡眠缺乏吗？以计算机为媒介的沟通缺乏创造力，这会造成更差的人际关系吗？互联网使青少年变得抑郁和孤独吗？在网络世界与陌生人过多的交谈会降低青少年的幸福感吗？在本章节，我们将围绕青少年的身体和心理幸福感进行介绍和讨论。

一、互联网影响的认识

自从媒体出现的那刻起，媒体是如何影响青年人这一主题便孕育而生。该领域的研究可以用媒体效应模型（media effects model）来进行描述（见第二章），包括媒体对使用者态度和行为的影响等。而互联网作为新兴的媒体类型，也会像电视和视频游戏一样对使用者产生影响，其中一个影响机制便是在线时间的使用。这一概念指出，在线活动不仅包括了互联网使用的时间，还应涵盖其他活动停止所需要的时间。我们可以用"替代假说"（displacement hypothesis）予以解释，即时间的有限性表明互联网使用所需要的时间是以其他活动的取消为代价的（Nie & Hillygus，2002）。

对于青少年来说，互联网的使用往往替代了睡觉、体育运动（例如比赛）、现实生活中面对面的社会互动等活动，占据了大量的时间。第二种影响机制涉及在线互动和交流的特点。正如第一章节所描述的，互联网凭借屏幕产生互动，虽然拥有文本交谈，但是缺乏重要的面对面信息，诸如手势、眼神和肢体语言等（Greenfield & Subrahmanyam，2003）。因此，互联网在线互动往往被看做是"虚假"（artificial）、"糟糕"（poor）或者"乏味"（impoverished），将会产生社会学家所描述的"弱联系"（weaker ties，Granovetter，1973；Subrahmanyam，Kraut，Greenfield &Gross，2000）。所以，一些研究者推测，这种互联网驱动的弱联系最终会导致心理幸福感的降低（Kraut et al.，1998；Subrahmanyam & Lin，2007）。

第三种影响途径则来自于巨大的、虚拟的、无止境的、可以在任何时间地点容易获取的互联网信息。人们在日常生活中获益于这些网络平台所提供的丰富信息内容，例如完成学习作业、解答健康疾病等问题（见第八章），以及一般信息需求（工作、实习、职业、社区活动等）。不幸的是，互联网也充斥着具有潜在危害的信息内容，比如攻击性、恶意、色情网站等，这严重影响着青少年的健康成长。在余下的章节，我们将深入探讨前两种影响机制，因为互联网活动不仅代替了身体和社会活动，而且将高质量的面对面活动替换为低质量的在线社会活动，所以值得深入探讨互联网对人们身体和心理幸福感的双重影响。此外，我们还单独讨论了信息内容效应：第三章涉及网络色情，第八章介绍了互联网使用对青少年健康疾病的影响，第十章聚焦于暴力、仇恨及其他互联网问题内容的讲解。

二、对身体健康的影响

为了理解青少年在线行为对身体健康的影响，我们需要重点考虑青少年的身体发展变化，以及网络技术对这些改变可能产生的影响。青春期的生理变化包括身高和体重的增长以及第二性征的出现（例如胸部发育、面部和身体毛发变化等），这将导致性成熟（Tanner，1978），并最终形成为接近于成年人的身体。青少年生活的各个方面都会对不可避免的体重增长产生调节作用，包括增加或减少身体活动水平（例如参与或退出有组织的体育活动），或者增加久坐的宅居活动，比如看电视和上网。

青春期的生理变化也体现在睡眠类型上，这被专家称作"延迟阶段偏好"（delayed phase preference），具体表现为年长青少年的晚睡晚起现象（Carskadon，Vieira & Acebo，1993）。因为美国高中的课程开始于清晨，所以青少年的睡眠时间将会严重缩短，同时，青少年在周末时会更加晚睡晚起以弥补一周内形成的长期睡眠不足（Tarokh & Carskadon，2008）。此外，灯光和大众媒体也会造成青少年的晚睡习惯，我们将在之后的篇幅中继续介绍技术使用与青少年睡眠类型的关系。总而言之，与电视、电脑以及电子游戏类似，互联网同样会对用户的身体健康产生直接和间接的影响（Subrahmanyam，2010；Subrahmanyam et al.，2000）。

（一）直接效应

根据调查结果，研究者发现，电脑和视频游戏的使用与伤病和生理反应的变化存在关联，比如心率等（Subrahmanyam et al.，2000）。我们预计，互联网使用同样会带来潜在的伤害并影响各种生理唤醒。

1. 身体伤害

过多地参与电脑游戏所造成的肌腱炎被称作"任天堂炎症"（Nintendinitis，泛指玩任天堂"Nintendo"游戏造成的疼痛，Brasington，1990），这是由于在游戏过程中重复地按键而造成的右手拇指伸肌肌腱炎症。而长时间的互联网使用同样会给青少年的眼睛、背部以及手腕造成伤害，他们在成年时将会饱受这些部位疼痛的折磨（Mendels，1999）。随着笔记本电脑的流行，青少年使用互联网的年龄越来越小，大人们应该在早期教会他们安全的使用方法和预防措施，比如适时的休息、合理放置电脑设备等。另外，大量重复的信息发送也会导致手指的各种疼痛和炎症，被称为"短信腱鞘炎"（texting tenosynovitis）或者"短信拇指"（text-messenger's thumb，Storr，de Vere Beavis & Stringer，2007，见图 7.1）。而开车过程中发送信息往往会酿成致命车祸，这必须受到广大手机互联网用户的高度关注。

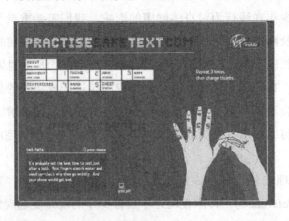

图7.1　安全发送信息练习的屏幕截图（来自 www.practisesafetext.com）

2. 生理唤醒

一般意义上的生理唤醒是指呼吸、心率、血压等生理指标发生变化时的身体反应。根据唤醒理论，媒体诱发的唤醒会产生激励效应（energizing effect），将导致儿童出现烦乱、坐立不安等行为（例如与同伴游戏活动时，Valkenburg，2004）。另外，能够激发身体唤醒的媒体特征包括暴力内容、大量肢体动作、快速的节奏以及响亮的音乐等。一项元分析指出，个体暴露在暴力视频中能够提高其自身的生理唤醒水平（Anderson & Bushman，2001；Anderson，2004），包括舒张 / 收缩压、心率等各类指标。虽然有关青少年使用互联网时的生理唤醒研究仍旧比较缺乏，但是研究者们相信两者之间应该存在密切关联。某实验人为地将大学生分为模拟 / 压力组（有限时间内完成 GRE 试题）和无聊组（在鞋带上穿金属圈），结果显示，无聊组学生在上网时会处于更加兴奋的状态，浏览的网站也更多（Mastro，Eastin & Tamborini，2002）。

另一个实验发现，互联网下载速度也会影响生理唤醒（皮肤电），这种直接效应会随着图片内容的下载发生变化（Sundar & Wagner，2002）。对于高唤醒图片（性爱）来说，更慢的下载速度会导致更高的唤醒水平，这可能是由于期待的作用；而对于低唤醒图片（花）来说，更快的下载速度带来更高的唤醒水平。下载速度等新媒体的非信息特征同样能够造成使用者的生理变化，这值得研究者们的进一步关注。虽然以上两个实验的参与者都是大学生，但是我们有理由相信，这种效应同样会存在于青少年身上。技术—诱发唤醒（Technology-induced arousal）源自于青少年的晚睡习惯和睡眠缺乏，我们将在之后的章节中深入探讨这一主题。总之，为了进一步了解青少年互联网唤醒的短时效应（例如睡眠）和长时效应（持久的高唤醒状态），研究者需要开展更多的实证研究。

（二）间接效应

根据先前提及的替代假设，在线时间将会替换其他各种重要活动，因而可以间接影响身体健康。我们将在这一部分内容中介绍两种潜在的间接效应，即肥胖和睡眠减少。

1. 互联网使用和肥胖

青少年的肥胖人数逐年增加，引起了越来越多研究者的注意。2003—2006 年间，美国有 31.9% 的儿童和青少年（2—19 岁），他们的身体质量指数（BMI）在同年龄组中高于或等于 85 分位（百分位），其中更有 16.3% 高于或等于 95 分位，被视作肥胖群体（Ogden，Carroll & Flegal，2008）。这一研究数据来自于 2003—2004、2005—2006 年美国全国性的健康和营养检查测量（NHANES，National Health and Nutritional Examination Survey）。此外，根据 CDC 的研究结果我们发现，尽管美国青少年的肥胖比例在近几年内并没有增加，但是该群体的肥胖总人数却是 20 世纪 70 年代（5%）的 3 倍（Centers for Disease Control and Prevention，2004）。肥胖给青少年的身体健康埋下了潜在隐患并能够诱发各种疾病，例如高血压、关节炎、2 型糖尿病、中风以及胆囊炎等。因此，青少年的肥胖问题需要引起公共健康部门的高度关注。在寻找青少年高肥胖率的原因时，研究者认为，现代媒体所带来的静坐生活方式、递增的快餐食物消费以及递减的体育活动（例如中学体育课时的减少）等，都能够促进肥胖的产生（Kaiser Family Foundation，2004）。关于媒体对于肥胖影响的研究还十分有限，虽然研究结论已经受到肯定，但是绝大多数研究对象是电视媒体，只有极少数的研究考察了电脑、游戏视频甚至是互联网等新兴媒体的作用。在回顾完电视媒体所带来的肥胖现象之后，我们将进一步讨论电脑和互联网可能产生的影响。

在总结了涉及肥胖主题的 40 多篇文章后，Kaiser 于 2004 年发表了一篇综述性报告，他在文中指出，过多使用现代媒体的青少年更为肥胖。需要注意的是，这篇报告并没有对电视媒体和其他不同种类的媒体研究进行区分。其中，电视可以代替其他类似的静坐活动，却不能替换体育活动。因此，那些较少观看电视的青少年也有可能伴随着其他类似行为的减少，例如电话聊天、下棋或者读书，这表明电视不能替代其他更有挑战性的身体活动，所以对肥胖也没有直接影响。然而，该报告也对那些分析了电视内容（例如食物广告）的研究进行了探讨，发现青少年长期暴露在电视广告中，一年观看的广告数量多达 40000 次（Kunkel，2001）。这些广告的主题绝大多数为快餐食品、碳酸饮料或者曲奇等非健康食物。Kaiser 进一步做出总结，数量繁多的食品广告会影响青少年的饮食选择，他们无从知晓哪种食品对人体健康才是更加有益的。因此，媒体内容可能会造成青少年肥胖率的提高，例如电视食品广告。与此同时，关于肥胖的媒体研究还存在另外一个非常有趣的可能性，即青少年观看的电视内容中也充斥着大量的抗肥胖信息（例如身体锻炼和健康饮食的信息）。

学者们关于青少年、肥胖以及视频游戏、互联网等现代媒体技术之间的交互作用研究还十分稀少。其中，从流行病学的调查数据来看，青少年在其成长过程中表现出两大趋势，即精力充沛的体育活动逐渐减少，而休闲时对电脑的使用则逐渐增多（Nelson，Neumark-Stzainer，Hannan，Sirard & Story，2006）。另外，瑞士的研究人员对 922 名小学儿童进行了环境因素和肥胖状况（以 BMI 和皮脂厚度为标准）调查，结果发现了媒体使用与肥胖有着密切的关联（Stettler，Singer & Sutter，2004）。具体来说，除了电脑游戏、观看电视所花费的时间以外，研究中所涉及的其他潜在环境因素还包括体育活动、兄弟姐妹的数量和双亲的吸烟和工作状况等。从结果来看，相比于其他变量，参与电脑游戏、观看电视所花费的时间与肥胖之间有着更为紧密的联系。

这样看来，青少年上网行为的静坐本质似乎与肥胖的流行并无关联。Schneider，Dunton 和 Cooper（2007）指出，青少年的肥胖是由于能量的摄入和支出发生失衡造成的。而替代假设所解释的也正是能量支出部分的平衡——如果互联网使用替代了传统的体育活动，那么它将间接影响青少年的能量支出，进而促成肥胖。为了探究能量支出与肥胖的关系，研究者对 194 名 14—17 岁的女性青少年进行了调查，内容包括体育活动、电视和互动式媒体的使用，以及各种身体状况指标（体脂百分比和 BMI）。结果发现，视频游戏、网络冲浪等互动式媒体的使用与女性青少年的体脂百分比和 BMI 等身体状况指标有着密切联系，而且这一显著相关在控制了体育活动和心血管指标后依然存在，这暗示了互联网使用所引起的体育活动减少可能不是一种中介机制。

那么，能量摄入又是怎么样的呢？Kaiser 在报告中推测，电视在能量平衡方程中的摄入部分扮演着重要的作用。然而与电视不同，我们在使用互动式媒体的时候通常需要两只手，所以增加的能量摄入并不会影响媒体与体重的关系。相反地，Schneider 等人认为"非运动性活动产热"（non-exercise activity thermogenesis，NEAT）起到了重要作用——"互动式媒体的使用时间增加将会导致 NEAT 的减少，并进而带来体重的增加"（P2334）。因此，为了降低肥胖风险，人们在干预时不但需要增加体育活动，而且也需要降低互动式媒体的使用。另外，研究者还指出人们的 NEAT 可能存在基因差异——因而不同个体对于互动式媒体的使用所带来的体重变化也会有所不同（Schneider et al.，2007）。

我们应该记住，青少年在使用互动式媒体时往往处于多任务并行状态，同时也需要在研究中关注不同类型的媒体对于肥胖形成的作用差异。Schneider 等人在研究中对比了电视和互动式媒体对肥胖的影响，结果发现电视媒体的影响效果并不明显。此外，他们还注意到了互动式媒体使用的多任务并行特点，但是因为该研究的参与者都为女性青少年，所以研究结论的推广还有待进一步考证。然而，这一研究给予了这样的提示，互动式媒体的使用与身体状况存在关联，这并不是因为它替代了体育活动，而是因为它改变了人们身体的基本加工过程。当我们在考察互联网对于青少年心理和社会幸福感的影响时，同样需要牢记这一观点。

2. 技术和睡眠类型

在这一章节开始部分，我们提到过年龄稍长的青少年因为昼夜节律发生变化而开始晚睡的现象。而且，在1974—1993年间，青少年的入眠时间逐渐变晚而起床时间则并无变化，进而导致睡眠时间的减少（Iglowstein, Jenni, Molinari & Largo, 2003）。从某种程度上来讲，这是由于电视、视频游戏以及互联网可以在深夜里使用所造成的。例如，比利时2004年的一项关于2546名青少年的研究就发现，那些寝室里有电视的学生往往入睡较晚，在周末起床也较晚。那些在平日里有着更多上网行为的青少年同样睡得很晚，他们总体睡眠时间不足，感觉身体更为疲劳（Van den Bulck, 2004）。在该研究中，只有很小一部分的青少年可以在寝室上网，但是随着互联网的进一步普及，我们有理由相信，这一新兴媒体会跟电视一样对青少年的睡眠状况产生影响。

另外，部分青少年的上网工具以移动设备为主，他们对于手机等设备极其依赖，甚至在洗澡和睡觉时都不离身，这将严重影响他们的睡眠质量（Vanden Bulck, 2003）。一个名为"无限制青少年研究"（Teenage Research Unlimited）的研究机构在一项在线调查中发现，有近1/4的青少年情侣会在午夜至清晨5点之间用手机、短信等形式与另一半进行在线互动。更令人惊讶的是，其中有1/6的青少年情侣会在深夜这段时间里保持高频率联系，平均每小时大于或等于10次（Teenage Research Unlimited, 2007）。其中，夜里关灯后继续使用手机的青少年有着更高的疲劳感，且这种联系可以持续一年之久。而只有少于40%的青少年报告称他们在关灯准备睡觉后未曾使用过手机（Van Den Bulck, 2007）。除了导致青少年晚睡以外，互联网和移动电话的使用还能够提高个体的唤醒水平，我们也已经在之前的内容中讨论过这一主题了。

先前的研究表明，互联网和其他移动技术可能推迟青少年的就寝时间，并最终导致夜晚的睡眠剥夺和白天的过多瞌睡。这种长期的睡眠缺乏并非没有代价，有些时候影响可能较小，但有些时候可能会带来严重的甚至是致命的后果。具体而言，长期的睡眠缺乏与情绪管理障碍、学习和记忆障碍、迟到或旷课等糟糕的学习表现、冲动冒险以及物质滥用等行为之间存在密切关联（Fredriksen, Reddy,

Way & Rhodes，2004；Tarokh & Carskadon，2008）。此外，对于 16—24 岁的青少年来说，疲劳驾驶是摩托车驾驶的致命风险因素之一（Zhang，Fraser，Lindsay，Clarke & Mao，1998）。Tarokh 和 Carskadon 对 16—25 岁的摩托驾驶员进行了调查，结果发现，超过 50% 的摩托车祸是由于疲劳驾驶造成的（Tarokh & Carskadon，2008）。因此，考虑到以上这些潜在危害，我们应该鼓励青少年在就寝前关掉手机或者放在卧室以外的房间充电。同时，家长也应给予合适的监管以减少网络对青少年睡眠的影响。

三、对心理幸福感的影响

除了身体状况的变化以外，青少年还需要面对一些社会性的变化，尤其是他们与同伴、父母的关系以及逐渐增加的自主权（见第五章）。其中，"孤独感"正是这些变化的产物之一，它在整个青少年时期都较为普遍和强烈（Brennan，1982；Woodward & Frank，1988）。众多研究显示，青少年的孤独感与他们的同伴关系（Degirmencioglu，1995；Storch，Brassard & Masia-Warner，2003；Valas，1999）、自尊、家庭优势以及母亲—青少年亲子沟通存在密切关联（Brage，Meredith & Woodward，1993）。在这些影响因素中，同伴关系在青少年的成长过程中变得越来越重要，直接影响着他们的幸福感。那些有着紧密友谊网络、与同伴保持良好互动的青少年，他们往往具有更少的孤独和抑郁并获得到更多的同伴支持（Degirmencioglu，1995）。而幸福感的另外一个指标——自尊水平，尤其是气压式自尊（barometric self-esteem）在青少年时期将会呈现波动（Rosenberg，1986），它能够改变同伴关系（Bukowski，Newcomb & Hartup，1996；Hartup，1996），也会影响他人对自己的尊重和支持（Harter，1985）。自尊与孤独感之间也存在密切相关，自尊水平较低的个体有着更多的孤独感体验（Brage et al.，1993）。此外，他人所提供的社会支持对人们的心理幸福感也十分重要（Raja，McGee & Stanton，1992；Sarason，Sarason & Pierce，1990），尤其对处于成长变化中的青少年群体来说更是如此（Kef & Dekovic，2004）。

正如之前所证实的，青少年的幸福感会受到诸多因素的威胁。虽然并不是每个青少年都会处在风险中，但是进一步考察现代技术对青少年幸福感的影响还是非常有必要的。按照我们先前所描述的两类影响机制，互联网使用将会替代"真实的交往"（real interaction），并造成青少年同伴和家庭纽带的弱化。研究表明，相比于亲密联系，这种弱联系将会造成社会支持的降低。因此，互联网使用可能会形成较弱的社会关系，进而导致幸福感的降低，并带来抑郁、孤独等问题。

来自卡耐基梅隆大学的 Kraut 及其同事开展了具有重要意义的"家庭网络研究"，这一研究报告刊登于《美国心理学家》（"American Psychologist"）期刊上（Kraut et al.，1998），文中所阐述的观点引起了公众、学术和非学术机构的广泛争论。即使该研究并没有聚焦到青少年身上，它对于互联网与幸福感关系的思考还是给后续的青少年研究者带来很多启示。

从 1995—1998 年，研究人员对匹兹堡地区的 93 户拥有互联网的家庭（208 名成年人和 110 名儿童或青少年）进行了调查。收集数据的途径包括家庭访问、周期性问卷和记录上网频率的软件系统。总体来看，互联网的过多使用和社会参与（家庭沟通和社会交往规模）的减少以及孤单、抑郁的增加存在显著相关。而对于青少年群体来说，互联网的过多使用也与社会支持的减少存在密切关联。

该研究言论尚存在争议，尤其是因为控制组（没有互联网对照组）的缺乏、机会样本的选取以及社会和心理幸福感的特殊测量方法而饱受诸多研究者的诟病。于是，在完善了研究设计之后，追踪研究的结果澄清了最初的发现（Kraut et al.，2002）。首先，研究者对先前研究中的 208 名参与者进行了追踪调查，结果显示，互联网的使用可以给人们的生活带来积极效果而非之前所描述的消极效果。其次，在对比了 406 名新的电视和电脑使用者之后，研究者证实了互联网的使用对人们的社会/心理幸福感、社会交流等方面都有着积极的促进作用。最为重要的是，他们还发现互联网使用产生的积极效果因人而异，对于那些拥有更多社会资源的个体来说，例如外向型或者有着更多社会支持的人群，他们在使用互联网时能够获得更多的利益。具体来说，外向型比内向型个体有在社区参与机会和自尊水平上更有大提升，他们的孤独感、消极情绪以及时间压力感受都普遍较低。同样的，那些报告称有着更多社会支持的个体，他们的互联网使用情况与更和谐的家庭沟通以及更熟练的计算机技能相关联。对于以上结果，Kraut 等人称之为"富者更富模型"（rich-get-richer model），即那些在现实生活中占据更多社会资源的个体在网络上也能够获取更多的利益。当人们受益于互联网使用时，成年人和青少年所获取的利好也各不相同。其中，当互联网使用增多时，成年人的"面对面沟通"机会也将增多，他们与远距离的朋友也会有着更紧密的情绪联系；青少年则能获取更多的社会支持并且拥有更为和谐的家庭沟通模式（Subrahmanyam，Greenfield，Kraut & Gross，2001）。

最初的"家庭网络研究"已经过去了较长时间，飞速发展的互联网媒体也早已今非昔比，无论是从用户规模上还是产品技术应用上都发生了引人注目的变化。然而，有关互联网使用和幸福感关系的研究仍然是人们关注的焦点。尽管该领域的研究至今已有 10 多年的历史了，但是研究者还只是初步了解了青少年互联网使用与幸福感之间的关系。另外，除了在线时间耗费，这一复杂的关系还可能受到其他因素的中介调节，这值得进一步深入研究。

（一）并非都是时间

互联网使用多长时间才可能促进幸福感产生？或许这正是研究者们最头疼的问题。在"家庭网络研究"中，互联网使用时间越久，青少年的幸福感越低，而且拥有更差的社会关系（Kraut et al., 1998）。但是追踪研究却发现，在线使用时间与社会交往之间并无密切相关，包括本地和远距离社交圈的规模以及面对面交流的次数等（Kraut et al., 2002）。与此相反，Mesch 则在研究中发现，以色列用户的互联网使用频率越高，他们所拥有的亲密朋友却越少（Mesch, 2003）。另外，其他一些研究也并没有找到青少年的互联网使用时间与他们特质性或日常性幸福感（Gross，Juvonen & Gable，2002）以及孤独感之间的联系（Subrahmanyam & Lin，2007）。

在早期的研究中，研究者单纯地将上网时间当做互联网使用的标准，这是造成研究分歧的原因之一。"家庭网络研究"使用专门的软件自动记录用户的使用时间，但是该方法引起了用户"隐私"的争论而且耗资巨大，所以后来鲜有研究会采用此方法去测量上网时间。现在的大部分研究都会让用户直接估计自己每天的平均上网时间，这种方法可以获得最大的近似值，但是却受限于主观意愿、估计偏差和记忆偏差。我们在自己的研究中（Subrahmanyam & Lin，2007）就发现了这样的弊端，例如用户给予的答案并不可靠，有时候从数学统计的角度来看也存在问题，因而无法准确获取青少年每周的上网天数以及每天的上网小时数。Gross等人（2002）所采用的方法可以从一定程度上解决该问题，他们要求用户书写互联网使用日志，为期 3 天。但是，通过日志形式来测量上网时间，研究人员并没有发现互联网使用与幸福感之间存在关联。另外一个研究挑战是多任务并行环境下上网时间的测量估计。即使研究人员使用软件来跟踪用户的上网状态，他们还是没有办法估算某一用户在同一时间内对不同网络应用程序的真实关注程度。因此，我们确实需要赋予"互联网使用"新的操作定义，寻找和发展新的测量方法和研究范式，而不仅仅局限于对"上网时间总数"的估计。

（二）在线活动重要吗？

早期研究并没区分互联网使用的不同种类对青少年的影响，而这一主题的提出将会造成互联网研究趋于复杂。例如，青少年使用电子邮件和聊天室与同学朋友进行交流可能带来幸福感的提升；从网页上获取体育、音乐或者电影等资源信息却可能对幸福感影响不大；而那些网络色情素材甚至可能对青少年的幸福感产生威胁。虽然这只是我们列举的极端例子，但是却表明了这样一个观点，如果互联网使用的内容并不比在线时间重要，那么无论人们如何使用互联网都是一样的。

事实上，一项针对 161 名 18—25 岁人群的研究发现，对于年龄较大的男性青少年和处于成年初期的男性用户来说，更多地使用聊天室、浏览网页和游戏将会造成更高的社会性焦虑水平，而女性群体则没有这一特点（Mazalin & Moore，2004）。另外一项涉及 11—16 岁（M = 12.8 岁）青少年的大样本（N = 2373）调查研究也发现类似的研究结果，在线聊天时间与抑郁水平存在显著相关（Sun et al.，2005）。然而，德国研究人员在对 663 名 12—15 岁的学生进行了 2 阶段的纵向研究后却给出了并不相同的研究结论（Eijnden，Meerkerk，Vermulst，Spijkerman & Engels，2008）。与非沟通使用形式相比，例如信息查询、网上冲浪等，一些沟通使用形式与幸福感的某些方面存在关联。具体来说，即时通讯的使用与抑郁存在显著的正性相关，与孤独感则无明确关系；电子邮件、在线聊天室的使用与抑郁和孤独感均不相关；第一阶段的即时通讯使用频率与第二阶段（6 个月后）的抑郁水平依然存在显著正相关。

以上的相反结果可能是因为研究是在不同国家开展所造成的，这意味着在不同的时间、地点，将会有不同的应用程序流行于网络世界。因此我们可以推测，不同背景下的人群会以不同的方式使用着不同的互联网应用程序。举例来说，美国的互联网用户往往更喜欢在聊天室与陌生人进行交流，而较少选择即时通信等其他网络沟通方式。此外，谁是那个你愿意使用不同交流工具与之互动的人？对于这个问题，鲜有研究可以给出答案。因此，研究的关键变量不是应用程序的特殊性,而是这些用户在网络世界里做了什么,以及他们将在特殊的数字语境中与谁互动。年轻人互联网安全调查(Youth Internet Safety Survey)在某种程度上回答了这一问题。该研究从 1999 年秋天开始到 2000 年春天结束,是一项涉及 1501 名 10—17 岁青少年的全国性电话调查(Ybarra,Alexander & Mitchell,2005)。结果显示,那些报告称有着抑郁症状的青少年更可能在互联网平台上与陌生人互动。事实上,80% 拥有抑郁症状的青少年和 62% 表现为轻微抑郁症状的青少年有着更多与陌生人在线沟通的经历,相比之下,只有 52% 没有抑郁症状的青少年自称曾经与陌生人进行过在线互动。当然,我们无法知道这些人是因为与陌生人沟通而变得抑郁,还是因为他们本身就有抑郁倾向而乐于在互联网平台上寻求支持。然而,先前提到的德国纵向研究在检测了"替代因果模型"(alternative causal models)之后发现,青少年的抑郁水平与 6 个月之后的在线沟通频率并无显著相关。总之,以上研究可以给予我们这样的启示,青少年的在线沟通对象可能决定着在线活动与他们自身幸福感的关系。

考虑到沟通就像是一条双向道,青少年在线互动的质量和本质将会影响他们在沟通中所得到的东西。这一结论来自于 Valkenburg 及其同事的一项大型调查研究。该研究对 881 名德国青少年进行了调查,内容包括可以与熟人或陌生人互动的社交网站、自尊和幸福感水平,旨在考查社交网站(CU2)的使用对青少年自尊和幸福感的影响(Valkenburg,Peter & Schouten,2006)。研究者使用了结构方程模型(基于各种潜变量、显变量构建因果关系的一种高级统计方法)对数据进行分析,结果发现,社交网站上的留言反馈将会影响青少年的自尊水平,即积极反馈与高自尊显著相关,而消极反馈则与低自尊显著相关。此外,在构建的模型中还包括其他两个变量,分别是反馈频率和朋友数量,它们与自尊水平并无显著相关。

只有很少一部分青少年(7%)报告称自己经常会收到消极反馈。对他们来说,社交网站的使用会带来自尊水平的降低。由于研究人员并没有检测替代模型,所以我们也无法知道是消极反馈造成了自尊水平的降低,还是低自尊促使个体将反馈视作消极进而陷入恶性循环的深潭。不管结果如何,该研究还是给我们带来了重要提示,青少年在线互动的质量可能中介调节着互联网使用对幸福感的影响。

(三)用户特质重要吗?

早期研究的一个潜在假设是,如果忽略了用户的自身特质,那么互联网使用对任何人来说效果都是一样的。这也是第二章中介绍的"媒体效应模型"(media effects model）的基本前提。然而，同样在第二章中提及的"结构共建模型"（co-construction model）则指出，用户各自的本性和成长历史会决定他们在互联网上做什么。迄今为止，越来越多的证据显示，用户的特质可以中介调节青少年在线行为与幸福感的关系。2002 年"家庭网络研究"的追踪调查结果就表明，互联网使用可以减少外向型青少年的孤独感，但对内向型青少年却不适用（Kraut et al., 2002）。这一发现告诉我们，那些拥有更多现实社会资源的人们，例如外向型人格，他们可以把自己的优势带到互联网世界中从而提升幸福感。这些可感知到的资源，特别是在线资源，对用户的幸福感有着重要的影响。一项关于洛杉矶城市地区青少年的调查显示，电子邮件使用以及在线时间总数与孤独感之间没有显著相关，但是用户的性别以及青少年对于在线友谊的知觉却能够显著预测孤独感，例如男性青少年有着更多的孤独感（Subrahmanyam & Lin, 2007）。具体来说，那些自己认为可以从在线伙伴身上获得需求满足的青少年，其孤独感水平往往较高。虽然较少的"现实生活支持"可能引起这种情况的发生，但是还没有证据显示互联网使用与可感知的离线资源支持有着密切关联（例如父母和离线亲密伙伴）。我们也需要清晰地认识到，该调查正好发生于聊天室流行而即时通讯刚刚起步的阶段，因此，许多用户更有可能在虚拟网络世界建立属于自己的非离线友谊。此外，由于这只是一个相关研究，人们没有办法判断孤独感和在线友谊的形成谁更早发生。所以，我们不能排除孤独人群有着更为积极的在线友谊寻求行为，他们将会在有需要的时候对朋友有所依赖。

接下来，我们将介绍两项关于互联网使用和幸福感关系作用方向的纵向研究。虽然这些研究并未专门涉及青少年人群，但是我们会摘取相关内容予以讨论。Bessière，Kiesler，Kraut 和 Boneva（2008）对 1222 名成年人进行了为期 6—8 个月的调查，小于 19 岁的人群占其中的 15%。研究结果表明，虽然在线总时间与幸福感的变化没有显著相关，但是使用网络平台结交新朋友或参与娱乐活动都可以带来抑郁水平的降低，不过这只对拥有更好社会资源的群体有效果。该研究中的社会资源测量变量包括人际活动、成员资格、社交网络规模、社区参与、可感知的社会支持、外向型和羞怯。另外一项研究由 Steinfield，Ellison 和 Lampe 等人主持完成，他们对密歇根州立大学的学生进行了长达两年的跟踪调查，旨在考查脸谱网（Facebook）的使用、社会资本和自尊之间的关系。社会资本是指个人借助于社会关系积累而成的资源，其中，研究者将关注来自于弱联系的桥接型社会资本（bridging social capital）。研究数据显示，脸谱网的使用将会导致桥接型社会资本的获取。但是更为重要的是，那些低自尊的学生可以通过脸谱网得到更多的社会资本（Steinfield，Ellison & Lampe，2008）。从严格意义上来说，社会资本并不能代表心理幸福感，但是却与自尊、生活满意度等幸福感内容密切相关（Bargh，McKenna & Fitzsimons，2002；Helliwell & Putnam，2004）。

乍眼一看，这两项研究的结果互相矛盾，但是 Bessière 等人的研究有两点值得我们进一步关注。第一，他们的研究在 2001、2002 年完成，此时尚没有出现社交网络平台，应用互联网去接触新朋友将会影响个体的抑郁水平。而密歇根州立大学研究中的脸谱网，则允许用户创造一个巨大的、有着明确分层的现实朋友网络交际圈，例如大学社区、高中、家庭或者亲友等。第二，参与者的年龄跨度较大，年轻的用户可能有着不同的互联网使用偏好，也可能从网络平台中获得不同的益处。忽略以上的差异，我们可以从这些研究中提炼出两个基本结论：（1）互联网给人们提供了扩展自己社交网络圈、社会关系和自身幸福感的独特机会；（2）人们从这些机会中获取的帮助不尽相同，往往取决于其他变量，例如用户的个人资源（自尊等）或者关系寻求的类别（在互联网平台搜寻陌生或者熟悉朋友，例如大学社区）。

（四）对幸福感的短期影响

大部分涉及互联网与幸福感关系的研究都基于以下两个假设：第一，在线交流将会弱化关系，因为互动过程基于电脑完成，缺乏面对面线索，同时还包含与陌生人的沟通；第二，积累效应将随着时间的推移而产生，互联网带来幸福感的降低并最终导致弱联系的出现。迄今为止，关于在线沟通是否能够给青少年带来直接利益的研究还非常有限。其中，研究人员 Gross 认为，在线时间与特质幸福感没有关联（Gross et al.，2002）。那些自称有着孤独或者社会焦虑感受的青少年，他们在研究者给定的日子里更喜欢使用即时通信与陌生人进行沟通。Gross 推测，与陌生人的在线互动能帮助他们从社会排斥的阴影中走出来。在一项实验中，Gross 使用网络圆球任务（cyberball task，电脑传球游戏）来模仿青少年用户之间的社会融入或排斥现象，之后他们会被要求与陌生异性同伴进行即时通讯互动或者继续玩电脑游戏（Gross，2009）。

与有着较好社会融合的青少年相比，遭遇过社会排斥的青少年有着更多的消极情绪（例如低自尊、羞怯和愤怒）。对于这些有过排斥经历的青少年来说，与陌生人的在线沟通可以有效促进消极情绪的减少，而且效果优于单独玩电脑游戏。Gross 总结认为，在诸如聊天室、社交网站等网络平台与陌生人进行互动可以帮助青少年应对现实生活中的"归属感"威胁。她同时还提出建议，希望有关部门制定相应的政策，以建立和维护青少年在线互动的安全网络空间。这种安全网络空间与现实生活中的城市或社区公园、公共活动场地类似，是人与人之间进行互动的安全平台。

自从互联网沟通平台在青少年群体中流行以来，绝大多数研究者认为，与陌生人进行沟通并不能够给青少年带来好处。具体来说，因为互联网沟通是以电子产品为媒介，尤其在网络发展的早期，人们在线所接触到的对象只有陌生人和一般熟悉的个体而不是亲密朋友。所以，研究者普遍认同的假设是，在线沟通将会对人们的幸福感造成危害。然而，Gross 在研究中却发现了有趣的结论，即拥有弱联系的人群若能在互联网平台上与现实生活中的陌生人或一般熟悉对象进行愉快的沟通，那么诸如学校在内的社会组织将能帮助青少年正确处理成长阶段所要面临的各种挑战，例如焦虑和悲伤等。这也解释了为什么即时通讯和社交网站在青少年群体中是如此的流行。在第五章中，我们已指出电子产品能够帮助青少年扩大交际圈，使他们能够快速的与更多的人进行互动。Gross 的研究同样指出了这种互动的潜在优势。

对于一些青少年来说，网络空间是他们唯一的社会支持来源（Tynes，2007a）。Tynes 在自己的即时通讯研究中也特别强调了这一发现并予以详细的介绍，我们对此进行完整的复述：

> "在主题为种族认同和青少年在线互动关系的研究中，我们通过即时通讯平台（IM）来收集数据。本研究中的青少年用户会与我们保持联系，我的研究助手也会通过 IM 向这些用户询问各种问题，内容有普通的也有严肃的，程度有所差异。举例来说，一名青少年用户联系了我的研究助手，声称割伤了自己并且还会继续这样做。我的助手在接到讯息后会与我取得联系，而我也会开始通过 IM 与这位青少年开始对话。我们的谈话时间超过一个多小时，该用户跟我讲述了她在学校所遇到的问题、社会孤立的感受以及割伤了自己所受到的调侃等。一开始，我们的交谈还非常严肃，但是随着对话的深入，用户的情绪得到了戏剧性的变化。到最后，这位青少年在良好的精神状态下表示愿意与父母就割伤自

己的事情进行沟通。几天之后，她再次发来短信跟我汇报，告知已经接受治疗并且感觉好多了。至此，我并不清楚自己和助手是否是这位用户唯一的社会支持形式——我们只是他'朋友列表'里的两名在线朋友。但是，这表明了与家庭和学校伙伴之外的人群接触是多么重要，而互联网环境正好提供了这样一个良好契机。"

因此，父母、老师和其他与青少年共事的同伴们都应该认识到，青少年可以在与陌生人和一般熟悉对象的在线互动中获益，特别是涉及他们现实生活中其他领域的交流，例如学校、教堂或者其他社区组织。概括地说，这种沟通模式是青少年应对生活压力的缓冲器，可以帮助他们缓解与亲密朋友、父母等家庭成员之间的摩擦。同时，我们也要持续关注青少年与陌生人建立起来的亲密关系，尤其是这种网络沟通成为他们最主要的社会互动模式之后，或者当这些青少年的父母年龄偏大时，这种长期的关注是非常合理和重要的。另外，我们也将在第十章中讨论捕食者成年人对青少年造成的伤害。

（五）消极互动对幸福感的影响

虽然具有非实体和匿名特点的互联网能够授权和解放用户来实现自由互动，但是它还是具有一些缺陷。具体来说，互联网的这些特点将会导致各种消极在线互动，例如公开的种族歧视（Tynes，2005，注意：我们将在第十章中介绍令人厌恶的网络内容和种族歧视网站）。聊天室、公告栏、电子邮件、博客以及社交网站都是消极互动可能发生的平台。Tynes及其同事提供了一份来自未监控青少年聊天室的消极互动记录（Tynes，Reynolds & Greenfield，2004）：

21. bigbootygirl: 种族主义者他妈的去哪了？

23. gaanas 49: 任何地方！

24. chulischick: 对不起，我不喜欢种族主义者。

27. gaanas 49: 在这，他妈的墨西哥人！

29. cinsea: 在这，哑巴墨西哥人！

429. bigbootygirl: 为什么所有人都恨我？就是因为我是墨西哥人？

439. gaanas 49: 因为你是墨西哥人！

440. gaanas 49: 咄（表示轻蔑）……

以上内容便是研究中摘取的一段约 30 分钟的对话。他们重构了互动中其他用户对 "bigbootygirl" 用户带有种族主义倾向的恶意攻击（27、29 行），以及对未受教育墨西哥人的刻板印象（29 行）。Tynes 等人认为，这种在线的消极刻板印象和种族敌意与现实生活十分类似。

在 Tynes 等人（2004）的研究中，无论在线聊天室是否受到监控，种族诋毁和评论都非常普遍。具体来说，从年长青少年频繁参与的未受监控聊天室，到年幼青少年更为活跃的受监控聊天室，这种现象已经是司空见惯。例如用户在聊天室会公然鉴定他们的种族成员资格，并在聊天过程中经常提及种族概念：在半小时的脚本里，38 页中有 37 页至少一次提及了种族（race）或种族划分（ethnicity）。研究者这样描述到："在受监控和未受监控聊天室中，大多数的参照都是中立或积极的，但是用户还是有机会暴露在关于种族群体的消极评论中（受监控 19%；未受监控 59%。"（P667）这些发现表明，如果没有社会控制的存在，例如监控或同伴压力，青少年在互联网平台会更容易表达潜伏在内心深处的种族主义态度。此外，会话内容有近 1/5 涉及种族主义评论，这是相当高的发生频率。虽然我们还没有关于消极程度的确切数据，但是在青少年的现实生活中，尤其是在面对面的对话情境下，如果带有种族色彩的评论与在线互动时的频率一般高，那将会十分令人吃惊。这一事例给予我们以启示，相比于现实情境，网络环境中所呈现的行为可能更加强烈。当然，网络种族歧视的发生频率如此之高，还可能是因为研究者的数据分析是基于整个聊天室而不是单独用户。为了确认研究的准确性，Tynes通过即时通讯手段从先前的青少年聊天室研究中招募了部分被试，并进行了单独调查，结果发现，这些青少年用户在网络上会频繁暴露于消极的种族偏见和刻板印象中（Tynes，2007b）。总之，我们无法知晓青少年在网络世界里可能会经历或目击多少种族歧视，但是即使这种事件发生的频率不高，它给青少年带来的心理损害也是难以想象的（Subrahmanyam & Greenfield，2008）。

四、结论

从 Kraut 等人在 20 世纪 90 年代第一次发布"家庭网络研究"的调查结果至今，铺天盖地的消极标题层出不穷，例如 "互联网是一个悲伤、抑郁的世界吗？" "研究者发现网络空间是悲伤和孤单的世界"，"互联网使用造成抑郁"，等等。然而，随着时间的推移,互联网自身一直处于发展演变中,而用户和他们所使用的应用程序也在不停地发生着变化。关于"互联网使用对青少年幸福感影响"的研究就向我们揭示了一个不同的结论,即互联网世界并不像人们原先预计的那么可怕。具体而言,单纯的在线时间耗费不会自动地导致幸福感降低,用户在互联网平台上所参与的事情,特别是沟通互动的对象才是影响青少年幸福感的关键。同时,青少年用户的心理和社会资源也是重要因素,但是我们还需要更多的实证研究来考察这些变量是如何调节互联网对心理幸福感的影响。

此外,青少年互联网使用的幸福感研究带来一个重要信息,即教育需求。具体而言,相关部门应该开展更多的教学活动来指导青少年安全、适度地使用互联网及其电子产品,以避免各种可能的身体伤害。而且,当青少年在互联网使用中不能很好地进行自我调节时,家长必须及时介入并予以前摄性的指导。诚然,互联网使用可能带来的不利影响应该引起研究者们的重视,但是我们也应该在这并不受到期待的网络世界中寻找到它的积极意义,例如关于青少年与陌生人的在线互动研究。总之,互联网从根本上来说只是一种工具,因此,青少年的特殊使用方式将会最终决定互联网对自身幸福感的影响。

【参考文献】

Anderson,C.A.(2004).An update on the effects of playing violent video games.Journal of Adolescence,27,113–122.

Anderson,C.A. & Bushman,B.J.(2001).Effects of violent video games on aggressive behavior,aggressive cognition,aggressive affect,physiological arousal,and proso-cial behavior:A meta-analytic review of the scientific literature.Psychological Science,12,353–359.

Bargh,J.A.,McKenna,K.Y.A. & Fitzsimons,G.M.(2002).Can you see the real me? "Ac-tivation and expression of the true self" on the Internet.Journal of Social Is-sues,58,33–48.

Bessière,K.,Kiesler,S.,Kraut,R.E. & Boneva,B.(2008).Effects of Internet use and social resources on changes in depression.Information Community and Socie-ty,11,47–70.

Brage,D.,Meredith,W. & Woodward,J.(1993).Correlates of loneliness among Midwest-ern adolescents.Adolescence,28,685–693.

Brasington,R. (1990).Nintendinitis.New England Journal of Medicine,322,1473–1474.

Brennan,T.(1982).Loneliness at adolescence.In L.A.Peplau & D.Perlman(Eds.),Lone-
liness:A sourcebook of current theory,research and therapy (pp.269–290).New
York,NY:Wiley.

Bukowski,W.M.,Newcomb,A.F. & Hartup,W.W.(1996).The company they keep:Friend-
ships in childhood and adolescence.Cambridge:Cambridge University Press.

Carskadon,M.A.,Vieira,C. & Acebo,C(1993)Association between puberty and delayed
phase preference.Sleep,16,258–262.

Centers for Disease Control and Prevention.(2004).Overweight among U.S.children
and adolescents.National Health and Nutrition Examination Survey.http://www.
cdc.gov/nchs/data/nhanes/databriefs/overwght.pdf.

Degirmencioglu,S.M.(1995).Changes in adolescents' friendship networks:Do they
matter?Detroit,MI:Wayne State University.

Eijnden,R.,Meerkerk,G.J.,Vermulst,A.A.,Spijkerman,R. & Engels,R. (2008).Online
communication,compulsive Internet use,and psychosocial well-being among ado-
lescents:A longitudinal study.Developmental Psychology,44,655–665.

Fredriksen,K.,Reddy,R.,Way,N. & Rhodes,J.(2004).Sleepless in Chicago:Tracking the
effects of sleep loss over the middle school years.Child Development,74,84–95.

Granovetter,M.S.(1973).The strength of weak ties.American Journal of Sociolo-
gy,78,1360.

Greenfield,P.M. & Subrahmanyam,K.(2003).Online discourse in a teen chatroom:New
codes and new modes of coherence in a visual medium.Journal of Applied Devel-
opmental Psychology,24,713–738.

Gross,E.F.(2009).Logging on,bouncing back:An experimental investigation of
online communication following social exclusion.Developmental Psycholo-
gy,45,1787–1793.

Gross,E.F.,Juvonen,J. & Gable,S.L.(2002).Internet use and well-being in adolescence.
Journal of Social Issues,58,75–90.

Harter,S.(1985).Manual for the self-perception profile for children.Unpublished man-
uscript,University of Denver,Denver,CO.

Hartup,W.W.(1996).The company they keep:Friendships and their developmental sig-
nificance.Child Development,67,1–13.

Helliwell,J.F. & Putnam,R.D.(2004).The social context of well-being.Philosophical

Transactions of the Royal Society B:Biological Sciences,359,1435–1446.

Iglowstein,I.,Jenni,O.G.,Molinari,L. & Largo,R.H.(2003).Sleep duration from infancy to adolescence:Reference values and generational trends.Pediatrics,111,302–307.

Kaiser Family Foundation.(2004).The role of media in childhood obesity.Retrieved （Date）from http://www.kff.org/entmedia/entmedia022404pkg.cfm.

Kef,S. & Dekovic,M.(2004).The role of parental and peer support in adolescents well-being:A comparison of adolescents with and without a visual impairment. Journal of Adolescence,27,453–466.

Krackhardt,D.(1994).The strength of strong ties:The importance of philos in organizations.In N.Nohria & R.Eccles（Eds.）,Networks and organizations:Structure,- form,and action（pp.216–239）.Boston,MA:Harvard Business School Press.

Kraut,R.E. Kiesler,S.,Boneva,B.,Cummings,J.,Helgeson,V. & Crawford,A.（2002）. Internet paradox revisited.Journal of Social Issues,58,49–74.

Kraut,R.E.,Patterson,M.,Lundmark,V.,Kiesler,S.,Mukopadhyay,T. & Scherlis,W.(1998) Internet paradox:A social technology that reduces social involvement and psychological well-being?American Psychologist,53,1017–1031.

Kunkel,D.（2001）.Children and television advertising.In D.Singer & J.Singer （Eds.),Handbook of children and the media(pp.375–393)Thousand Oaks,CA:Sage Publications.

Mastro,D.E.,Eastin,M.S. & Tamborini,R.（2002）.Internet search behaviors and mood alterations:A selective exposure.Media Psychology,4,157–172.

Mazalin,D. & Moore,S.（2004）.Internet use,identity development and social anxiety among young adults.Behavior Change,21,90–102.

Mendels,P.（1999）.A warning on class computers.New York Times,p.16.

Mesch,G.S.（2001）.Social relationships and Internet use among adolescents in Israel. Social Science Quarterly,82,329–339.

Mesch,G.S.（2003）.The family and the Internet:The Israeli case.Social Science Quarterly,84,1039–1050.

Nelson,M.C.,Neumark-Stzainer,D.,Hannan,P.J.,Sirard,J.R. & Story,M.((2006).Longitudinal and secular trends in physical activity and sedentary behavior during adolescence.Pediatrics,118,e1627–e1634.

Nie,N.H. & Hillygus,D.S.（2002）.Where does Internet time come from?A reconnaissance.IT & Society,1,1–20.

Ogden,C.L.,Carroll,M.D. & Flegal,K.M.（2008）.High body mass index for age among us children and adolescents,2003–2006.The Journal of the American Medical Association,299,2401–2405.

Raja,S.N.,McGee,R. & Stanton,W.R.（1992）.Perceived attachments to parents and peers and psychological well-being in adolescence.Journal of Youth and Adolescence,21,471–485.

Rosenberg,M(1986)Self-concept from middle childhood through adolescence.In J.Suls & A.Greenwald(Eds.),Psychological perspectives on the self（Vol.3,pp.107–136）. Hillsdale,NJ:Erlbaum.

Sarason,B.R.,Sarason,I.G. & Pierce,G.R.（1990）.Social support:An interactional view. Hoboken,NJ:Wiley.

Schneider,M.,Dunton,G.F. & Cooper,D.M.（2007）.Media use and obesity in adolescent females.Obesity,15,2328–2335.

Steinfield,C.,Ellison,N.B. & Lampe,C.A.C.（2008）.Social capital,self-esteem,and use of online social network sites:A longitudinal analysis.Journal of Applied Developmental Psychology,29,434–445.

Stettler,N.,Singer,T. & Sutter,P.（2004）.Electronic games and environmental factors associated with childhood obesity in Switzerland.Obesity Research,12,896–903.

Storch,E.A.,Brassard,M.R. & Masia-Warner,C.L.（2003）.The relationship of peer victimization to social anxiety and loneliness in adolescence.Child Study Journal,33,1–18.

Storr,E.F.,de Vere Beavis,F.O. & Stringer,M.D(2007)Case notes:Texting tenosynovitis. New Zealand Medical Journal,120,107–108.

Subrahmanyam,K.（2010）.Technology and physical and social health.In P.Peterson,E.Baker,& B.McGaw（Eds.）,International encyclopedia of education （Vol.8,pp.112–118）.Oxford:Elsevier.

Subrahmanyam,K. & Greenfield,P.M.（2008）.Online communication and adolescent relation-ships.Future of Children,18,119–146.

Subrahmanyam,K.,Greenfield,P.M.,Kraut,R.E. & Gross,E.F.（2001）.The impact of com-puter use on children's and adolescents' development.Journal of Applied Developmental Psychology,22,7–30.

Subrahmanyam,K.,Kraut,R.E.,Greenfield,P.M. & Gross,E.F.（2000）.The impact of home computer use on children's activities and development.The Future of Children,10,123–144.

Subrahmanyam,K. & Lin,G.(2007).Adolescents on the net:Internet use and well-being. Adolescence,42,659–677.

Sun,P.,Unger,J.B.,Palmer,P.H.,Gallaher,P.,Chou,C.P.,Baexconde-Garbanati,L.,et al.(2005).Internet accessibility and usage among urban adolescents in Southern California:Implications for web-based heath research.CyberPsychology & Behavior,8,441–453.

Sundar,S.S. & Wagner,C.B.(2002).The world wide wait:Exploring physiological and behavioral effects of download speed.Media Psychology,4,173–206.

Tanner,J.M.(1978).Growth at adolescence(2nd ed.).Oxford:Blackwell.

Tarokh,L. & Carskadon,M.A.(2008).Sleep in adolescents.In L.R.Squire(Ed.),Encyclopedia of neuroscience(pp.1015–1022).Oxford:Academic Press.

Teenage Research Unlimited(2007).Tech abuse in teen relationships study.Retrieved September 25,2009,http://www.loveisrespect.org/wp-content/uploads/2009/03/liz-claiborne-2007-tech-relationship-abuse.pdf.

Tynes,B.M.(2005).Children,adolescents and the culture of online hate.In N.E.Dodd,D. E.Singer & R.F.Wilson(Eds.),Handbook of children,culture and violence(pp.267–289).Thousand Oaks,CA:Sage.

Tynes,B.M.(2007a).Internet safety gone wild?Sacrificing the educational and psychosocial benefits of online social environments.Journal of Adolescent Research,22,575–584.

Tynes,B.M.(2007b).Role taking in online "classrooms":What adolescents are learning about race and ethnicity.Developmental Psychology,43,1312–1320.

Tynes,B.M.,Reynolds,L. & Greenfield,P.M.(2004).Adolescence,race,and ethnicity on the Internet:A comparison of discourse in monitored vs.unmonitored chat rooms. Journal of Applied Developmental Psychology,25,667–684.

Valas,H.(1999).Students with learning disabilities and low-achieving students:Peer acceptance,loneliness,self-esteem,and depression.Social Psychology of Education,3,173–192.

Valkenburg,P.M.(2004).Children's responses to the screen:A media psychological approach.Mahwah,NJ:Lawrence Erlbaum Associates.

Valkenburg,P.M.,Peter,J. & Schouten,A.P.(2006).Friend networking sites and their relationship to adolescents' well-being and social self-esteem.CyberPsychology

& Behavior,9,584–590.

Van den Bulck,J.（2003）.Text messaging as a cause of sleep interruption in adoles-cents,evidence from a cross-sectional study.Journal of Sleep Research,12,263.

Van den Bulck,J.（2004）.Television viewing,computer game playing,and Internet use and self-reported time to bed and time out of bed in secondary-school children. Sleep,27,101–104.

Van Den Bulck,J.（2007）.Adolescent use of mobile phones for calling and for sending text mes-sages after lights out:Results from a prospective cohort study with a one-year follow-up.Sleep,30,1220–1223.

Woodward,J. & Frank,B.（1988）.Rural adolescent loneliness and adolescent coping strategies.Adolescence,23,559–565.

Ybarra,M.L.,Alexander,C. & Mitchell,K.J.（2005）.Depressive symptomatology,youth Internet use,and online interactions:A national survey.Journal of Adolescent Health,36,9–18.

Zhang,J.,Fraser,S.,Lindsay,J.,Clarke,K. & Mao,Y.（1998）.Age-specific patterns of factors related to fatal motor vehicle traffic crashes focus on young and elderly drivers. Public Health,112,289–295.

第八章 技术与健康：
互联网使用对健康和疾病的影响

　　在上一章中，我们介绍了青少年互联网使用与幸福感的关系，而在本章中，我们将考察青少年如何使用互联网来帮助或偶尔损害自身的健康和幸福感。具体来说，青少年互联网研究一直关注的问题是，青少年如何从在线沟通、信息搜索中获利，进而应对疾病并促进健康。第七章已经对在线沟通的互联网应用进行了讨论，所以本章不再赘述。我们将在本章中重点介绍互联网信息功能的作用。迄今为止，覆盖全球的互联网平台是人类历史上最为庞大的信息载体，它所拥有的信息功能正悄然改变着我们的生活。

　　2008年7月，谷歌（google）搜索预计全球拥有的网站链接（URLs）数量约为1万亿个（Alpert & Hajaj，2008）。得益于谷歌、必应（bing）等强大的搜索引擎，互联网可以提供几乎所有我们想要的答案。无论何时何地，我们都可以找到相关主题的大量信息，包括政治、流行文化、电影信息、路线方向或者是本章将要重点关注的健康、疾病和幸福感等信息。在看病之后，绝大多数人都还会通过谷歌或者维基百科（Wikipedia）搜寻有关自己病症的诊断信息和治疗建议。除了提供免费和无限制的海量公共信息以外，互联网还能允许个人建立属于自己的网络账号或网络公文包，以提供个人医疗信息的存储和使用。举例来说，用户可以在免费网站上创造个人档案，然后定期追踪自己的体重变化或戒烟进程。因此，互联网可以提供公共平台和私人存储的双向信息资源，从两种截然不同的途径共同促进个人的健康和幸福感。

　　在本章中，我们首先将目光聚焦于青少年对在线健康信息资源的使用上。在介绍完使用种类和程度之后，我们将考察这些信息给青少年群体带来的潜在机遇与挑战。最后，我们把互联网视作治疗传递（treatment delivery）的工具，以青少年群体为研究对象，进一步关注可能限制这种新型干预手段效果的影响因素。

一、青少年对在线健康资源的使用

互联网世界充斥着大量与健康相关的可用资源，例如健康网页、公告栏、讨论板、医生博客以及可以提出治疗问题的医生问答网站（例如 www.MDAdvice.com）等。从政府实体（例如 www.cdc.gov）、学校到关注特殊健康主题的独立组织（例如美国癌症协会）、公司以及遭遇过特殊健康问题的个人（例如糖尿病或癌症），健康网站的发起者各不相同。这些网站的主题同样是种类繁多，就以青少年所关心的健康问题为例，互联网里可以查询到的主题包括青春期和性健康、性传播疾病、戒烟、自杀和心理健康等，甚至还有神经性厌食症的支持内容。

（一）青少年将会使用多少在线健康资源？

与成年人一样，青少年也会使用互联网查询自己所需的健康信息，而且追踪研究的数据还显示，这种使用需求有着逐渐增加的趋势（Borzekowski & Rickert，2001；Rideout，2001；Roberts，Foehr & Rideout，2005）。美国于 2005 年开展了针对 8—18 岁青少年的全国性调查，结果发现有超过半数的青少年会在网上寻找健康信息（Roberts et al.，2005）。而另一项以 210 名加拿大青少年为被试的调查研究，则发现了更高的搜索使用比例。在该项研究中，虽然青少年还是更喜欢在网上查看与学校、同伴和社会内容相关的主题，但是健康信息的查询同样十分流行。其中，有 67% 的青少年报告称会查找身体状况信息，有 63% 会涉猎身体映像和营养信息，而对性健康信息的关注也高达 56%（Skinner，Biscope，Poland & Goldberg，2003）。在世界其他国家，研究者同样发现了青少年对在线健康信息的高度关注（Cole et al.，2008），甚至在第三世界国家加纳也是如此（Borzekowski，Fobil & Asante，2006）。

来自 WIP 的调查数据显示，虽然青少年会使用互联网来获取健康信息，但是搜索频率并不像他们自己报告的那样高（见图 8.1）。也就是说，青少年对于搜索的使用还处在可接受的范围之内，我们因此也不用担心信息过载的问题了。总之，来自搜索引擎的数据提示我们，健康信息的查询只占了每日搜索的 5%。这表明，对于绝大多数使用者来说，健康信息的获取虽然很常见，但也不是青少年最为频繁的在线活动（Eysenbach，2008）。

（二）青少年搜索的健康主题

一项涉及在线健康公告栏的内容分析研究显示，青少年关注最为频繁的健康问题包括：性健康、避孕、身体映像以及生殖器部位的修饰（Suzuki & Calzo，2004）。无独有偶，Kaiser 在 2001 年的报告中也指出，包括怀孕、艾滋病（AIDS）和其他性传播疾病（STDs）在内的性健康主题是青少年第二关注的健康主题，仅次于癌症、艾滋病等疾病（Rideout，2001）。

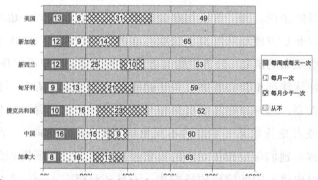

图 8.1　12—18 岁青少年健康信息搜寻频率（WIP2007 数据）

青少年所关注的互联网健康信息与他们现实生活中的人口统计学变量相关，例如性别、年龄甚至是种族（Gilbert，Temby & Rogers，2005；Rideout，2001）。Kaiser 在报告中介绍说，女性青少年比男性在网络上更有可能查询的健康主题包括性健康（例如怀孕和避孕）、抑郁、饮食障碍以及体重控制等。另一项调查发现了相似的研究结果，男性青少年更多地查找青春期和性行为等信息，而女性青少年则会更多地搜索包括避孕、关系/约会以及普通和特殊性传播疾病（STDs，例如预防、症状、测试、传染、治疗、青少年怀孕和处女贞洁）等信息（Gilbert et al.，2005）。

从年龄上来看，年长的青少年会更多地使用互联网来查找有关健康、健身和节食瘦身等信息（Lenhart，Rainie & Lewis，2001）。一项由性传播疾病预防网站开展的在线调查研究显示，13—14 岁青少年查询的信息多为青春期知识，而 15—17 岁青少年则更多地搜寻与性有关的信息，例如避孕、普通的性传播疾病、性传播疾病特征、传播方式和青少年怀孕等。总而言之，青少年在线健康信息查询趋势会随着年龄和性别的不同而存在差异，同时，这也表明了青少年互联网搜索的发展趋势与现实生活中的发展同步。

（三）青少年搜索健康信息的行为表现

搜索引擎已经成为了人们查询健康信息的最佳门户。当青少年在线搜寻健康信息时，他们会登入许多网站并在最后选择 5 个常用网站进行查找（Greenfield & Yan，2006）。就如 Greenfield 与 Yan 所描述的那样（Greenfield & Yan，2006），互联网是一种工具，从网页、公告栏到聊天室，人们可以使用不同的应用程序来获取健康信息。具体来说，每一种应用都会提供不同的查询方式，也具有不同的限制——用户可以非常方便地从网页上获取可靠的信息资源，例如疾病控制中心或美国心脏协会所发布的消息；公告栏则有着互动的优势，用户可以在平台上提问，并从专家或其他伙伴那里获得答案。关于健康信息的搜索，青少年和青年人都认为保密性非常重要，这一原则需要贯穿整个搜索过程，包括寻找信息、了解信息源、提出问题或者是获取某一主题的不同见解（Rideout，2001）。此外，女性青少年更希望了解与她们年纪相仿对象的真实经历。正如之前所提到的，不同的网络应用不但可以提供不同的信息传播方式，而且还会吸引不同的青少年人群。

有关在线搜索的自陈报告数据显示，青少年倾向于在互联网平台上查询青少年主题，尤其是一些与父母、老师或医生不宜交谈的敏感话题。这些青少年逐渐增长的自主性可能促使他们在寻找信息时远离从小依赖的成年人而转向互联网世界（Eysenbach，2008）。与此同时，他们所获取的网络信息甚至会导致他们与同伴和父母分享这些资源。然而，这种行为变化并不会持续很长时间，只有很小一部分的青少年会在查询了在线信息后去拜访医生（Rideout，2001）。

在线资源是否是青少年的第一选择？当他们因为其他选项而感到疲惫时，是否会转向互联网？这些问题的答案尚不清晰（Eysenbach，2008；Gray，Klein，Cantrill & Noyce，2002）。但是，成年人的使用趋势可以给以上问题提供一些线索。具体来说，互联网对于处于成年初期的个体来说可能是查询信息的"首选资源"。与老年人（大于或等于 65 岁）相比，青年人（18—34 岁）更喜欢从网上获取健康信息，而且对信息内容也更加信任（例如癌症信息），与此同时，他们在搜寻信息时，更愿意使用互联网而不是去寻求医疗服务人员的帮助（Hesse et al.，2005）。这些青年人是互联网技术的早期接触人群，根据他们的使用趋势可以推测，互联网是现在青少年查询健康信息的第一选择。其中，有些青年人并不依靠医疗服务人员，而是授权自己从网上获取健康信息。下文中所引用的观点便来自这样一名典型代表（Gray，Klein，Noyce，Sesselberg & Cantrill，2005）：

> "我想那些病人只是想多了解些线索，希望主动获取更多关于自己身体状况变化的信息，而不只是被医生告知'你生病了，你应该做这样一些事情'。这些病人渴望主动做些事情来帮助自己，他们不想完全依赖医生而显得自己是如此的愚蠢和无知。"（英国，女性，17—18岁）

尽管在线资源值得信赖，我们还是认为青少年不可能进行自我治疗，尤其是面对严重疾病时更是束手无策，但是他们可以在与医生会面之前和之后使用这些资源告知自己相关的信息（Eysenbach，2008；Gray et al.，2005）。事实上，有关互联网健康信息的危害案例还是比较罕见的（Eysenbach，2008）。Eysenbach 指出，人们在互联网平台上既能查询到具有潜在危害的低质量健康信息，也能从值得信赖的机构获取大量高质量的资源。正因为存在这样的矛盾，再加上青少年的身体、心智和社会生活都在发生巨大的变化，所以我们认为，在线健康信息的呈现给青少年的幸福感既创造了机遇，也带来了挑战。

（四）在线健康资源：青少年的机遇

互联网的匿名性原则让它成为吸引青少年搜索健康信息的首选平台，这些青少年不用再为向成年人（例如父母或医生）询问敏感健康问题而感到不适（Gray et al.，2005；Suzuki & Calzo，2004）。互联网的优点还包括它的可用性：首先，它每周 7 天、每天 24 小时都可以使用；其次，用户可以选择以被动的方式获取信息（例如查看他人的提问和回答以及自己获得的反馈）；最后，人们还能够同时从多个对象那里得到建议和提示，这比面对面的交流方式更为高效（Suzuki & Calzo，2004）。相比较而言，后两个优点有着更为重要的意义，我们将在下文中做进一步的介绍。

在网络平台上，我们将被动地暴露于在线内容前的行为称作"潜水"（lurking）。青少年能够通过潜水的方式获取健康信息，比如被动地接触网页广告和在线活动（公告栏或讨论板块）。Gray 及其同事提供了这样一些案例：例如一名女性青少年在互联网上查询生物信息时看到了避孕套广告，又比如有关伟哥、瘦身药物等广告页面的接触等。与此同时，研究者们还不能清楚地了解这些广告信息给青少年带来的影响，但是如果影响存在，我们认为，无论效果是积极或者消极的，都应当取决于信息的内容。再者，如果青少年在诸如公告栏等板块潜水，他们可以在健康资源发布之时或者之后获取信息，因为许多这些谈话线索会保留很长一段时期，有些甚至是无限期的。所以，那些犹豫不决的、因害羞而不敢提问的或者对当前特殊主题不感兴趣的青少年，都可以在任何时间从这样类型的公共健康信息平台上获得帮助。此外，互联网还能够拓展人们的生活圈，尤其对那些因为地理位置（农村地区、贫困山区）、社会孤立状态或者身体疾病（癌症患者）等原因而无法在现实生活中接触到更多信息资源的青少年来说更是如此。接下来，我们会详细介绍关于这些特殊青少年群体的研究，向读者呈现互联网是如何给他们提供机遇来获取信息的。

首先，我们将目光聚焦于来自第三世界穷困国家的青少年群体。Borzekowski等人发现，在加纳首都阿克拉，约有53%的15—18岁青少年会使用互联网来搜索健康信息，这对于大多数未上学的贫困青少年来说尤为重要（Borzekowski et al., 2006）。该研究显示，加纳青少年查询的主要话题不仅包括性传播疾病、性虐待、性活动等性主题，还涉及饮食／营养、健身、锻炼等健康指导。调查结果表明，对于穷苦潦倒的青少年来说，互联网是极其重要的健康教育资源，而且潜力巨大。

那些遭受生理或心理疾病创伤的青少年，例如癌症、饮食障碍和自我伤害病患，是另外一个受益的劣势群体。通过互联网，这些青少年不仅能够得到一般性的健康信息，而且还可以获取或传播一些有关特殊疾病的信息资源。同时，他们还能够从曾经或正在遭受病痛折磨的相同患者身上获得社会支持。近年来，研究者们对公告板、网页等在线应用程序进行了调查。Kyngas等人在研究中发现，对于遭受着癌症等慢性疾病折磨的青少年和青年人（16—22岁）来说，应用互联网获取信息是一种较好的应对策略（Kyngas et al., 2001）。Suzuki和Beale（2006）也发现，癌症青少年所建立的网页具有三大潜在功能：自我呈现（self-presentation，例如随笔和诗句）、信息发布（information dissemination，例如列表、图标和超链接）以及人际联系（interpersonal connection，例如留言板条目）。他们总结认为，青少年癌症患者会使用网页来进行自我表达、信息访问以及同伴接触，而这些行为与更低的焦虑、抑郁情绪呈显著正相关。因此，承载丰富健康信息的互联网平台对于青少年病患来说十分重要。

在以上介绍的互联网行为中，与同伴进行人际沟通对于一些特殊青少年群体来说很有价值，包括孤立的青少年（例如居住于小城镇或农村地区）、遭受罕见疾病的青少年，以及那些在现实生活中羞于启齿的青少年病患（例如艾滋病、饮食障碍和自我伤害等）。其中，公告栏和聊天室是青少年进行在线交流的常见网络平台。Whitlock，Powers 与 Eckenrode 等人开展了一项针对自我伤害行为（例如切伤）的大型在线留言公告栏调查，结果发现这种行为在 14—20 岁女性青少年 / 青年人中最为流行，而且风险最大（Whitlock，Powers & Eckenrode，2006）。在互联网公告栏应用的另外一项调查中，研究者同样发现，饮食障碍在女性青少年群体中十分流行（Winzelberg，1997）。此外，在这一支持性交流平台上，最为常见的留言涉及自我表露、信息询问以及情绪性支持等内容，而且绝大多数留言出现在晚上 7 点至早上 7 点之间（Winzelberg，1997）。总之，这种互动式应用程序的价值在于，它能够提供一个极为方便的交流平台，来帮助那些遭受同样经历的青少年互相交换和共享信息，尤其是当他们无法从传统的面对面交流中获得支持时。当然，互联网交流模式不一定总是有益的，如果错误、危险的信息被交换，后果就会不堪设想。对于这一潜在威胁，我们将会在下一部分内容中进行介绍。

（五）在线健康资源：青少年的挑战

1. 信息挑战

青少年可以在互联网上接触到大量的健康信息，而存在问题的信息资源毫无疑问将会成为一种挑战，需要引起广泛关注。2008 年 9 月，在运用谷歌搜索关键词"cancer teens"（青少年癌症患者）后，研究人员提出了以下这些疑问：在 0.12 秒内出现的 15400000 条信息中，青少年真正想要寻找的答案质量有多好？经过筛选后的信息质量又会有多好？Kaiser 的调查显现出负面结果，10 个调查对象中只有 4 人认为这些健康信息是有用的。同样的结果在别的研究中也有发现，高质量的在线信息对于想要获得满意答案的青少年来说就是一层无法逾越的障碍（Skinner et al.，2003）。在 Gray 等人的团体研究中（Gray，Klein，Noyce，Sesselberg & Cantrill，2005），一名女性被试就感觉到非常泄气，她认为搜索引擎所生成的信息并不特殊，而且还存在很多与主题关联不大的内容，因此抱怨道：

"在搜索引擎上……如果你想要查询运动或者其他什么主题……有

时候它甚至不会提供与运动相关的内容……那些信息就像成千上万种不同的东西，这很困扰我。"（美国，女性，16—18岁）

更为严峻的挑战来自于青少年的搜索行为。Hansen等人开展的观察研究提供了矛盾的结果：一方面，在68名参与者中，有多达到69%的人能查询到正确、有用的健康信息，而只有少于1/4的参与者会在搜索时使用错误的拼写；另一方面，参与者经常会使用尝试—错误的方法来组成搜索字符串，或者随机地浏览网页，又或者错误地估计他们查询的信息来源（例如个人网页和政府网站，Hansen，Derry，Resnick & Richardson，2003）。

另外，互联网的信息质量同样需要受到关注。具体而言，并不是所有网络资源质量都是相同的，那些由学校或政府机构建立的网站往往有着最为准确和值得信赖的信息。对于青少年来说，一些在线信息的信度问题如下（Eysenbach，2008）：

（1）缺乏质量控制，例如没有编辑部或同行评审。与更为传统的发布模式相比（例如接受同行评审的期刊或书籍），低成本的发布过程会降低发布标准。

（2）青少年可能无法分辨某种在线材料是否接受过同行评审。

（3）一些缺乏网站建立或资助信息的站点经常会存在赤字问题。他们为什么要这样实施而且又是如何操作的呢？举例来说，外行或者不合格的专家能够把网站制作得非常专业，但这本质上是带有欺诈性质的。

（4）不同的信息类别会让人感到迷惑，就像广告与信息内容。举例来说，受到某种产品资助的网站会特别在网页上突出该产品的优点。

当青少年在互联网上查询健康信息时，他们是否有意识地考虑过在线信息的信度？对于这一问题的研究还比较缺乏。在Kaiser2001的报告中，只有17%的18—24岁调查对象表示信任在线健康信息。虽然这些调查对象曾对一些资源的水平表示怀疑，但是他们仍然对这些信息表示信赖。换句话说，当这些青少年在进行在线搜索时，甚至是查询那些对自己非常重要的健康信息时，他们还是一贯地忽略了对资源认证信息的检查（Rideout，2001）。一些实验研究结果显示，当高校大学生在评估在线信息的信度时，他们会同时从资源和内容两个方面进行考虑。但是，研究者并不知道这些青年人是如何加工这些在线信息的。也许，即使他们的大脑中已经出现了有关在线信息水平的认知改变，我们还是很难判断这种进步是否能够转化为在线行为（Eastin，2001）。

考虑到在线信息质量的可变性，我们需要认识到，青少年对网站信度往往缺乏持续性的关注。另一篇综述还总结认为，青少年在网上查找健康和性信息时，经常受到自身的文化素养限制（Gray & Klein，2006）。Borzekowski 也指出，虽然研究者们假定青少年拥有娴熟的上网技术，但是却无法知道他们是如何把搜索到的信息吸收并运用到自己的生活中去（Borzekowski，2006）。由此可见，根据青少年接触网络健康资源的情况来看，他们获益的效果不尽相同。所以，在高信度、效度的系统研究出现之前，我们还不能过早地断定，互联网健康信息对所有青少年用户都是有益处的。

2. 危险和有害的在线内容

虽然青少年能够在互联网上获取高质量的健康信息，但是他们也可能接触到那些有害甚至是具有潜在危险的内容。我们列举了两类相关内容：（1）支持饮食障碍的网站；（2）出售处方药的网站。

"饮食障碍"是一种流行于女性青少年间的病症，互联网上提供了丰富的相关信息。其中，我们需要关注的是一些该疾病的支持性网站，这些网站对青少年神经性厌食症或暴食症的产生有着推动作用（Wilson，Peebles，Hardy & Litt，2006），例如支持饮食障碍网站、支持神经性厌食症网站。根据 Wilson 等人的研究我们可以发现，这类网站为青少年饮食障碍患者创造了一个在线社区并鼓励他们将其作为一种生活方式，因而促进了该疾病的反复发生。具体来看，网站所提供的支持途径包括"励瘦"(thinspiration，瘦和极瘦女性魔法师)、诗歌、减肥建议、逃避家人和医疗服务人员监控的方法、论坛、商品以及其他相关网站链接等（Wilson et al.，2006）。另外，那些持有恢复观点的网站被称作"支持恢复"网站，但是数量相对较少。在一项 2003 年的搜索调查中，研究结果显示，所有涉及"饮食障碍"主题的网站包括：500 家"支持饮食障碍"站点、100 家"支持恢复"站点以及 30 家专业站点（Chesley，Alberts，Klein & Kreipe，2003）。概括来说，在大量"支持饮食障碍"网站的负面影响下，遭受该疾病折磨的青少年可能会表现出一些危险行为。

一项针对青少年"饮食障碍"病患（10—22 岁）及其家庭成员的调查研究（76 名病患，106 名父母）显示，虽然绝大多数（49%）患者并没有访问过任何一种涉及"饮食障碍"主题的网站，但是仍旧有 41% 的调查对象报告称访问过"支持恢复"网站，36% 的浏览过"支持饮食障碍"网站，而两类都到访过的则占 25%。显然，机会搜索将多数患者引导至这两类网站。令人担忧的是，那些知道"支持饮食障碍"网站的青少年，他们自称学习了一些新的清除和减轻体重的方式，例如吃减肥药、泻药以及增补物等。此外，与人们期待的效果相反，一些病患还从"支持恢复"网站上学习到高风险饮食行为（例如清除和减轻体重、饮食控制等新方法以及获取这些方法的途径，Wilson et al.，2006）。而作为该调查中的另一个测量指标，患者父母并不完全了解"饮食障碍"这类疾病——绝大多数不知道"支持恢复"网站，只有超过半数的父母知道"支持饮食障碍"网站。其中，那些知道"支持恢复"网站的父母，却又不了解自己的孩子是否登入浏览过这些网站，仅有 10% 的父母掌握着孩子的访问动向。同时，需要特别引起人们注意的是，"支持厌食症"网站数量在最近几年呈现大幅增加，这些网站上充斥着大量令人震惊的文字或图片信息（Davis，2008），是潜在的有害因素。综上所述，虽然互联网给人们了解疾病信息带来了许多好处，但是它也给一些危险行为（神经性厌食症或暴食症）的规范化提供了契机。

毫无疑问，与"饮食障碍"主题相关的网站很有可能造成青少年形成此类病症，其中的一些图片也会带来各种消极影响。在一项实验研究中，本科女生（M = 18.7 岁）被要求观看三种网站，主题分别为"支持厌食症"、"拥有中等身材的时尚女性模特"以及"家庭装修"。前测和后测问卷的调查结果显示，观看"支持厌食症"网站的被试，其自尊、外貌自我效能感和可感知的吸引力水平降低，而消极情绪、超重感知水平都得到提升（Bardone-Cone & Cass，2006）。虽然研究者们还没有办法明确变量间的作用方向，但是观看"支持厌食症"或"支持饮食障碍"等在线内容，确实能够带来各种消极影响。另外，关于"自我伤害"的调查究还发现，这种行为会像流行病一样在医院或其他体系中蔓延开来。Whitlock 等人（2006）推测，类似的问题行为在互联网上同样存在社会传染性。同时，考虑到现代网络四通八达，人们从家里就可以轻易接触到各种危险行为的具体信息，我们需要高度关注那些流行于青少年群体间的潜在危险行为（例如吸食胶毒、自我窒息等）。

互联网上遍布的兴奋剂处方信息，这是青少年需要面临的另外一种潜在威胁，特别是那些能够成瘾的药物。Schepis 及其同事通过谷歌搜索查询到大量关于管制类兴奋剂（例如安非他明、利他林等）的信息（Schepis，Marlowe & Forman，2008），他们在进一步分析后发现，这些药物绝大多数可以在无处方的情况下从网上购得。此外，冰毒等物品虽然不能直接获取，但是却可以在网上查询到详尽的制造方法。互联网对于这些兴奋剂的介绍各式各样，基本上是以药物为主——大部分可以在"反对使用"网站上找到，有的也可以从中立甚至"支持使用"网站上获得信息。研究者推测，即使描述是消极的，也不足以阻止青少年滥用这些兴奋剂。迄今，我们尚不清楚青少年使用这些网站获取非法处方类药物的程度，但是互联网所提供的各种接触渠道足以发人深省。因此，关于该主题的研究需要进一步深入。尽管互联网的确给青少年搭建了一个可以方便接触健康信息的资源平台，但是也蕴藏着各种潜在的危险内容。家长、教师和医生等成年人都应该意识到这一点，并为青少年形成健康的上网行为做出自己的努力。

二、互联网作为治疗传递的工具

考虑到互联网具有每周 7 天、每天 24 小时的全天候互动模式，人们可以使用网络平台进行在线干预 / 治疗并发布各种干预项目（Borzekowski，2006）。到目前为止，一些在线健康项目已经初步形成，涉及的主题包括超重和饮食障碍病症治疗（Doyle et al.，2008；Williamson et al.，2005）、戒烟（Buller et al.，2006；Patten et al.，2006）以及冲突训练（Carpenter，Frankel，Marina，Duan & Smalley，2004）等。然而，这些项目的实施效果各有不同，因此，我们不再深入介绍以上项目，而是把目光转向 "在线治疗传递" 的影响因素上来。

在一项关于非洲裔美国女性青少年（超重，双亲中至少有一人肥胖）的研究中，研究者设立了两种互联网体重管理项目（Williamson et al.，2005）。其中一种是被动地接受在线健康教育，另一种则是具有在线咨询功能的互动式行为干预。虽然只有 50% 的被试完成了为期 6 个月的干预，但是 6 个月后的测试结果（与基线比较）仍然获得显著效果：互动组的女性青少年比被动组减去了更多体重，她们的父母的减重效果则更为明显，同时，她们的脂肪摄入量也减少更多。该研究结果提示，互动方式的治疗实施优于被动的健康教育。

另一项研究则对比了为期 16 周的在线认知行为项目和传统护理项目的实施效果（Doyle et al.，2008），结果表明，在线项目被试的体重有着适度的减少。具体来看，两组被试的体重在一开始并无差异，4 个月之后出现了类似的减重变化，在这个过程中，研究人员并没有在项目实施过程中去引导被试改变饮食态度和行为。对于这一结果，研究人员认为，这是因为参与在线干预项目的个体更多地被限制于治疗材料前，只有 1/3 被试接触到与项目低相关的内容（少于 10%）。由于在线项目获得了更高的被试满意度，所以研究者建议有关部门，应该使用各种革新方式来提高项目坚持度，例如手机短信或者提供奖励等。

此外，在线干预项目的登入率研究也呈现出复杂的结果。贝勒大学研究者在肥胖预防项目实施过程中，考察了影响食物、娱乐和健康等在线项目干预效果的潜在因素（Thompson，Baranowski，Cullen & Watson，2007；Thompson，Baranowski，Cullen & Watson，2008），他们发现，奖励机制会影响登入率——每周都接受奖励的女性青少年其登入率会更高一些，但是在统计上并不显著。同时，通过媒体平台招募的被试也有着更高的登入率，但是报告显示该数据在第4、5周之间有所降低。考察青少年吸烟预防项目效果的研究结果同样并不显著（Buller et al.，2006；Patten et al.，2006），但是 Buller 等人坚持认为，当参与者坚持接触项目时，就会有较好的戒烟效果。因此，这些研究似乎体现了实施青少年在线健康干预的潜在效果（减重和戒烟项目）。总之，我们只有设计出更好的方法来提高青少年的登入频率和坚持程度，才能充分利用互联网平台的潜能。当然，这种挑战同样存在于其他青少年健康主题中，例如使用安全套来预防性传播疾病和怀孕、酒后驾车、手机短信与驾驶等。所以，研究者所要面对的挑战比我们意识到的要更为严峻。

三、结论

对于青少年来说，互联网既是一种社会环境也是一种工具。我们在本章中重点介绍了青少年是如何使用互联网来获得健康，驱除疾病的。与成年人一样，青少年也会使用在线健康资源来查询与自己健康或性相关的信息，然而，如果青少年想要从这些资源中得到帮助，他们有必要接受健康知识培训来帮助自己高效率地获取更多可用的在线信息。同时，青少年在互联网平台上也较为容易地接触到有害信息（例如"支持饮食障碍"网站），而且他们的父母往往并不了解这些情况。因此，我们也需要对青少年的父母进行培训，以指导他们更为有效地监控自己孩子的危险上网行为。当然，我们还应该进一步探寻互联网信息的潜在危险和应对方法，旨在帮助青少年更有效率地排除各种威胁。最后，互联网还能够提供低成本的在线干预项目，例如体重调节或戒烟项目，但是，我们还需要更多的研究来确认那些能够促进青少年长期健康上网的项目特征。

【参考文献】

Alpert,J. & Hajaj,N.(2008).We knew the web was big···(web log).Retrieved November 2009,http://googleblog.blogspot.com/2008/07/we-knew-web-was-big.html.

Bardone-Cone,A.M. & Cass,K.M.(2006).Investigating the impact of pro-anorexia websites:A pilot study.European Eating Disorders Review,14,256–262.

Borzekowski,D.L.G.(2006).Adolescents' use of the Internet:A controversial,coming-of-age resource.Adolescent Medicine Clinics,17,205–216.

Borzekowski,D.L.G.,Fobil,J.N. & Asante,K.O.(2006).Online access by adolescents in Accra:Ghanaian teens' use of the Internet for health information.Developmental Psychology,42,450–458.

Borzekowski,D.L.G. & Rickert,V.I.(2001).Adolescents,the Internet,and health:Issues of access and content.Journal of Applied Developmental Psychology,22,49–59.

Buller,D.B.,Borland,R.,Woodall,W.G.,Hall,J.R.,Hines,J.M.,Burris-Woodall,P.,et al(2006)Randomized trials on consider this,a tailored,Internet-delivered smoking prevention program for adolescents.Health Education Behavior,35,260–281.

Carpenter,E.M.,Frankel,F.,Marina,M.,Duan,N. & Smalley,S.L.(2004).Internet treatment delivery of parent-adolescent conflict training for families with an ADHD teen:A feasibility study.Child and Family Behavior Therapy,26,1–20.

Chesley,E.B.,Alberts,J.D.,Klein,J.D. & Kreipe,R.E(2003)Pro or con?Anorexia nervosa and the Internet.Journal of Adolescent Health,32,123–124.

Cole,J.I.,Suman,M.,Schramm,P.,Zhou,L.,Salvador,A.,Chung,J.E.,et al.(2008).World Internet project:International report 2009.Los Angeles,CA:Center for the Digital Future,USC Annenberg.

Davis,J.(2008).Pro-anorexia sites-A patient's perspective.Child and Adolescent Mental Health,13,97–97.

Doyle,A.C.,Goldschmidt,A.,Huang,C.,Winzelberg,A.J.,Taylor,C.B. & Wilfley,D.E.(2008).Reduction of overweight and eating disorder symptoms via the Internet in adolescents:A randomized controlled trial.Journal of Adolescent Health,43,172–179.

Eastin,M.S.(2001).Credibility assessments of online health information:The effects of source expertise and knowledge of content.Journal of Computer-Mediated Communication,6,0–0.http://dx.doi.org/10.1111/j.1083-6101.2001.tb00126.x.

Eysenbach,G.(2008).Credibility of health information and digital media:New perspectives and implications for youth.In M.J.Metzger & A.J.Flanagin(Eds.),Digital media,youth,and credibility (pp.123–154).Cambridge,MA:MIT Press.

Gilbert,L.K.,Temby,J.R.E. & Rogers,S.E.(2005)Evaluating a teen STD prevention web site.Journal of Adolescent Health,37,236–242.

Gray,N.J. & Klein,J.D.(2006).Adolescents and the Internet:Health and sexuality information.Current Opinion in Obstetrics and Gynecology,18,519–524.

Gray,N.J.,Klein,J.D.,Cantrill,J.A. & Noyce,P.R.(2002).Adolescent girls' use of the Internet for health information: Issues beyond access.Journal of Medical Systems,26,545–553.

Gray,N.J.,Klein,J.D.,Noyce,P.R.,Sesselberg,T.S. & Cantrill,J.A.(2005).Health information-seeking behaviour in adolescence:The place of the Internet.Social Science & Medicine,60,1467–1478.

Greenfield,P.M. & Yan,Z.(2006).Children,adolescents,and the Internet:A new field of inquiry in developmental psychology.Developmental Psychology,42,391–394.

Hansen,D.L.,Derry,H.A.,Resnick,P.J. & Richardson,C.R.(2003).Adolescents searching for health information on the Internet:An observational study.Journal of Medical Internet Research,5,e25.

Hesse,B.W.,Nelson,D.E.,Kreps,G.L.,Croyle,R.T.,Arora,N.K.,Rimer,B.K.,et al.(2005). Trust and sources of health information the impact of the Internet and its implications for health care providers:Findings from the first health information national trends survey.Archives of Internal Medicine,165,2618–2624.

Kyngas,H.,Mikkonen,R.,Nousiainen,E.M.,Rytilahti,M.,Seppanen,P.,Vaattovaara,R.,et al(2001)Coping with the onset of cancer:Coping strategies and resources of young people with cancer.European Journal of Cancer Care,10,6–11.

Lenhart,A.,Rainie,L. & Lewis,O(2001)Teenage life online:The rise of the instant-message generation and the Internet's impact on friendships and family relationships. Washington,DC:Pew Internet & American Life Project.

Patten,C.A.,Croghan,I.T.,Meis,T.M.,Decker,P.A.,Pingree,S.,Colligan,R.C.,et al.(2006). Randomized clinical trial of an Internet-based versus brief office intervention for adolescent smoking cessation.Patient Education and Counseling,64,249–258.

Rideout,V.(2001).Generation rx.Com:How young people use the Internet for health information.Retrieved December 18,2008,http://www.kff.org/entmedia/upload/Toplines.pdf.

Roberts,D.F.,Foehr,U.G. & Rideout,V.（2005）.Generation m:Media in the lives of 8–18 year-olds -Report.Retrieved December 16,2008,http://www.kff.org/entmedia/7251.cfm.

Schepis,T.S.,Marlowe,D.B. & Forman,R.F.（2008）.The availability and portrayal of stimulants over the Internet.The Journal of Adolescent Health,42,458–465.

Skinner,H.,Biscope,S.,Poland,B. & Goldberg,E.（2003）.How adolescents use technology for health information:Implications for health professionals from focus group studies.Journal of Medical Internet Research,5,e32.

Suzuki,L.K. & Beale,I.L.（2006）.Personal web home pages of adolescents with cancer:Self-presentation,information dissemination,and interpersonal connection. Journal of Pediatric Oncology Nursing,23,152–161.

Suzuki,L.K. & Calzo,J.P.（2004）.The search for peer advice in cyberspace:An examination of online teen bulletin boards about health and sexuality.Journal of Applied Developmental Psychology,25,685–698.

Thompson,D.,Baranowski,T.,Cullen,K. & Watson,K.（2007）.Food,fun and fitness Internet program for girls:Influencing log-on rate.Health Education Research,23,228–237.

Thompson,D.I.,Baranowski,T.,Cullen,K.W. & Watson,K.（2008）.Food,fun and fitness internet program for girls:Influencing log-on rate.Health Education Research,23,228–237.

Whitlock,J.L.,Powers,J.L. & Eckenrode,J.（2006）.The virtual cutting edge:The Internet and adolescent-self-injury.Developmental Psychology,42,407–417.

Williamson,D.A.,Martin,P.D.,White,M.A.,Newton,R.W.,Walden,H.,York-Crowe,E.,et al.（2005）.Efficacy of an Internet-based behavioral weight loss program for overweight adolescent African-American girls.Eating and Weight Disorders,10,193–203.

Wilson,J.L.,Peebles,R.,Hardy,K.K. & Litt,I.F.（2006）.Surfing for thinness:A pilot study of pro-eating disorder web site usage in adolescents with eating disorders.Pediatrics,118,e1635–e1643.

Winzelberg,A.（1997）.The analysis of an electronic support group for individuals with eating disorders.Computers in Human Behavior,13,393–407.

第九章 什么时候会过头？过度的
互联网使用与成瘾行为

    当年轻人整天沉浸在科技当中时，对这些新工具的过度使用和依赖就成为一个必须解决的问题了。我们来看一下"Jamie"的例子。Jamie是一个16岁的英国大学生，Griffiths对他做了面对面的访谈，并通过在线方式访谈了他（Griffiths，2000a）。Jamie的父母离婚了，他是家里的独生子，目前跟母亲一起生活。根据Griffiths的描述，Jamie每周大约花70个小时在电脑上，包括在两天周末里每天花12小时上网。Jamie把自己描述为"科幻迷"，并报告说他会花数小时在网络新闻组（Usenet）讨论"星际迷航"（Star Trek）这个电视节目。Jamie专注于互联网，他说这是他生活中最重要的活动，即使在下线以后也会想着它。他报告说互联网似乎对他的情绪产生了影响，不是使他感到兴奋也不是让他平静下来，但如果不能上网就会引发戒断症状。他无法控制上网时间，而他减少上网活动的努力也宣告失败，因为他发现"实在是难以抵制网络空间的诱惑"（P213）。即使不上网，他也没办法减少电脑的使用（他在2000年时使用了一个非永久性的调制解调器连接），而且在两年时间内对电脑进行了11次升级。他用下面这种方式来描述他的电脑："我不能没有它——我的社交生活和学习生活跟它息息相关。"（P213）

    因为频繁使用互联网，Jamie的睡眠受到了影响，他甚至有好几次因为睡过了头而错过了大学课程。他有一次试图停止使用互联网，但只坚持了3天。Jamie报告说，他除了上网几乎没有朋友，因此他使用互联网来进行社交、认识其他人。有趣的是，他否认自己有互联网使用的问题，也不认为自己沉迷于网络。尽管我们在各个年龄阶段都发现过度的互联网使用，但它在青少年和年轻人中最为普遍（Šmahel，Sevcikova，Blinka & Vesela，2009b；Tsai & Lin，2003）。

本章的开篇，我们先检验是否可以在互联网用户中使用"成瘾"（Addiction）这个词，并描述与互联网有关的成瘾行为。然后我们再讨论成瘾行为在青少年当中的普遍性，青少年作为一个群体是最有可能出现网络成瘾的。接下来，我们要讨论与互联网有关的成瘾行为的症状，描述网络成瘾行为的个人背景和社会背景。我们还将以一个独立的章节来描述四种网络成瘾行为，这也是大部分研究的主题：网络游戏、在线人际关系（沟通）、虚拟性行为和在线赌博。最后，我们将描述网络成瘾行为的治疗方法。

一、"成瘾"这一术语适用于互联网使用吗？

对 Jamie 的例子的分析表明，他的互联网使用是过度的，并且似乎影响到了他生活的其他方面。事实上，他的一些症状（比如戒断症状）也是对尼古丁、酒精和其他物质成瘾的人会体验到的。虽然我们看到有人在用"网络成瘾"（Internet addiction）来描述这种过度的在线活动，但有些心理健康专家还是怀疑是否真的存在"网络成瘾"，甚至不赞成在互联网使用背景下使用"成瘾"这一术语。2007年6月，美国医学会劝阻美国精神病学会将"网络成瘾障碍"作为一种正式诊断纳入新版的精神疾病诊断与统计手册（DSM），并且不建议将"电子游戏成瘾"归为一种严重的精神疾病（Grohol，2007）。根据 Grohol（2005）的观点，对于网络成瘾与某些生活问题之间的因果关系，以及网络成瘾是否本身就是一个问题或者是其他疾病的一种表现，目前尚不清楚，很多认为自己"沉迷于网络"的人好像都很难解决生活中的冲突和问题。他还警告说，大多数对网络成瘾行为的早期研究都带有探索的性质，并没有解决因果关系问题，因此大多都是推测。其他研究，比如英国心理学家 Mark Griffiths（Griffiths，2000a，2000b，2000c，2001a，2001b），他使用"成瘾"一词来描述对互联网的过度使用，"成瘾"通常是用来显示其他成瘾特征的，比如物质成瘾。Griffiths 指出，前面提到的青少年男孩 Jamie 表现出了其他成瘾的症状特征，比如凸显性、心境改变、耐受性、戒断症状、冲突和复发。

Young 在这方面做出了开创性的工作，她将网络成瘾描述为"任何与网络有关的强迫性行为，它会干扰正常生活，并对家庭、朋友、恋人和工作环境带来巨大的压力"。网络成瘾也被称作网络依赖和网络强迫症（Young，1998a，1998b），它的关键要素是过度的互联网使用完全支配了成瘾者的生活。反对用"网络成瘾"来描述这种过度行为的研究者使用其他的术语来替代，比如"成瘾行为"、"依赖"、"高度卷入"、"强迫行为"、"过度使用"和"问题性使用"（Beard & Wolf，2001；Beard，2005；Charlton & Danforth，2004；Goldsmith & Shapira，2006；Morahan-Martin & Schumacher，2003；Morahan-Martin，2005；Shapira，Goldsmith，Keck，Khosla & McElroy，2000）。

另外一个问题是，我们是否应该区分"互联网上的成瘾行为"（addiction on the Internet）和"对互联网成瘾"（addiction to the Internet，Griffiths，2000c；Widyanto & Griffiths，2007）。"互联网上的成瘾行为"意味着互联网只是一种环境，在其间出现了一些更深层次的和原始的问题。在没有互联网的情况下，这些问题也可能以其他的方式显现出来。如果是这样的话，与采用其他更为危险的症状或行为（比如药物使用、自我伤害或者厌食症）的方式相比，互联网可能是这些问题出现的一种相对安全的环境（Šmahel，2003）。与此相反，"对互联网成瘾"意味着这些问题不会出现在其他环境（Griffiths，2000b；Widyanto & Griffiths，2007）。也就是说，互联网以及各种论坛创造了一个允许人们做一些事情的环境，而这些事情他们不会在其他地方做（如网络性行为和网络跟踪，Griffiths，2000b）。

很明显，有必要进一步研究来确定极端的互联网使用是否代表了一种"现实的成瘾"的典型症状。根据这些问题，我们使用"互联网上的成瘾行为"（addictive behavior on the Internet）一词来描述过度互联网使用的特征，并没有认定互联网本身就是这种成瘾行为的起因。鉴于当前研究的状况，我们一致认为"网络成瘾"这个术语并不适用于互联网用户。但是，为了保持原意，我们在引用不同作者的研究时采用他们使用的特定术语，其中就包括"网络成瘾"。

二、互联网上的成瘾行为的状况

为了理解年轻人在网络环境下的成瘾行为的问题，我们要检验一下青少年和年轻人在互联网上的成瘾行为的真实状况。我们将讨论青少年是否最有可能出现此类成瘾行为，其原因是什么。此处我们仅提供总体上的发病率统计，对具体互联网应用（比如网络游戏）的统计数字，我们将在具体阐述这些互联网应用时加以解释。

因为在互联网上的成瘾行为的比率在不同背景下有所差别，因此我们将以不同国别的形式来呈现这些结果。在美国，Morahan-Martin 和 Schumacher 调查了 277 名美国大学生互联网用户，发现其中 8.1% 的被试为病理性用户，他们至少表现出了六种病理性互联网使用症状中的四种（Morahan-Martin & Schumacher，2000）。病理性互联网用户每周大约平均花 8.5 小时在互联网上。虽然他们平均每周花在互联网上的时间看似不多，但事实上，作者认为这暗示着问题会在短期上网时浮出水面。病理性互联网用户连接互联网，更多的是为了玩互动性游戏，结识新朋友以获得情感支持，并以一种更加去抑制的方式行事。问题在于，目前仍然缺乏足够的信息来判断美国青少年网络成瘾的发病率，在撰写本文的时候，我们仍然找不到更多的近期数据以及对美国青少年网络成瘾的统计数据。相反，正如我们接下来看到的，在亚洲的一些国家和地区（比如中国大陆和中国台湾地区），这方面的研究则比较多，这可能反映了这些国家和地区对迅速增加的网吧数量的新闻报道带来的紧迫感在这里，许多男性青少年眼睛盯着屏幕，沉浸在网络游戏中（Macartney，2008）。

在中国青少年中，Cao 和 Su（2007）发现，2.4% 的 12—18 岁的青少年被试（n = 2620）出现了网络成瘾。成瘾的互联网用户平均每周花 11 小时上网，而非成瘾被试只有 3 小时。有趣的是，男性成瘾用户（83%）明显多于女性（17%），这一结果与美国和欧洲的研究不同，美国和欧洲没有发现明显的性别差异（如 Johansson & Gotestam，2004；Šmahel et al.，2009b）。

在欧洲，Johansson 和 Götestam（2004）调查了 3237 名挪威青少年，年龄范围在 12—18 岁之间。他们使用 Young 的网络成瘾诊断问卷（1998c），发现 2% 的青少年"网络成瘾"，8.7% 的被试有可能出现过度互联网使用。以网络成瘾作为因变量的回归分析表明，互联网使用的程度和在线活动的类型对其具有显著的预测作用。成瘾行为组的个体报告说他们使用网络更频繁，在线时间也更长，这些个体也报告说使用了更多的讨论组、阅读并发送电子邮件、玩游戏、购买和订购商品及服务，以及阅读报纸和杂志。研究者没有发现人口统计学变量（年龄，性别，地理和社会背景变量如教育、工作和住所类型）和互联网上的成瘾行为之间存在相关。

人们普遍认为，与成年人相比，年轻人更有可能在互联网上出现成瘾行为，因此比较青少年、年轻人和成年人的成瘾发病率或者成瘾分数就相当重要了。我们使用来自捷克共和国的世界互联网计划（World Internet Project）的一部分网络成瘾行为的数据来进行比较（Šmahel et al.，2009b）。我们在 2008 年 9 月份使用面对面访谈搜集了 2215 名 12 岁及以上被试的数据，整个数据分为两个部分：第一部分被试代表了捷克人口，由 1520 名 12 岁和更大的青少年组成，第二部分被试由 695 名 12—30 岁的被试组成。网络成瘾行为问卷以 Griffiths（2000a，2000c）、Beard 和 Wolf（2001）的研究为基础，共测量了以下五个方面：（1）认知和行为凸显性；（2）耐受性；（3）积极和消极心境改变；（4）冲突；（5）时间——无法成功地削减互联网使用的时间。根据下面的标准将被试分为两组：A 组（在互联网上的成瘾行为）——同时具备上述五个方面；B 组（存在出现互联网上的成瘾行为的风险）——具备冲突和至少三个其他的方面。

4% 的捷克互联网用户具备所有的网络成瘾行为症状（A 组），而 8.6% 的互联网用户存在网络成瘾行为的风险（B 组，Šmahel et al.，2009b）。图 9.1 显示了互联网用户网络成瘾行为发病率的年龄趋势。互联网上的成瘾行为在 12—15 岁青少年中间最为普遍（8% 的人表现了所有的成瘾行为症状），其次是 20—26 岁的年轻人（5.3%）。

在 A 组，成瘾行为症状随着年龄的增加显著下降，在 36 岁及以上的互联网用户中，显示所有的成瘾症状的比例低于 2%。此外，B 组的斜率非常陡峭，存在风险的青少年和年轻人数量很多。请记住，图 9.1 只包括来自互联网用户的数据，而互联网使用随着年龄的增加而减少，年轻个体的实际风险相对于其他年龄群体尤其是成年人，可能就会更大。有趣的是，在互联网上的成瘾行为的比率不存在性别差异。对年轻人（12—19 岁）来说，在线时间与成瘾风险存在正相关：那些具备所有成瘾行为症状（A 组）的人报告说，他们平均每周在家使用互联网 15.1 小时，而没有成瘾行为风险的青少年则只报告了 9.8 小时。

年轻人成瘾行为比率如此之高的一个原因，可能是他们的生活中存在更多的冲突。图 9.2 表明，相对于年轻人和成年人，三个国家（智利、瑞典和捷克）的青少年更有可能报告在互联网使用时出现冲突（Šmahel, Vondrackova, Blinka & Godoy-Etcheverry，2009c）。根据一些研究者的观点，与互联网使用有关的冲突是成瘾行为最为重要的一个维度（Beard & Wolf，2001），因此，青少年期与互联网使用有关的冲突的增加可能加大这个年龄群体的成瘾行为的风险。

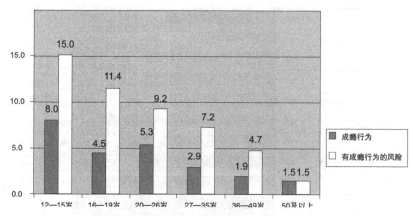

图 9.1　各年龄阶段被试在互联网上的成瘾行为的发病率百分比

（源自 2008 捷克 WIP 的数据）

三、识别哪些年轻人可能网络成瘾

理解网络成瘾行为的一个重要步骤是，确认哪些年轻人可能出现过度和病理性的在线行为。为了评估在互联网上的成瘾行为，Young 以离线环境下的病理性赌博为基础，设计了一个简短的问卷（Young，1995，1998b，1998c）。病理性赌博在 DSM-IV 里被归为一种强迫控制障碍。然后，她根据这个简式问卷的结果，编制了 20 个项目的网络成瘾测验（Internet Addiction Test，IAT），该量表可以从 Young 主持的"网络成瘾康复中心"的网站下载（1998a）。

根据 DSM-IV 的一般标准，Griffiths（2000a，2000b，2000c）及 Widyanto 和 Griffiths（2007）提出了网络成瘾行为的六个基本维度（Griffiths，2000a），这些维度已经被用到对青少年的测试当中（如 Ko，Yen，Chen，Chen & Yen，2005；Lemmens，Valkenburg & Peter，2009；Šmahel et al.，2009b）：

（1）凸显性：在线活动变成个体生活当中最重要的事情，并控制其认知和行为过程。

（2）心境改变：在线活动影响互联网用户的主观体验。

（3）耐受性：一个持续的过程，需要越来越大"剂量"的在线活动才能体验到原来的心境。

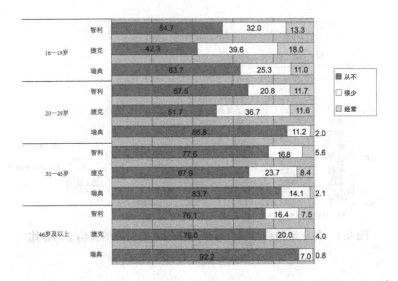

图 9.2　智利、捷克和瑞典青少年因互联网使用而与家人、朋友和伙伴发生冲突的百分比（2008WIP 数据）

（4）戒断症状：随着停止或者无法进行在线活动产生的消极感受和情绪。

（5）冲突：在线活动导致的人际冲突（主要是与家人和朋友）和内心冲突。

（6）复发：复发的倾向，即使在受到相对控制的情况下仍然恢复成瘾行为。

Griffiths 认为，个体只有具备了上述所有要素时才会成瘾。比如说，Griffiths（2000a）在他的个案的研究中表明，当个体只表现出其中的几个维度时，过度使用只具有一定的成瘾症状，互联网可能用来抵消其他的问题领域，比如在人际关系、关注外貌、残疾等方面的问题。为此，在有些问卷（没有表现出所有要素）上得高分并不真正意味着互联网用户"成瘾"了，只能说明他们的过度使用是其他潜在问题的征兆。在使用诸如 young 的问卷等时，心理学家和心理咨询师们应当慎重，因为这些问卷无法区分"成瘾"和"过度使用"。

上述网络成瘾行为的诊断标准是一般性的，而且在成年人、年轻人和青少年中比较常见。但对于青少年网络成瘾行为的诊断来说，我们认为该诊断标准应该适当修改，因为很多现行的标准都是以消极的家庭动力学特征为基础，比如对互联网使用的冲突、亲属（比如父母）的抱怨、对家人撒谎，等等。正如图 9.2 所示，不论青少年使用互联网的程度如何，他们和父母的冲突在青少年期比较常见，通常会以这种形式或那种形式表现出来。因此，当前的问卷可能高估了青少年的成瘾分数，我们应该小心使用。

为了发展一套针对青少年的诊断标准，台湾的研究者们（Ko et al., 2005）调查了 468 名 12—19 岁的青少年。被试填写网络成瘾量表中文版（CIAS），然后由 7 位精神病学家使用访谈来评估其网络成瘾行为。结果得到 13 条诊断标准，分成三组（Ko et al., 2005）。

（一）互联网使用的适应不良模式

互联网使用导致临床上的显著损伤或痛苦，而且在 3 个月时间内的任何时候都有可能发生。需要具备以下 6 个（或更多）特征：

（1）专注于互联网活动。

（2）在抵制互联网使用的冲动时反复失败。

（3）耐受性：为达到满足，互联网使用时间显著增加。

（4）戒断症状，符合下面的其中一条：

　　①心情烦躁、焦虑和易怒症状，以及几天不上网后出现无聊感；

　　②使用互联网来缓解或避免戒断症状。

（5）使用互联网的时间超过预期。

（6）持久的渴望和（或）无法削减或者减少互联网使用时间。

（7）在线活动时间过多。

（8）把过多的精力花在在线活动上。

（9）持续地过度使用互联网，不顾互联网使用可能导致或加重某个持久的或复发性的身体或心理问题。

（二）功能障碍

具备下列一个（或更多）症状：

（1）互联网使用复发导致未能履行学校和家庭的主要义务。

（2）互联网使用导致社会关系的损害。

（3）互联网使用导致违反学校规定或法律的行为。

（三）无法用任何其他的精神疾病来解释

网络成瘾行为无法归纳为精神障碍或双相 I 型障碍。

考虑到诊断网络成瘾行为的复杂性，Beard 和 Wolf（2001）建议，"诊断应该基于大量的临床访谈，而且要进行一套完整的测试。临床医师要准确地判断获得的信息是否符合诊断网络成瘾的标准"（P379）。我们赞成他们在评估青少年网络成瘾行为时的审慎态度，而且强调使用临床访谈来诊断网络成瘾行为的重要性。

四、网络成瘾行为的相关因素

研究表明，网络成瘾的青少年在生活中的其他方面也存在问题，比如学业成绩（成绩下降、逃学）、家庭关系（冲突并向父母隐瞒过度互联网使用）、身体健康（睡眠剥夺）、心理健康（抑郁）、财务问题（上网费用）、物质滥用以及网络欺凌（Chou, Condron & Belland, 2005；Griffiths, 2000a；Ko et al., 2006；Kraut et al., 1998；Kubey, Lavin & Barrows, 2001；Tsai & Lin, 2003；Young, 1998a）。一项对 576 名大学生（平均年龄 20.25 岁）的调查发现，大约 9% 的被试报告他们可能存在对互联网的心理依赖。尽管不存在年龄差异，但男性更有可能出现"依赖"，而且 14% 的大学生报告他们的学业受到了互联网使用的影响（Kubey et al., 2001）。更严重的互联网使用与受损的学业表现高度相关。自我报告的互联网依赖和受损的学业表现都与更多的所有互联网应用有关，但与使用网络聊天室和基于文字的多用户网络游戏（文本化的虚拟世界）的相关最强。

物质使用是与网络成瘾行为有关的另一种问题行为。Ko 和同事调查了 3662 名台湾的初中和高中学生，年龄范围为 11—21 岁（Ko et al., 2006）。被试填写了三维人格问卷（Tridimensional Personality Questionnaire, TPQ）、陈氏网络成瘾量表以及物质使用体验量表，结果表明，网络成瘾分数越高的青少年越有可能报告物质使用。成瘾行为与较高的感觉寻求和伤害回避以及较低的奖励依赖有关。较高的感觉寻求、较低的伤害回避和奖励依赖预测了更高水平的物质使用。作者的结论认为，应该为高感觉寻求分数和低奖励依赖分数的青少年提供预防网络成瘾和物质使用的策略。

网络成瘾和物质使用之间的关系类似于网络欺凌与物质使用之间的关系（如 Hinduja & Patchin, 2007），这部分内容我们将在下一章讨论。来自世界互联网计划中的捷克共和国的数据揭示了网络欺凌和网络成瘾行为的两个要素（冲突和凸显性）之间存在中等程度的相关（Šmahel, Blinka & Sevcikova, 2009a）。Cao 和 Su（2007）对 12—18 岁的中国被试的调查表明，具有网络成瘾行为症状的被试在神经质、精神错乱、说谎、情绪症状、品行问题、过度活跃等因素上的分数更高。网络成瘾组被试在时间控制感、时间价值感、时间效能感和亲社会行为方面的得分更低。总之，这些结果为年轻人的离线和在线生活问题存在相关提供了进一步的证据。事实上，有迹象表明，青少年的离线和在线问题行为（比如物质使用和过度互联网使用）之间可能是互相联系的，甚至可能预示着存在更深层次的心理和情绪问题。

显而易见的是，家庭变量（比如满意度、经济状况、父母的婚姻状况以及家庭酒精使用）也与网络成瘾有关（Yen，Yen，Chen，Chen & Ko，2007）。Yen 和同事报告了更高水平的父母—青少年冲突、同胞的习惯性饮酒、感知到的父母对青少年物质使用的积极态度，以及更低水平的家庭功能与网络成瘾有关。网络成瘾和物质滥用存在相似的家庭变量，这表明两者可能都可以归入问题行为综合症。

五、常见的网络成瘾行为

在下一节中，我们要讨论四种常见的网络成瘾行为，这四种行为可能是年轻人过度互联网使用最重要的方面：（1）网络游戏；（2）在线人际关系（沟通）；（3）虚拟性行为；（4）在线赌博。

（一）网络游戏和成瘾行为

根据皮尤互联网项目（Pew Internet Project）的调查结果，97% 的美国青少年玩过电脑、网络、手持或控制台游戏，50% 的青少年昨天就玩过游戏，而 80% 的人玩过五种或者更多类型的游戏（Lenhart et al.，2008）。在发达国家，玩电脑游戏在青少年当中似乎是一种非常普遍的活动。在 WIP 数据里，59%—87% 的 12—18 岁的互联网用户玩过网络游戏（参见第一章的图 1.6）。网络游戏在年轻人的在线生活中具有重要地位，同时它在过度互联网使用中也很突出。第十章将单独探讨暴力和网络游戏的问题。

我们在此集中讨论一种网络游戏——大型多人在线角色扮演游戏（MMORPGs），这在第一章已经描述过了，因为大部分研究都集中于这种网络游戏环境。研究表明，MMORPG 和 MMO 游戏最有可能引发玩家的网络游戏"成瘾行为"（如 Rau，Peng & Yang，2006；Wan & Chiou，2006a，2006b）。我们先从一个阐述网络游戏环境下成瘾行为的个案研究开始，然后我们将讨论与过度游戏行为有关的玩家特征和游戏特点。

这个案例是一位 11 岁的英国男孩 Martin，他出现了玩 MMORPGs 的问题（Wood，2008，P173）：

> Martin 是一个独生子,他没有很多朋友,至少在"现实"世界没有很多朋友,他花了很多空闲时间玩大型多人在线角色扮演游戏（MMORPG）魔兽世界。Martin 很享受游戏过程,他解释了他如何享受与其他游戏玩家的各种冒险。Martin 担心他的父母会觉得自己"沉迷"于网络游戏而阻止他玩游戏。他承认他确实花了很多时间玩游戏,而且他也觉得在玩游戏时是最快乐的。但是,Martin 透露他在学校受到了欺负,他讨厌去学校,玩游戏成了他应对受欺负经历的方式,这让他不用出门就能进行社会交往了,但也可能让他再次受到欺负。他没有告诉任何人自己受到了欺负。他的父母注意到他不愿意去学校,他的老师担心他的学习,他则是花大量时间在自己的房间玩游戏。他们认为网络游戏是出现问题的原因,威胁他说要把电脑搬出他的房间。Martin 觉得心烦意乱,不仅是因为自己受到了欺负,而且是因为他用来逃离现实的唯一方式都受到了威胁。如果 Martin 不能跟网友们一起玩游戏的话,他觉得生活中就没有任何乐趣可言了。

Wood 指出，父母经常关注他的游戏时间，他们把玩游戏当成是一个问题，但没有意识到玩游戏是年轻人的一种社交活动（Wood，2008）。有时候，青少年玩网络游戏可能是另有原因，在 Martin 的案例中，在学校受到欺负才是潜在的原因。

有一件事情现在变得越来越清晰，那就是对青少年网络游戏玩家来说，MMORPGs 是生活中的一个重要组成部分，至少在这方面所花的时间很多。Griffiths 和同事证实，20 岁及以下的青少年玩游戏的时间平均为大约两年，20 岁以上的玩家则为 2 年零 3 个月（Griffiths，Davies & Chappell，2004）。青少年玩 MMORPGs 的频率（每周 26 小时）也高于年轻的成人（大于 26 岁的玩家大约每周 20—22 小时）。MMORPG 玩家的平均年龄可能处于成人初期，典型的年龄范围是 25 岁左右（Šmahel，Blinka & Ledabyl，2008；Yee，2006），其中 90% 的玩家为男性。有意思的是，女性玩家的平均年龄却更高，为 32 岁（Yee，2006）。Griffiths

也发现，在年龄更大的玩家中，性别比例更为平均，而在年轻玩家中则男性更多（Griffiths et al.，2004）。

　　至于网络游戏成瘾的发病率，我们回到一项基于对来自世界各地的 548 名 MMORPGs（魔兽世界和无尽的任务）玩家的调查研究（Šmahel et al.，2008），被试的网络成瘾行为分数以 Griffiths（2000c）的研究为基础。我们询问了几个与成瘾行为的五个症状有关的问题，然后计算出成瘾分数。我们的结果表明，5.5% 的网络游戏玩家成瘾分数很高，26.5% 的被试成瘾分数较高（Šmahel et al.，2008）。青少年和年轻成人（26 岁以下）的成瘾分数显著高于年龄更大的玩家（青少年和年轻成人之间的差异不显著）。成瘾分数较低的被试报告说每周的游戏时间少于 20 小时，而成瘾分数较高的被试每周的平均游戏时间为 41 小时。问题最大的组包括那些成瘾分数很高的被试，但他们却不认为自己沉迷于网络游戏，这与我们研究中 6% 的比例一致。这些玩家出现了成瘾行为的症状，然而他们却声称自己没有成瘾。相比之下，45% 的玩家认为自己沉迷于网络游戏，但一半以上的人只有较低的成瘾分数。至于自我感知的成瘾测量，也有可能本研究中的年轻人在说"我对一些东西上瘾了"（如体育活动）时，只是一句口头禅。

　　对潜在的成瘾行为来说，MMORPGs 的社交维度非常重要（Wan & Chiou，2006b）。玩家们通常是以团体的方式玩游戏，加入所谓的"行会"，并在游戏时进行大量的相互交流。与其他玩家的合作是很常见的，而且如果你想在游戏中成功也必须这么做。MMORPGs 的团体导向型环境与青少年和年轻的成人创建团体并属于团体成员的需要是一致的（Bee，1994；Dunphy，1963）。与女孩相比，青少年男孩可能感觉自己不得不和别人进行竞争，并增加他们的自尊和自我效能感（如 Macek，2003）。MMORPGs 提供了这种测试能力的环境，并且迫使他们在团体中取得较高的地位。有趣的是，年轻的成年男性沉浸在 MMORPGs 中——从发展的角度来讲，我们希望处于和显成人期的个体更少在团体中进行比较以及在虚拟游戏中测试自己的力量，但情况也许并不是这样的，真实的情形如何还需要进行更多的研究。

　　也有可能是玩网络游戏会向玩家灌输一种自我效能感，增加他们玩角色扮演游戏的动机，结果导致了成瘾行为。Wan 和 Chiou 访谈了 10 位台湾青少年玩家，他们每周玩 MMORPGs 的时间在 48 小时以上（Wan & Chiou，2006b）。两位研究者从精神分析的角度，推测网络游戏为玩家提供了一个低社会控制的环境，因此他们不必用防御机制来隐瞒自己，相反，他们可能通过游戏角色获得一种控制感，并满足他们自我表现的需要。

无论如何，如果青少年玩家不能在现实世界感受到类似于虚拟角色带来的力量和自我效能感，他们就会对网络游戏念念不忘，最终陷入某种形式的游戏成瘾。根据对一位接受入院治疗的 18 岁玩家的个案研究，Allison 和同事提出了一个类似的成瘾机制。他们认为，患者的过度游戏行为（可以一天持续 18 小时），主要是为了解决他的自尊和社交缺陷问题（Allison, von Wahlde, Shockley & Gabbard, 2006）。这位玩家的在线角色是一位"能够使死者复活并召唤来闪电的巫师"，这让他能够在游戏中创造一个成熟的自我，并有助于补偿其他的缺陷。比如，尽管他离线时有社交恐惧症，他在游戏中的社会交往却很成功。上述两种机制都是推测的，而且是基于少数几个被试（10 位受访者和一个个案研究）。我们还需要更多的研究来理解网络游戏是否有助于玩家补偿离线缺陷和困难，从而导致过度的网络游戏行为。

同时，我们也需要更多的研究来理解年轻人的特征，他们存在网络成瘾行为的风险。研究者在加拿大青少年中发现，情绪智力对网络游戏成瘾和在线赌博问题具有较强的预测作用（Parker, Taylor, Eastabrook, Schell & Wood, 2008），存在阅读、表达和情绪诱发缺陷的年轻人更有可能参与网络成瘾行为。在这项研究中，青少年的情绪智力和网络成瘾行为呈显著负相关（r = –0.38）。研究者同时认为，网络成瘾行为、网络游戏和在线赌博可能具有相同的病因，它们并非三个独立的现象。

（二）在线关系成瘾行为

正如读者所知，互联网为人们结识新朋友并与他人互动提供了大量的机会。在线交流具有匿名的特征，这在互联网出现的头几年尤其如此，它让人们能够快速交换个人的秘密信息，甚至可能增强交流参与者之间的情感联系。因此，用户可能被吸引到在线交流当中来，甚至感知到一种社会支持感，这是他们在离线生活中感受不到的（King, 1996；Young, 1997）。甚至那些具有较好的离线社交关系、会使用在线交流工具来与离线的朋友互动的年轻人，也可能发现这种互动方式的吸引力，从而花过多的时间进行在线互动。不论交流的双方是线上或离线的伙伴，都存在花费过多时间互动和交流的问题。当这种在线交流减少了个体与生活中的其他方面的联系时，我们可能就会认为在线互动是一种网络成瘾行为了。

　　Becky 就是在线交流成瘾的一个例子，她在 15 岁的时候就开始创建网页了（Hall & Parsons，2001）。16 岁的时候，她的父母离婚了，从此她开始在网络聊天室与其他父母离异的青少年交流。她感觉她的网友比学校里的朋友更重要，而她开始把几乎所有的空闲时间放在网上跟网友们在一起。她的离线朋友和功课受到过度上网的影响，Becky 不断增加上网时间，她开始谎称生病来逃学，以便呆在电脑前。最终，Becky 面临可能无法高中毕业的危险，这时她的母亲联系了一位心理健康咨询师。

　　跟其他问题行为类型一样，青少年的有些特征也可能增加他们过度在线交流的风险。初步证据表明，成瘾用户可能比其他网络用户交流更多。在对这个主题的第一个研究中，Young 注意到，（所有年龄段的）非成瘾个体主要使用互联网来获取信息，而可能出现网络成瘾行为的用户则喜欢使用促进用户之间交流的互联网应用（Young，1995，1998c）。Niemz 等人的报告指出，相对于离线环境，具有网络成瘾行为倾向的学生（n = 371）在网上更为友好，也更加开放，他们在网上有更多朋友，跟他们分享所有的秘密（Niemz，Griffiths & Banyard，2005）。

　　孤独是另外一个可能促进过度在线交流的用户变量。关于互联网使用和孤独的关系，在理论上有两个相互竞争的假说：第一个假说假定互联网使用会导致孤独，而另一个则认为，孤独的个体更有可能以过度的方式使用互联网，因为网络环境提供了一种扩大化的社交网络（Morahan-Martin & Schumacher，2003），本书第七章描述了 Kraut 和同事对第一个假说的研究（Kraut et al.，1998，2002）；第二个假说假定孤独是人的性格的一部分（Morahan-Martin&Schumacher，2003），这个假定可能不适合所有的情况。Morahan-Martin 和 Schumacher 对 277 位大学生互联网用户的研究检验了孤独感和互联网使用及习惯的关系，孤独的个体报告说他们更多使用互联网来寻求情感支持、结交新朋友、与他人互动，他们的网络行为不那么拘谨，他们更喜欢在线交流，在网上感觉更加开放，相互分享秘密，并声称他们的朋友大多都是网友。孤独的人也在感到孤单、抑郁和焦虑的时候上网，他们也更经常报告在日常生活中出现与互联网有关的问题。但是 Leung（2002）在对 699 名年轻人的研究中，并没有发现孤独感和频繁的在线交流之间存在显著相关。作者认为，与朋友在线交流对年轻人来说是一种非常普遍的活动，它与孤独可能没什么关系。作者还声称，有关两者之间的关系，我们仍然缺乏确凿的证据。

　　正如我们所看到的，关于孤独感、在线交流和过度互联网使用之间关系的研究结果并不明确，研究结果在很大程度上取决于被试样本和作者定义成瘾行为的特定方式。我们认为，有可能孤独是网络成瘾行为的一个重要风险因素，因为在离线世界感到孤独的人更有可能去网上寻求人际交往和社会支持。我们需要更多研究来澄清在线交流和网络成瘾行为之间的关系。

（三）互联网上的性强迫行为和性成瘾行为

与"网络成瘾"类似，在线性成瘾（online sexual addiction）不是一个正式的分类，而是指近年来出现在互联网上的过度性行为。在现有文献资料中，研究使用诸如"网络性成瘾"（sexual addiction to the Internet，Griffiths，2001b）或者"在线性强迫行为"（online sexually compulsive behavior，Cooper，Putnam，Planchon & Boies，1999a）这些术语来描述这种行为。在线性强迫可以被视为是成年期最为普遍的网络性成瘾行为和网络强迫行为，而在和显成人期则不那么普遍。目前，少有研究探讨青少年的在线性成瘾行为，也不清楚青少年在多大程度上参与了这种成瘾性行为。正如第三章中所描述的，大部分青少年的在线性行为主要以探索的形式出现，因此我们只简单描述网络性强迫行为的特征，其中一个问题是如何帮助治疗师和其他临床医生识别这种类型的行为。

Cooper 和同事（Cooper，Morahan-Martin，Mathy & Maheu，2002；Cooper et al.，1999a；Cooper，Scherer，Boies & Gordon，1999b）将性强迫行为（sexually compulsive behavior）定义为"有一种不可抗拒的冲动想要做出非理性的性行为"，这种行为也存在于不同年龄和性别的互联网用户当中，我们也可以采用以下五种基本特征来对其进行界定。

（1）否认：个体低估或隐瞒网络性行为的事实。

（2）反复中止这种活动都以失败告终：个体反复尝试减少性行为，但都没能成功。

（3）投入过多的时间：个体在网络性活动上投入大量的时间。

（4）网络性行为的消极影响：个体的网络性活动导致社交、个体和人际等问题及冲突。

（5）重复网络性行为：个体重复网络性行为，不顾其可能带来的不利后果。

Cooper 等人（1999a）区分了从事网络性活动的三类互联网用户。娱乐和非病理型用户（Recreational and non-pathological users）对他们获得的性题材的好奇心感到满意，偶尔会实验网络性行为并对他们的性需求感到满足。强迫型用户

（Compulsive users）展现了性强迫的特质,并体验到了他们的性行为带来的消极后果,互联网是他们把问题性行为付诸实施的另一个领域。强迫型用户可能已经确立起了非传统的性行为模式,比如说,关注色情内容、拥有多个性伴侣等,在线强迫性行为在这些不那么典型的活动中发展起来。危险型用户（Hazardous users）以前没有性强迫行为的经历,但在探索互联网时体验到了这个问题。Cooper 等人（1999a）注意到,这种类型的用户最值得关注,因为如果没有互联网,他们的问题可能不会展现出来。有些互联网性行为的匿名性和易接近性吸引了他们,并改变了他们的性行为和习惯。虚拟环境的特性似乎激起了性强迫行为表现和他们的成瘾行为。Cooper 描述了理查德的例子,他是一个 20 岁的大学生,偶尔的机会接触到了网络色情,之后便形成了一边看网络色情一边自慰的强迫性模式,他因此错过了学校课程,也失去了仅有的几个朋友,还出现了睡眠障碍。他的学习成绩下滑,抑郁加深,然后他联系了一位医师,医师诊断他患有抑郁并把他介绍给了一位心理学家。虽然我们并不知道这个案例的结果如何,但它明确表明,没有任何非传统性行为经验的人在偶然接触后可能导致成瘾。

成瘾风险最大是第二组（强迫型用户）和第三组（危险型用户）。在第三组中,青少年经常被诊断为成瘾,因为他们的离线性行为不如成年人成熟,而且他们对强迫性行为几乎没有什么经验。互联网以其意外接触的潜在性,对青少年来说尤其危险,因为互联网为这种强迫性行为的发展提供了条件。

（四）在线赌博

赌博被定义为个体以一些有价值的东西对一个不确定事件的结果冒险的任何活动,其结果是他或她无法控制的（Cabot,1999）。在“在线赌博”中,这些活动发生在互联网上,个体有可能支付现金,也可能在数字世界（如在“第二人生”里的林登元）里花虚拟货币。互联网赌博的典型形式有:在线赌场、纸牌、体育比赛和在线彩票（Hardoon,Derevensky & Gupta,2002;Manzin & Biloslavo,2008）。赌博和在线赌博是一个重要问题,具有法律和政策影响,但这些与本书没有太大关系。在线赌博也是危险行为,但因为它是一种潜在的成瘾行为,我们在本章对其作简要的介绍。

从图 9.3 我们可以看出,很少有青少年报告在线赌博。在 WIP 数据里,2%—4% 的被试（12—18 岁）报告说他们每周都赌博,根据其赌博频率被认为“经常

赌博"（Hardoon et al.，2002）。与此相似，2001 年在加拿大安大略进行的一项对
2336 名 11—19 岁青少年的调查发现，0.6% 的青少年经常在网上赌博，2.2% 的人
偶尔这么做（Hardoon et al.，2002）。在该研究中，66% 的青少年报告他们在过去
的一年里参与了一些形式的赌博。研究者断定，其中 4.9% 的青少年为病态赌徒，
8.0% 的人有成为赌徒的风险。因为在线赌博在青少年中相对来说并不普遍，相关
的研究也很匮乏，我们还不清楚在线赌博对年轻人的影响或者在线赌博的相关因
素。但是我们知道，病理性和高危的年轻赌博者报告了更多的问题行为，他们更
有可能报告他们自己、同伴和家庭成员的药物和（或）酒精问题；他们存在学习
障碍，并将自己定义为学习迟缓的学生；他们也存在更多的家庭问题，在临床范
围情绪问题的评估上得分更高（Hardoon et al.，2002）。赌博的这些相关因素与之
前描述的网络成瘾问题非常相似，因此，很有可能在线赌博的年轻人也会报告生
活中其他方面的问题。

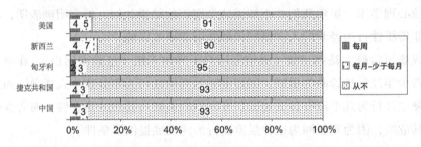

图 9.3　12—18 岁青少年在线打赌 / 赌博的百分比（WIP 2007 数据）

六、网络成瘾行为的治疗

"网络成瘾"的提出只有 14—15 年（Young，1995，1998c），临床医师、治
疗师和研究者们仍对这种新的成瘾行为知之甚少。对不同治疗方法有效性的评估
研究同样缺乏，我们也没有发现任何针对青少年网络成瘾行为治疗的研究。在此，
我们描述针对一般人群的治疗方法，尽管我们不清楚是否需要针对年轻人制定专
门的治疗策略。此外，因为不清楚互联网用户是否对互联网上瘾，所以有必要考
虑个体生活中的其他可能问题领域、特定的过度使用的互联网应用，以及成瘾行
为发生的环境。研究者普遍认为，治疗的目标不是阻止一般的互联网使用，而是

中断问题性互联网应用的使用，比如网络游戏、网络聊天室、即时通讯和色情网站（Kim，2007；Young，2007）。

网络成瘾行为的治疗可以由精神病学家使用心理治疗，也可以使用药物治疗（Kim，2007，2008；Young，2007）。因为药物治疗超出了本书的范畴，因此我们只集中讨论心理治疗，尤其是两种用来治疗网络成瘾的治疗方法：认知行为疗法（Young，1999，2007）和现实疗法（Kim，2007，2008）。

（一）认知行为疗法

认知行为疗法（CBT）是以思维决定情感的假设为基础的（Young，1999，2007），它要求患者自己监控并识别引发成瘾行为和感受的思维活动。接下来，治疗师会帮助患者培养新的应对技能，以及预防成瘾行为和可能复发的方式。认知行为疗法大约需要 3 个月时间（Young，2007）。

认知行为疗法干预能帮助患者使用下面的工具限制上网时间（Young，1999）：描述一天的情形并向相反的方向努力、设置治疗目标、使用外部公告（比如使用闹钟来计时）、节制（如果没办法限制危险应用的上网时间，可以采用完全节制上网行为的办法）、提醒卡片（写下互联网使用导致的五个最大问题，并贴在电脑屏幕上）和自我检查（用户用来减少或停止互联网使用的事物或物品）。Young 评估了对 114 位患者（男性的平均年龄 38 岁，女性的平均年龄为 46 岁）的认知行为治疗的效果，结果表明，"6 个月后的随访表明，大部分患者能够保持症状管理和持续恢复"（Young，1999，P677）。

（二）现实疗法

网络成瘾的现实疗法是以 Glasser（Glasser，2000）描述的现实疗法为基础，它假设人们会对自己的生活、行为、感觉和思维负责。它专注于对行为的理性选择，这能帮助互联网用户实现他们限制互联网使用的目标。现实疗法包括 10 阶段，详情参见 Kim（2007）的著作，读者可以从这里获得更多关于治疗过程的信息。Kim（2008）还评估了现实疗法对一个 276 名大学生样本的治疗效果，结果表明，"现实疗法团体咨询项目能有效改善大学生的网络成瘾，并提高他们与互联网使用有关的自尊"（P10）。

虽然现有文献只描述了两种主要的治疗方法，但执业医师可以使用其他方法来治疗青少年的网络成瘾问题。咨询师和治疗师的第一步是理解患者为什么沉迷于互联网（Watson，2005），如果成瘾行为发生在更广泛的家庭问题内，那么可能适合采用婚姻或家庭治疗。

七、结论

网络成瘾行为有多种形式，也有多个标签，比如"过度互联网使用"、"问题性互联网使用"或者"网络成瘾"。这种过度使用通常伴随着与其他成瘾有关的症状，比如极度关注某种互联网应用、戒断症状和个体内心或者个体间冲突。但是，我们不赞同将其作为临床疾病来进行治疗，对于是否能将过度互联网使用说成是"网络成瘾"也持怀疑态度。

不论问题性互联网使用是否是一种真正的成瘾，当互联网成为青少年生活中最频繁的也是唯一的活动时，应该引起父母的关注。尽管一个人上网时间太长本身不是成瘾行为的指标，但当在线活动影响了其他离线活动，并引发冲突（比如当青少年因为互联网使用而逃学，或者家庭关系和离线友谊出现问题）时，应该认识到这个危险信号。在这种情况下，识别在线活动尤其是在线活动对特定需求的满足，确定青少年生活中是否存在其他方面的问题，是非常重要的。比如说，以即时通讯或社交网站而论，青少年过度在线交流可能是为了满足社会支持和联系的需要（Niemz et al.，2005），但也可能是孤独导致的后果。同样地，玩网络游戏（如MMORPGs）可以使青少年在同伴和（或）玩家团体中获得一定的地位，但也为玩家逃离现实世界进入幻想世界提供了条件。

迄今为止，研究主要考察了与网络游戏（MMORPGs）、虚拟人际关系和网络性活动有关的网络成瘾行为，其他类型的互联网应用也可能很危险，比如对等网络（点对点）分享和下载文件、赌博、交易和在线购物网站也可能对财务产生影响（Young，1998a，1998c）。因为能导致各种问题性使用的互联网应用多种多样，理解成瘾行为的本质就显得相当重要了。互联网使用是为了补偿现实世界的人际关系吗？或者，是提升青少年的自尊和自我效能感的一种方式吗？父母和老师们通常很难回答这些问题，我们的建议是，可能出现网络成瘾行为的青少年应该接受有治疗过度互联网使用经验的治疗师或临床医师的治疗。

虽然我们不想淡化网络成瘾行为的危害，但是我们的经验告诉我们，极端的互联网使用可能并不总是有害的。事实上，我们两位作者中的一位在大学时经常玩 MUDs，而且他的一些同窗也体验到了上述的成瘾行为症状，有时一天花 14 小时玩游戏，其中一小部分人也有离线人际关系，最终离校了，其他的人虽然有 4—5 年时间玩得很多，他们在进入生活的另一个阶段后停止玩游戏了，他们现在都有工作和家庭，过着充实的生活，大多数人成为软件程序员。虽然目前没有对网络游戏玩家的纵向研究，互联网应用并不是药物（比如酒精或者可卡因），过度互联网使用的长期性影响可能不如想象当中的严重，尽管如此，网络成瘾行为的影响不应该被低估。理解青少年为什么花大量时间在各种在线活动上的原因很重要，这也许比极端水平的活动本身更为重要。

【参考文献】

Allison,S.E.,vonWahlde,L.,Shockley,T. & Gabbard,G.O.（2006）.The development of the self in the era of the Internet and role-playing fantasy games.The American Journal of Psychiatry,163,381–385.

Beard,K.W.（2005）.Internet addiction:A review of current assessment techniques and potential assessment questions.CyberPsychology and Behavior,8,7–14.

Beard,K.W. & Wolf,E.M.（2001）.Modification in the proposed diagnostic criteria for Internet addiction.CyberPsychology and Behavior,4,377–383.

Bee,H.L.（1994）.Lifespan development.New York,NY:Harper Collins Publishers.

Cabot,N.A.（1999）.The Internet gambling report II:An evolving conflict between technology,policy & law.Las Vegas,NV:Trace.

Cao,F. & Su,L.（2007）.Internet addiction among Chinese adolescents:Prevalence and psychological features.Child:Care,Health and Development,33,275–281.

Charlton,J.P. & Danforth,I.D.W.（2004）.Differentiating computer-related addictions and high engagement.In J.Morgan,C.A.Brebbia,J.Sanchez & A.Voiskounsky（Eds.）,Human perspectives in the Internet society:Culture,psychology,gender（pp.59–68）.Southampton:WIT Press.

Chou,C.,Condron,L. & Belland,J.C.（2005）.A review of the research on Internet addiction.Educational Psychology Review,17,363–368.

Cooper,A.,Morahan-Martin,J.,Mathy,R.M. & Maheu,M.（2002）.Toward an increased understanding of user demographics in online sexual activities.Journal of Sex and Marital Therapy,28,105–129.

Cooper,A.,Putnam,D.E.,Planchon,L. A. & Boies,S.C. (1999a) .Online sexual compul-
sivity:Getting tangled in the net.Sexual Addiction and Compulsivity,6,79–104.

Cooper,A.,Scherer,C.R.,Boies,S.C. & Gordon,B.L. (1999b) .Sexuality on the Internet:-
From sexual exploration to pathological expression.Professional Psychology:Re-
search and Practice,30,154–164.

Dunphy,D.C. (1963) .The social structure of urban adolescent peer groups.Sociome-
try,26,230–246.

Glasser,W. (2000) .Reality therapy in action.New York,NY:HarperCollins.

Goldsmith,T.D. & Shapira,N.A. (2006) .Problematic Internet use.In E.Hollander &
D.J.Stein (Eds.) ,Clinical manual of impulse-control disorders (pp.291–308) .Ar-
lington,VA:American Psychiatric Publishing,Inc.

Griffiths,M.(2000a).Does Internet and computer "addiction" exist?Some case study
evidence.Cyberpsychology and Behavior,3,211–218.

Griffiths,M.(2000b).Excessive Internet use:Implications for sexual behavior.Cyberpsy-
chology and Behavior,3,537–552.

Griffiths,M. (2000c) .Internet addiction-time to be taken seriously?Addiction Re-
search,8,413–418.

Griffiths,M. (2001a) .Online therapy:A cause for concern?Psychologist,14,244–248.

Griffiths,M.(2001b).Sex on the Internet:Observations and implications for Internet sex
addiction.Journal of Sex Research,38,333–342.

Griffiths,M.,Davies,M.N.O. & Chappell,D.(2004).Online computer gaming:A compar-
ison of adolescent and adult gamers.Journal of Adolescence,27,87–96.

Grohol,J.M. (2005) .Internet addiction guide.PsychCentral,2005.Retrieved October
2,2008,http://psychcentral.com/netaddiction/.

Grohol,J.M. (2007) .Video games no addiction for now.PsychCentral,2007.Retrieved
October 2,2008,http://psychcentral.com/news/2007/06/26/video-games-no-addic-
tion-for-now/.

Hall,A.S. & Parsons,J. (2001) .Internet addiction:College student case study using
best practices in cognitive behavior therapy.Journal of Mental Health Coun-
seling,23,312–327.

Hardoon,K.,Derevensky,J. & Gupta,R. (2002) .An examination of the influence of
familial,emotional,conduct and cognitive problems,and hyperactivity upon youth
risk-taking and adolescent gambling problems.A report to the Ontario Problem

Gambling Research Centre.R & J Child Development Consultants,Inc.,Montre-al,QC.

Hinduja,S. & Patchin,J.W.(2007).Offline consequences of online victimization:School violence and delinquency.Journal of School Violence,6,89–112.

Johansson,A. & Gotestam,K.G.(2004).Internet addiction:Characteristics of a question-naire and prevalence in norwegian youth(12–18 years).Scandinavian Journal of Psychology,45,223–229.

Kim,J.-U.(2007).A reality therapy group counseling program as an Internet addiction recovery method for college students in Korea.International Journal of Reality Therapy,26,3–9.

Kim,J.-U.(2008).The effect of a r/t group counseling program on the Internet addiction level and self-esteem of Internet addiction university students.International Jour-nal of Reality Therapy,27,4–12.

King,S.A.(1996).Is the Internet addictive,or are addicts using the Internet?.Retrieved October 15,2008,http://webpages.charter.net/stormking/iad.html.

Ko,C.-H.,Yen,J.-Y.,Chen,C.-C.,Chen,S.-H.,Wu,K. & Yen,C.-F.(2006).Tridimensional personality of adolescents with Internet addiction and substance use experi-ence.The Canadian Journal of Psychiatry/La Revue canadienne de psychi-atrie,51,887–894.

Ko,C.-H.,Yen,J.-Y.,Chen,C.-C.,Chen,S.-H. & Yen,C.-F.(2005).Proposed diagnostic criteria of Internet addiction for adolescents.Journal of Nervous and Mental Dis-ease,193,728–733.

Kraut,R.,Kiesler,S.,Boneva,B.,Cummings,J.,Helgeson,V. & Crawford,A(2002)Internet paradox revisited.Journal of Social Issues,58,49–74.

Kraut,R.,Patterson,M.,Lundmark,V.,Kiesler,S.,Mukopadhyay,T. & Scherlis,W.(1998). Internet paradox:A social technology that reduces social involvement and psycho-logical well-being?American Psychologist,53,1017–1031.

Kubey,R.W.,Lavin,M.J. & Barrows,J.R.(2001).Internet use and collegiate academic performance decrements:Early findings.Journal of Communication,51,366–382.

Lemmens,J.S.,Valkenburg,P. & Peter,J.(2009).Development and validation of a game addiction scale for adolescents.Media Psychology,12,77–95.

Lenhart,A.,Kahne,J.,Middaugh,E.,Macgill,A.R.,Evans,C. & Vitak,J(2008)Teens,video games,and civics(Electronic version).Pew Internet & American Life Project.

什么时候会过头？过度的互联网使用与成瘾行为

Retrieved October 16,2008,http://pewinternet.org/pdfs/PIP_Teens_Games_and_Civics_Report_FINAL.pdf.

Leung,L.(2002).Loneliness,self-disclosure,and icq("I seek you")use.Cyberpsychology and Behavior,5,241–251.

Macartney,J(2008)Internet addiction made an official disorder in china.Times Online. Retrieved October 15,2009,http://www.timesonline.co.uk/tol/news/world/asia/article5125324.ece.

Macek,P.(2003).Adolescence(2nd ed.).Praha:Portál.

Manzin,M. & Biloslavo,R(2008)Online gambling:Today's possibilities and tomorrow's opportunities.Managing Global Transitions,6,95–110.

Morahan-Martin,J.(2005).Internet abuse-Addiction?Disorder?Symptom?Alternative explanations?Social Science Computer Review,23,39–48.

Morahan-Martin,J. & Schumacher,P.(2000).Incidence and correlates of pathological Internet use among college students.Computers in Human Behavior,16,13–29.

Morahan-Martin,J. & Schumacher,P.(2003).Loneliness and social uses of the Internet. Computers in Human Behavior,19,659–671.

Niemz,K.,Griffiths,M. & Banyard,P.(2005).Prevalence of pathological Internet use among university students and correlations with self-esteem,the general health questionnaire(GHQ),and disinhibition.CyberPsychology and Behavior,8(6),562–570.

Parker,J.D.A.,Taylor,R.N.,Eastabrook,J.M.,Schell,S.L. & Wood,L.M.(2008).Problem gambling in adolescence:Relationships with Internet misuse,gaming abuse and emotional intelligence.Personality and Individual Differences,45,174–180.

Rau,P.-L.P.,Peng,S.-Y. & Yang,C.-C(2006)Time distortion for expert and novice online game players.CyberPsychology and Behavior,9,396–403.

Shapira,N.A.,Goldsmith,T.D.,Keck,P.E.,Khosla,U.M. & McElroy,S.L(2000)Psychiatric features of individuals with problematic Internet use.Journal of Affective Disorders,57,267–272.

Šmahel,D.(2003).Psychologie a Internet:Dˇeti dospˇelými,dospˇelí dˇetmi.(Psychology and Internet:Children being adults,adults being children.).Prague:Triton.

Šmahel,D.,Blinka,L. & Ledabyl,O.(2008).Playing MMORPGs:Connections between addiction and identifying with a character.Cyberpsychology & Behavior,2008,480–490.

Šmahel,D.,Blinka,L. & Sevcikova,A.(2009a).Cyberbullying among Czech Internet users:Prevalence across age groups.Paper presented at the EU Kids Online Conference.London,UK.

Šmahel,D.,Sevcikova,A.,Blinka,L. & Vesela,M.(2009b).Abhängigkeit und Internetapplikationen:Spiele,Kommunikation und Sex-Webseiten.(Addiction and Internet applications:Games,communication and sex web sites).In B.U.Stetina & I.Kryspin-Exner(Eds.),Gesundheit spsychologie und Neue Medien.Berlin:Springer.

Šmahel,D.,Vondrackova,P.,Blinka,L. & Godoy-Etcheverry,S.(2009c).Comparing addictive behavior on the Internet in the Czech Republic,Chile and Sweden.In G. Cardosso,A.Cheong & J.Cole Eds.)World Wide Internet:Changing societies,economies and cultures.Macao:University of Macao.

Tsai,C.-C. & Lin,S.S.J(2003)Internet addiction of adolescents in Taiwan:An interview study.Cyberpsychology and Behavior,6,649–652.

Wan,C.-S. & Chiou,W.-B(2006a)Psychological motives and online games addiction:A test of flow theory and humanistic needs theory for Taiwanese adolescents.CyberPsychology and Behavior,9,317–324.

Wan,C.-S. & Chiou,W.-B.(2006b).Why are adolescents addicted to online gaming?An interview study in Taiwan.CyberPsychology and Behavior,9,762–766.

Watson,J.C.(2005).Internet addiction diagnosis and assessment:Implications for counselors.Journal of Professional Counseling:Practice,Theory and Research,33,17–30.

Widyanto,L. & Griffiths,M(2007)Internet addiction:Does it really exist?(Revisited)In J.Gackenbach(Eds.),Psychology and the Internet:Intrapersonal,interpersonal,and transpersonal implications(2nd ed.,pp.141–163).San Diego,CA:Academic Press.

Wood,R.T.A.(2008).Problems with the concept of video game addiction:Some case study examples.International Journal of Mental Health and Addiction,6,169–178.

Yee,N.(2006).The demographics,motivations and derived experiences of users of massively-multiuser online graphical environments.PRESENCE:Teleoperators and Virtual Environments,15,309–329.

Yen,J.-Y.,Yen,C.-F.,Chen,C.-C.,Chen,S.-H. & Ko,C.-H(2007)Family factors of Internet addiction and substance use experience in Taiwanese adolescents.CyberPsychology and Behavior,10,323–329.

Young,K.S.(1995).Internet addiction:Symptoms,evaluation,and treatment.Center for Online Addictions.Retrieved October 6,2008,http://www.netaddiction.com/articles/symptoms.pdf.

Young,K.S.(1997).What makes the Internet addictive:Potential explanations for patho-
logical Internet use.Paper presented at the 105th annual conference of the Amer-
ican Psychological Association,Chicago.Retrieved October 15,2008,http://www.
netaddiction.com/articles/habitforming.pdf.

Young,K.S. (1998a).Caught in the Net.New York,NY:Wiley.

Young,K.S.(1998b).The center for online addiction-Frequently asked questions.Center
for online Addictions.Retrieved October 6,2008,http://www.netaddiction.com/
faq.htm.

Young,K.S. (1998c).Internet addiction:The emergence of a new clinical disorder.Cy-
berpsychology and Behavior,1,237–244.

Young,K.S. (1999).Internet addiction:Symptoms,evaluation and treatment.In L.Van-
deCreek & T.Jackson (Eds.),Innovations in clinical practice:A source book
(Vol.17,P19–31).Sarasota,FL:Professional Resource.

Young,K.S(2007)Cognitive behavior therapy with Internet addicts:Treatment outcomes
and implications.Cyberpsychology and Behavior,10,671–679.

第十章 互联网的阴暗面：
暴力、网络欺负和受欺负

    自从大众传播媒体出现以来，人们就开始担心年轻人会接触到互联网上表现出来的人性阴暗面了。在第三章里，我们探讨了网络色情和网络性暴力素材，以及青少年接触到这些内容引发的问题。本章我们将考察围绕互联网的其他一些问题——年轻人可能受到暴力、攻击和欺负行为的影响。这些问题早就出现了。几十年前对早期视觉媒体形式（比如电视、电影和近期的交互式媒体如电子游戏）的研究表明，暴力媒体内容确实会导致暴力和攻击行为的增加（Anderson et al., 2003）。正如我们在本章将会展现的，互联网也提供了获取暴力内容的途径。但是，互联网不仅仅是暴力内容的存储库，我们还用它来跟其他人交流和互动，这些新机遇的出现也伴随着新挑战。

    我们先来看看 Megan Meier 的例子。她是一位来自密苏里的 13 岁女孩，于 2006 年 10 月 17 日在壁橱里上吊自杀了。她是 MySpace 网站里的在线欺负或者网络欺负（Cyber bullying）的受害者。一个月前，她在 MySpace 结识了 "Josh Evans" 这个自称接受家庭教育、住在附近的 16 岁男生，经过一个月的友好交往，Josh 出人意料地一反常态，在 2006 年 10 月 15 日给她发了一条信息说不想再跟她做朋友了。他们两个人相互交换了一些负面的信息，触发了一连串的不幸事件，最终导致 Megan 结束了自己的生命。这个网络欺负的例子导致的悲剧在于 "Josh Evans" 这个人并不存在，它是由 Lori Drew 虚构出来的一个身份，她是 Megan 以前一个朋友的母亲。这个例子更大的悲剧是，当地检察官认为没有相应的法律依据来起诉应该为此事负责的成年人。随后，洛杉矶的陪审团认为该成年人违反了 MySpace 的服务条款，涉嫌在上面提供虚假信息而判处较轻的罪刑。但是法官推翻了之前的定罪，此案目前仍在审理之中。因为 MySpace 的总部办公室位于洛杉矶，所以该案必须在洛杉矶审理，这说明目前制定并执行充分保障和保护未成年人免受网络暴力和骚扰的法律面临挑战。虽然在本案中实施网络欺负的是成年人，它仍然提醒人们重视互联网可能引发的潜在的、由同伴和成人实施的带有攻击和敌意的互动。

本章将检验各种形式的网络暴力和攻击。我们先简要回顾目前对媒体暴力（如电视、电子游戏等）研究的结果。本章的重点集中在三种类型的网络攻击上：（1）网站和其他网络空间里的暴力；（2）具有暴力内容的交互式网络游戏；（3）具有攻击色彩的在线互动，包括网络欺负和网络性诱惑。对于每一种网络攻击类型，我们都会描述其在线表现形式或者互动形式，然后考察其对青少年生活的影响。

一、暴力媒体内容的影响

我们先简要回顾研究者已经了解的电视、电影、音乐视频和电子游戏里面的暴力的影响。相关研究领域已经出现不少有代表性的研究评论（Anderson，2004；Anderson et al.，2003；Kirsh，2006），我们来看其中一个由几位著名学者做出的评论（Anderson et al.，2003，P1）：

> 对暴力电视、电影、电子游戏和音乐的研究表明，媒体暴力增加了短期和长期的攻击和暴力行为的可能性。暴力媒体更容易引发轻微的攻击行为，但相对于那些被医学界认定的暴力风险因素或者医疗效果（比如阿司匹林对心脏病的影响），暴力媒体对严重的暴力行为也具有很强的影响（$r = 0.13$ 到 0.32）。

Anderson 和同事将攻击和暴力行为定义为："企图伤害他人的任何行为。"他们回顾了媒体暴力对各种类型的攻击行为的影响研究，包括言语攻击（如谩骂）、关系攻击（背着目标实施的攻击行为，比如传播谣言）和身体攻击（出现形体动作，比如击打和推搡）。此外，他们还分析了考察攻击观念（促进攻击的观念）和攻击性情绪（与攻击行为有关的情绪反应）的研究（Anderson et al.,2003）。以发展的眼光来看，来自此评论的两个结论是相关的。首先，"童年期经常接触暴力电

数字化的青年：媒体在发展中的作用

视节目能促进童年后期、青少年期甚至是成人早期的攻击行为"（Anderson et al., 2003）。尽管对暴力电子游戏影响的纵向追踪研究结论不明确，他们还是认为玩暴力电子游戏与攻击行为的增加之间存在联系。其次，至少对于电视来说，电视节目里的暴力行为对年轻用户的影响更大。总的来说，他们暗示，在生活早期接触暴力媒体对攻击和暴力行为具有累积效应，而且用户的年龄越小，这些影响就可能越强。

二、网站和其他在线内容里的暴力

考虑到互联网和万维网（World Wide Web）的广泛性和动态性，想要详细描述各种不同种类的暴力网站是徒劳的，因此，我们主要关注与年轻人有关联的暴力内容。网上的暴力内容的最主要形式，是通过有暴力和攻击性主题的网站、鼓吹暴力和攻击的网站，以及有时候提供详细的实施暴力行为的指南的网站。1999年4月20日在科罗拉多州利特尔顿发生的科隆比纳事件，说明了这种暴力内容的潜在消极影响。两位青少年 Eric Harris 和 Dylan Klebold，携带手枪、散弹枪和自制炸弹进入他们所在的高中，他们在自杀前杀死了12人，并重伤了好几个人。后来发现，这两个人在网上获取了详细的炸弹制作知识，甚至在 Harris 的个人网站上还有炸弹制作指南（Pooley, 1999）。10多年后，我们仍然能在网上获得这些信息。在2008年10月，一个"炸弹制作指南"的谷歌搜索链接了数个炸弹制作的新闻报道，以及含有制作炸弹的详细信息的网站。任何连接到互联网的人都可以获取这些在线信息。

即使是暴力主题网站，在对于是否倡导暴力行为这一点上也意见不一，自杀网站就是一个最好的例子。在一个美国的 IP 地址上用谷歌搜索"自杀"，几乎找不到任何有关自杀方法信息的网站。通常来说，网站都反对结束一个人的生命，并为那些想要实施自杀的人提供不去自杀的信息资源，甚至列举出了在试图自杀时可能出现哪些问题。事实上，我们访问过一个布告栏，上面有一位互联网用户发布的海报报怨说，他（她）访问的大部分网站都提供了自杀时可能出现各种问题的详细信息！但是，我们在捷克互联网上的类似搜索，却发现有网民在用捷克语认真地讨论如何最好地自杀。

另一类暴力主题网站是那些含有暴力血腥内容，比如酷刑和毁尸的图片。加拿大网站"网络关注"（Be Web Aware, http://www.bewebaware.ca/english）确认了两个属于这种类型的网站，包括"gorezone.com"和"rotten.com"。在这些网站上，有些暴力内容可能还包含有辱人格的行为和性暴力，包括厌女症和虐待狂的极端行为。虽然大部分网站的免责声明都说该网站上含有仅限于成年人的内容，并只允许18岁以上的用户访问，尽管如此，这些内容还是很容易在网上被找到和获取。

在线音乐的暴力内容也值得关注，特别是年轻人使用互联网作为一种重要的音乐和音乐视频来源（Aikat, 2004）。对音乐视频的内容分析表明，说唱音乐（Rap）以及嘻哈音乐（Hiphop music）含有大量的对暴力、枪械和武器的谈论（DuRant et al., 1997；Jones, 1997）。根据 Aikat 的观点，音乐视频可以在 BET.com、Country. com、MTV.com 和 VH1.com 这些网站上下载，因为这些网站上的内容与电视网络和大量的有线电视观众连接，因此很有必要检查这些网站在传播暴力和攻击主题的材料中所起的作用。近期一项对在线音乐视频内容的分析表明，暴力行为包括攻击（财产和武装攻击）、打斗和敌对的追逐。76%的攻击行为使用了武器，最常用的武器包括枪支（22%）、爆炸物（18%）、冷兵器（16%）、生活用品（8%）和交通工具（4%, Aikat, 2004）。在这些在线音乐视频里，重摇滚（Hard Rock）、说唱音乐/嘻哈音乐和 Pop/Top 40 都是含有大量暴力内容的音乐形式。

我们能够发现针对个人和团体的暴力和攻击性信息的另一个在线渠道是仇恨网站（hate sites）。根据 Tynes（2005）的观点，在线仇恨"包括仇恨性言论和所谓的有说服力的说辞"，仇恨言论通常包含种族劣势的信息，并且针对历史上受过迫害的团体的成员。一项对极端分子网站的内容分析发现，极端主义的最常见类型有：白人民族主义者（20%）、光头党（19%）、基督徒身份（13%）、否认纳粹大屠杀（13%）和新纳粹（11%, Gerstenfeld, Grant & Chiang, 2003）。Tynes 写道，仇恨言论针对信徒和潜在成员以及仇恨的目标，比如非洲裔美国人、犹太人和其他少数民族团体的成员。仇恨网站通常由种族主义者组织（如三 K 党、光头党、雅利安国民），通过网络聊天室以及布告栏来增强影响，传播消极言论。考虑到网站的动态性，我们无法了解究竟存在多少这种类型的网站。Tynes（2005）引用了一个 2004 年的数据，这个数据认为，在美国约有 497 个信奉仇恨他人的网站。仇恨信息也可以通过电子邮件（大多数收件人都认为这是垃圾邮件）和手机短信来传递。比如说，下面这条短信息是在澳大利亚悉尼被定罪的帮派强奸犯之间相互传递的："当你情绪低落的时候……暴打一位基督徒或者天主教徒可以让你打起精神来。"在澳大利亚的黎巴嫩穆斯林后裔当中，强奸罪被认为是仇恨犯罪，因为罪犯通常根据种族来选择受害者（Cappi，2007）。

媒体感知网络（Media Awareness Network）的网站指出，我们能在诸如"uglypeople.com"这样的网站上找到在线仇恨的温和形式，这使针对其他人的残酷讽刺合法化。在全球范围内，恐怖组织广泛使用互联网来进行运作，特别是用互联网来接触年轻人。有些组织运营的网站内容表达上是为年轻人服务，实际上也有向自杀式炸弹袭击者宣扬自杀式袭击的信息，可能是为恐怖组织招募新成员（Weimann，2008）。更阴险的是，他们还向年轻人提供宣扬激进、极端信息和暴力内容的免费网络游戏。Weimann 描述过一种这样的网络游戏：

> 其中一种这样的游戏叫做"搜索布什"，亦称为"夜袭布什"，它是一种由基地组织的一个媒体"全球伊斯兰媒体前线"（Global Islamic Media Front）发布的免费网络游戏。在游戏中，玩家配备有步枪、散弹枪或者一枚手榴弹发射器，玩家的任务包括"圣战成长"、"美国人的地狱"和"猎杀布什"。在游戏的最后阶段，玩家的任务是杀死美国总统布什。

最后，在线用户生成媒体上也存在大量的暴力信息，比如 YouTube。我们无法确切估计这些暴力内容的普遍程度，在此，我们提供一个新的例子，虽然是一段轶事，但仍然能说明我们的观点。最近，洛杉矶时报报道了一位叫做"Buket"的 24 岁涂鸦恶搞者，警方在他将故意破坏行为的视频上传到 YouTube 和博客上以后将其逮捕（Blankstein，2008）。最近出现的两个芬兰年轻人的枪击案表明，枪手在事发前先将暴力视频张贴到 YouTube。比如，在 2007 年 9 月份的案件里，YouTube 上的帖子表明一位年轻人号召人们起来革命，并用一支半自动手枪射击。虽然这种暴力事件相对较少，但它们无疑向人们强调了，科技现在已经使个体很容易发布和获取这种暴力信息。目前对青少年接触我们本部分中描述的不同类型的暴力内容的研究才刚刚开始，接下来，我们将描述我们所了解的青少年接触的暴力主题网站和在线仇恨，以及这种接触的潜在后果。

（一）青少年和暴力主题网站

研究者最先感兴趣的是电视和电子游戏中的暴力内容对年轻人的影响，他们通过内容分析确定这些媒介当中的暴力信息的普遍程度。同理，研究者开始时的目标在于确定网站中的暴力内容数量和类型，以及在一些互联网应用（比如YouTube、网络聊天室）中的状况，并评估青少年能在多大程度上获取和创建这些暴力内容。遗憾的是，到目前为止，除了仇恨网站，研究者还没有对上述的其他网络来源进行内容分析。即使互联网是一个静止不变的实体，对带有暴力内容的网站的类型和数量进行登记并列出清单也是一项艰巨的任务。互联网不断发展和变化的本质使这项工作更具挑战性。

一个更棘手的问题在于，青少年接触这些暴力内容的范围和性质，有限的几项研究得出的结果也截然不同。澳大利亚一项对 11—17 岁青少年的研究发现，47%的青少年接触过令人不快或者令人厌恶的在线内容，比如色情、裸体、死亡和事故的暴力图片（Aisbett, Authority & Insights, 2001; Fleming, Greentree, Cocotti-Muller, Elias & Morrison, 2006），一位男性被试提供了一幅"头部中枪后血花四溅"的图片。在另一项研究中，被试也是 13—16 岁的澳大利亚青少年，77% 的男孩和 55% 的女孩报告说他（她）们在网上接触过暴力图片（Fleming et al., 2006）。尽管各项研究之间存在差异，但这些研究都表明很多青少年接触了网络暴力。

通常，人们可能会在无意中接触到这些暴力内容，比如在网络搜索或者接收来自不明身份的人发来的链接时意外发现它们（Aisbett et al., 2001）。无意中接触到可能比有意接触更常发生。在英国儿童上网项目（The UK Children Go Online project）中（Livingstone, Bober & Helsper, 2005），在每周至少上网一次的 9—19 岁青少年里，22% 的受访者会偶尔在网站上看到暴力图片，12% 的受访者故意访问有暴力图片的网站。总之，男孩和年龄更大些的儿童更有可能体验到在线暴力内容的风险，男孩也更有可能有意去搜寻暴力网站。当无意接触到暴力内容时，年轻人报告说他们在遇到这些材料时会感到不安，有些受访者报告说感到"震惊"和"有失体面"，少数人担心父母可能会在他们的电脑屏幕上发现这些内容（Aisbett et al., 2001）。

我们对接触暴力网络内容的影响更是知之甚少，对媒体暴力文献的回顾表明（Anderson et al., 2003）：

> 有关接触媒体暴力影响的基本理论原则也应该适用于互联网。我们没有发现有研究解释了接触网站媒体暴力对攻击和暴力行为、态度、信念和情绪的影响。但是，因为网站材料的可视性和交互性本质，我们预期它所产生的影响与其他可视性和交互性媒体的影响是非常相似的。网站上的暴力材料可能是电子游戏、电影片段和音乐视频，我们没有理由相信通过互联网而非通过其他媒体将这些暴力材料传递到家庭，会降低消极影响。

五年后，我们仍然无法找到一项评估在线暴力内容对青少年影响的实验研究。

请记住，在线暴力内容对青少年观众的潜在影响，也就是假定的"媒体效应"观点已经在第二章描述过。但是，有研究者假定媒体景观是相对局限的，用户都是被动接受者，他们对自己消费的媒体内容没有太多选择。这些假定在电影和电视出现的头几十年里很有可能是真的。但是，这些假设现在已经不再适用了，即使连电视也不适用了，尤其对互联网来说不适用。回想一下 Livingstone 和同事（2005）的研究，只有 12% 的年轻人报告说他们故意访问带有暴力内容的网站。尽管这只代表很小一部分年轻人，但那些想获得暴力内容的人实际上可能更容易受到伤害，因此也更容易受到影响。

事实上，这是 Slater（2003）和 Slater 等人（2003）研究得到的结果。Slater 等人（2003）对 2000 多名 6 年级和 7 年级学生（平均年龄 12.34 岁）的追踪研究，评估了被试的攻击性以及媒体暴力的使用，包括观看动作电影、玩暴力电脑游戏和电子游戏，以及访问暴力网站。他们使用多层模型检验了个体攻击性和暴力媒体使用的生长曲线，在控制了协变量（性别、感觉寻求、一般互联网使用和年龄）后，他们发现暴力媒体使用能在当前以及未来有效地预测攻击性行为。相反，攻击行为只能预测当前的暴力媒体使用。Slater（2003）的另一项对美国 8 年级学生（平均年龄 14 岁）的调查研究，使用多层回归分析来确定性别、感觉寻求、攻击以及互联网使用频率对暴力网站内容的预测作用。学校和家庭疏离感对带有暴力内容的网站使用的解释力超过了对暴力媒体的一般兴趣的解释力，疏离感还对感觉寻求和攻击行为具有中介作用。Slater 总结道："网站包含暴力内容可能代表了一种更具社会破坏性的兴趣，这一点可以从能在一些网站上获取破坏性行为和诸如炸弹制作指南等信息上得到证明。"（P117）特别是，他推测这些网站可能为疏远学校和家庭的年轻人提供一个避难所，并为这些通常存在消极同伴关系的个体提供了一个替代性的社会化环境。因此，暴力化网站可能不会对大多数青少年产生有害影响，但对少数青少年来说却极具危险，尤其是那些疏远学校和家庭的人、感觉寻求者和具有问题行为风险的人。

（二）青少年和在线仇恨

在线仇恨的形式和程度，以及它与年轻人的交集——特别是这些网站如何针对这些年轻人，怨恨内容对年轻人的影响，以及处于危险期的年轻人可能容易受到这些充满火药味的信息的影响，目前对这方面的研究虽然数量不多，但结论却很显著（Tynes，2005）。

　　网络空间具有动态性和不受约束的特点，虽然存在这样的挑战，还是有一些研究试图收集各种厌恶论坛并分析其内容（Gerstenfeld et al.，2003；Schafer，2002；Zhou，Qin，Lai & Chen，2007）。例如，Schafer 提供了一个含有 132 个极端分子网站的厌恶论坛列表和网页地址（URL），虽然很多链接现在已经失效，但仍有一小部分链接在笔者写作本章内容时依然有效（Schafer，2002）。Gerstenfeld 和同事确认并分析了 157 个极端分子网站（Gerstenfeld et al.，2003）。Zhou 和同事使用网页挖掘技术（web mining approach）收集了 110 个美国国内的极端分子论坛，其中总共包含超过 640000 个文档（Zhou et al.，2007）。Simon Wiesenthal 中心的极端主义网站、数字化恐怖主义和仇恨指南（2007）的规模则更大，包括 7000 个问题网站、博客、新闻组、YouTube 和其他点播视频网站（Simon Wiesenthal Center，2007）。仇恨团体比较喜欢使用的在线工具包括网站、电子邮件、聊天室、网络游戏、讨论板、电子游戏、录音带和录像带、比赛和广告宣传（Tynes，2005）。根据 Tynes 的观点，聊天室和论坛可能在其中扮演重要角色，因为它们具有交互性的特点，并且能促进仇恨团体的全球化社区的建立。

　　在此我们更加关心的是，为了将他们的信息传播给更容易受到影响的年轻人，并从中招募新人，这些在线论坛是如何将目标对准年轻人的。Tynes（2005）确认了仇恨网站用来吸引并征召年轻人的几个策略：在大型网站创建网页以及板块，尤其是那些适合儿童和青少年的大型网站；精心组织网页以使它们在年轻人看来是合法的（如网站 www.martinlutherking.org 看起来像一个合法的网站，但实际上它含有大量的仇恨信息）；使用多媒体技术，比如电子游戏和音乐；设置一些标题模棱两可的网站，年轻人可能认为它们是合法的（www.stormfront.org），以及各种"登门槛技术"，比如警告、放弃、目的／目标、社会接近和抗辩策略。为了将目标对准年轻人，这些网站可能使其观点更容易被年轻人所理解，甚至以一些年轻人的特征信息来引导其他年轻人。

　　研究表明，即使是大学生，他们有时候都无法识别极端分子网站的信息（Leets，2001）。网站创建者的仇恨使用技术利用了年轻人正在发展中的认知技能，以及在评估网络信息的可信度时有限的能力和经验，以便把他们吸收到仇恨的世界中来。我们更关注的是，极端组织是如何使用看上去无害的多媒体技术来引诱年轻人的，没有引诱的话，这些年轻人是不愿意考虑他们的仇恨意识形态的。Schafer 发现，白人至上主义者组织允许用户在线试听和购买"白人力量音乐"，这是一种包含暴力、仇恨和亵渎歌词的重金属音乐（Schafer，2002）。这些音乐可能充当极端主义组织和年轻人的意识形态之间的桥梁，年轻人首先为音乐吸引，然后他们在进一步深入这种音乐周围的亚文化时（如参加现场表演和与其他粉丝互动）受到意识形态的诱惑。

对仇恨信息说服力（比如在白人至上主义者的网页上发现的信息）的一项实验研究发现，它们在一定条件下可能很有效（Lee & Leets，2002）。因为这是对这个主题的少数几项研究中的一项，因此我们来详细讨论一下细节。该研究为在线研究，共 108 位青少年（13—17 岁之间）参与，他们在网页上观看图片并阅读文本。研究者告诉被试说他们是在评估网页，并且有些内容可能会冒犯他们。首先对被试对网页上传达的这些信息的最初态度进行测量，一周后被试观看实际信息，研究者在他们接触这些信息后立即测量他们的态度变化。此外，研究者还在两周后测量被试的态度消退。被试观看的网页上的刺激为仇恨网站常见的图形和信息，比如异族通婚、白人的自豪感和遗产、外来移民、加入白人至上主义者的团体，等等。研究者控制了文本的叙事元素（如角色动机、情节和背影）和信息的明确性（如"生为白人本身就是一种荣耀和特权"是一种显性信息，"丰富遗产是一种荣誉和特权"则是一种隐性信息），并测量了被试对呈现的信息的接受程度、他们对这些概念的支持程度、对网页的印象以及对这些信息的偏见和接受能力。

起初，高叙事隐性信息具有更强的说服力，但是，低叙事显性信息的影响在两周后更稳定。此外，被试的接受能力对信息的有效性具有中介作用。虽然不论个体的接受能力如何，高叙事信息都更有说服力，但在开始的时候，不同意歧视信息的被试更能抑制低叙事的外显信息（Lee & Leets，2002）。该研究表明，仇恨信息（比如仇恨网站上的那些信息）能影响年轻人的态度，而且这种影响可能持续两周之久。我们应该进一步思考这项研究的重要意义。首先，它向我们表明，即使短暂接触消极信息（比如仇恨网站上的信息），也能在一定程度上持续改变年轻互联网用户的态度。其次，更重要的是，它向我们表明已经受到这些消极信息影响的年轻人，可能更容易发生态度的改变。前已述及，年轻人无法抑制低叙事显性信息，而它们也具有更为稳定的影响作用。据说，似乎低叙事显性信息在网上更为常见。考虑到互联网的交互性本质，高危个体可能选择只访问仇恨网站，这种故意接触带来的累积影响导致了态度的持久改变。

这些信息可能对哪些年轻人造成风险呢？我们认为，有些年轻人可能更容易受到仇恨信息的影响。我们在前面看到，寻求感觉的年轻人和疏离学校及家庭的年轻人，可能更容易受到暴力内容的影响（Slater，2003）。同样的，Tynes确认了使用仇恨网站的其他风险因素：经济贫困地区的年轻人、来自单亲家庭的年轻人、目标达成受阻后体验到心理困扰的年轻人、缺乏确定的社会规范的年轻人，最后就是感受到经济、种族、遗传（如异族通婚）和性别歧视威胁的个体（Tynes，2005）。

尽管如此，依然有证据表明，虽然极端组织使用各种策略以及仇恨信息的说服力，但是互联网可能也不是招募新人的一个有效媒介。比如说，Turpin-Petrosino调查了高中生和大学生来考察他们对仇恨组织的态度（Turpin-Petrosino，2002）。虽然有调查对象是少数族裔，但研究者只分析了白人被试的反应，因为他们对白人被试对白人仇恨团体的态度感兴趣。Turpin-Petrosino发现在567位调查对象中，只有96人报告说接触过仇恨团体，而且只有10人（约为总体被试的2%）报告说在网上接触过白人至上主义者团体，其中有4人报告说支持该组织。尽管只有不到2%的被试报告通过互联网接触过仇恨团体，但他们大部分（70%）是高中生。该研究是在6–7年前进行的，自那以后，互联网具备了越来越多的多媒体功能。因此，我们需要更多的研究来确认这种趋势，并确认哪些年轻人最有可能被极端组织网站招募。

三、网络游戏中的暴力

在交互式单人游戏中总是存在着暴力，它一般要求玩家与计算机对抗。本节内容我们考虑的问题是，大型多人网络游戏（MMOs）及其子类——大型多人在线角色扮演游戏（MMORPGs）中的暴力。玩家在玩 MMOs 和 MMORPGs 时是在幻想世界里与成千上万的其他玩家相对抗，在 MMORPGs 中，玩家要扮演特定游戏中的角色（参见下图 10.1）。这些游戏为玩家之间的互动提供了更多的机会，同时也引起了攻击和反社会互动的新方式，这是本节内容关注的焦点。在上一章，我们已经讨论过 MMORPGs 角色在网络成瘾中的作用。

图10.1　一位玩家的化身正在与怪兽搏斗：引自"魔戒在线"

根据 Cho（2004）的观点，除了传统的玩家暴力对抗计算机角色外，在多人网络游戏中暴力的其他形式还包括"玩家对决"（玩家之间的暴力对抗），以及更为温和的攻击行为形式，比如玩家之间的口头谩骂、给其他玩家造成不便或伤害、偷取其他人的游戏角色或者化身，以及在游戏中欺骗其他的游戏角色。对决（PK）或玩家挑战玩家（PvP）在 MMOs 当中是一个大问题，当玩家瞄准并杀死参与对决的玩家时，甚至会引发玩家被杀手杀害或对决杀害。对决是很多 MMORPGs（比如魔兽世界）必不可少的一部分，但在其他游戏中（比如魔戒在线）却被禁止。网络游戏的区别不仅在于是否允许玩家对决，还在于玩家对决发生的程度、玩家对决的特定游戏背景（比如服务器），以及对决的具体形式。比如，在有些游戏中，只允许在一定区域内进行对决，因此玩家进入该区域的时候就已经知道他或她可能遭遇到这种行为。

像以前一样，我们首先简要介绍玩暴力电子游戏的影响。Anderson 通过一项元分析（一种对其他研究统计效应的统计分析）总结道，玩暴力电子游戏与"攻击行为、攻击认知、攻击情感和生理唤醒"的增加有关，并与"助人行为"的减少有关。方法论更强的研究得到的结果比方法论较弱的研究的结果更强。Anderson指出，接触暴力电子游戏对攻击行为影响的效应量要大于避孕套使用对 HIV 风险的影响，或工作场所被动吸烟对肺癌的影响（Anderson, 2004）。因此，如果相当数量的年轻人花很多时间接触暴力媒体的话，即使很小的影响也能引发严重的社会后果。如果玩 MMORPGs 不会产生与玩家参与模仿人与人之间的攻击（从讨厌别人到杀死他们）相类似的影响，那反而会让人觉得很奇怪。

遗憾的是，对网络游戏中的暴力的本质及其普遍性、青少年接触和参与网络游戏暴力的程度，以及这种暴力对青少年玩家的潜在影响，仍然缺乏系统性的研究。关于该主题的少数几项研究主要是针对不同年龄段的被试，相互矛盾的研究结论使我们很难得出明确的推论。Wei 在中国中部地区的网吧调查了 11—22 岁的网络游戏玩家，发现玩暴力网络游戏和攻击之间存在相关（Wei，2007）。那些玩暴力网络游戏的人对暴力的耐受性更高、共情态度更低、攻击行为更强，玩网络游戏与对暴力的态度相关最高。

但是，Funk，Baldacci，Pasold 和 Baumgardner（2004）发现对 4 年级和 5 年级的学生（平均年龄 9.99 岁）来说，暴露于现实生活和媒体暴力（电子游戏、电视、电影和互联网）与共情和对暴力的态度之间不存在相关。他们通过询问被试花在四种媒体（如电子游戏或电视）上的时间，以及在每种媒体中最喜欢的活动来评估被试的暴力接触量。Funk 和同事通过询问儿童的游戏（玩有暴力内容或者没有暴力内容的单人游戏、玩有暴力内容或者没有暴力内容的多人游戏）和非游戏活动（如聊天、即时通讯、购物、寻找信息，等等）来测量其互联网活动，结果，只有电子游戏暴力与更低的共情有关，而电子游戏和电影暴力都与更强的亲暴力态度有关。同样的，Williams 和 Skoric 发现，玩暴力幻想网络游戏对攻击性认知和行为没有影响（Williams & Skoric，2005）。被试都是初次的 MMORPG 玩家，他们之前玩过电子游戏，在游戏前后一个月时间都进行了测量。他们的研究发现，被试在研究期间平均游戏时间超过了 56 小时。虽然被试的年龄在 14—68 岁之间，我们在此包括该项研究是因为该主题的研究实在太少。该研究得到这样一个结果的原因可能在于他们使用的游戏是《阿斯龙的召唤 2》（Asheron's Call 2），在这款游戏中，很少有玩家之间的冲突，虽然玩家在游戏中必须杀死邪恶的怪兽。

MMORPGs 的研究结果之所以不同于电子游戏的研究结果，其中的一个原因在于网络游戏环境的本质，特别是 MMORPGs。与很多电子游戏不同，MMORPGs 在地形、植物、动物和居民方面非常复杂多变（Yee，2006）。Yee 同时指出，玩家参与日益复杂的游戏活动，"以游戏角色的能力升级为中心，并将其转化为一种功能优势，不论是作战能力、社会地位、化身外观、地理知识、装备性能，或者甚至是烹调技能"。MMORPGs 也可以是合作的、以社区为基础的、支持性的游戏：

在我们对来自世界各地 548 位玩家的调查发现，94% 的人同意"游戏能让我与其他玩家合作"，81% 的人同意"我能参加一个行会，并产生归属感"（Šmahel，未发表数据）。很有可能，MMROPGs 的暴力方面被他们以团队为基础的、合作的文化所抵消。玩家身处其中的社会世界和活动的复杂性可能有助于他们隐瞒暴力和攻击，这使得对玩暴力网络游戏的研究难以取得一致的结论。与此同时，我们从 Slater 的研究（Slater，2003；Slater et al.，2003）中看到，有些年轻人更容易受到媒体中的攻击性内容的影响，对这些青少年来说，玩暴力 MMROPGs，特别是过度玩这些游戏可能使他们处于风险之中。

四、网络环境下的攻击性互动

正如我们在本章开始所指出的，互联网具有结识陌生人和与人交往的潜能，这可能导致一系列的消极和攻击性互动。对年轻人在使用电子技术（比如社交网站、电话、手机短信、即时通讯和电子邮件）时受到伤害的报道屡见不鲜。在此，我们主要考虑青少年在网上会遇到的两种互动类型：（1）同伴实施的网络欺负；（2）陌生人或成年人实施的在线性诱惑和伤害。

（一）网络欺负

网络欺负（Cyber bullying）"被广泛定义为使用互联网或者其他数字通信设备来侮辱或威胁他人"（Juvonen & Gross，2008）。根据 Raskauskas 和 Stoltz 的观点，网络欺负包括使用手机短信、电子邮件、诽谤网站和在线抨击（在网络空间对同伴发布匿名评论）来实施嘲弄、侮辱、威胁、骚扰和恐吓行为。这些行为的目的似乎是"为了骚扰、控制和伤害受欺负者而传播谣言、隐私、侮辱，甚至是死亡威胁"（Raskauskas & Stoltz，2007）。下面是一个 14 岁女孩的例子，她向我们讲述了年轻人是如何使用短信息来欺负同伴的：

> 我跟家人一起去旅行了。当我回到学校时，每个人都躲着我。当我路过的时候他们全都走开了，一边窃窃私语一边还对我指指点点。最后，一位朋友告诉我，说我的朋友（名字略去）给大家发短信说我因为堕胎而离开学校了。我感到很尴尬（Raskauskas & Stoltz，2007，P565）。

网络欺负也包括在网上冒充他人、发布他人的个人信息、转发私人电子邮件和即时消息对话。随着近来手机摄像头的应用越来越多，我们看到不少年轻人拍了同伴的照片（如在健身房洗澡、在聚会上醉酒），并通过电子邮件发给其他人，更有甚者上传到 YouTube 上去（Raskauskas & Stoltz，2007）。网络欺负还包括侵入服务器并窃取用户的私人信息，就像在捷克服务器"libimseti.cz"（"Ilikeyou.cz"）中所做的那样，黑客从服务器文档中下载了数千个女孩的个人照片，并将其发布到互联网上 [1]。因此，几乎所有形式的电子媒体都可以被年轻人用来欺负和骚扰同伴。

1. 对青少年网络欺负的研究

从青少年网络欺负的研究（Juvonen & Gross，2008；NCH，2005；Raskauskas & Stoltz，2007）我们得知，网络欺负的主要形式为辱骂或者网络环境下的威胁，比如在聊天室以及通过在线工具（如电子邮件、即时通讯，或者手机短信）。分享私人在线交流信息（比如剪切和粘贴即时消息、转发电子邮件）和盗窃密码是在线骚扰的其他形式（Juvonen & Gross，2008）。网络骚扰的新形式作为一种技术已经发生了改变。比如说，当 2005 年手机摄像头刚出现时在英国进行的一项调查发现，10% 接受调查的青少年报告说有人用手机摄像头给他们拍照时会感到尴尬、不舒服或者受到威胁。年轻人通常是新科技的主要使用者，过去他们已经用这些技术想出了新的互动方式（Greenfield & Subrahmanyam，2003），随着网络技术的普及，我们预计年轻人将会找到使用它们来欺负和骚扰同伴的方式。因此，我们少关注一些特定形式的网络欺负，而把更多精力转向那些不容易随着技术而发生变化的方面，比如欺负和受欺负的特征、离线和在线欺负的关系，以及这些欺负行为的后果。

网络欺负在青少年的生活中已经相当普遍，在一项调查研究中，超过 2/3 的青少年报告说他们意识到这种事件（Beran & Li，2005）。与互联网使用的其他方面一样，对网络欺负发生率的估计差异很大，在美国，有 11%（Kowalski & Limber，2007）—72%（Juvonen & Gross，2008）的青少年报告说受到过欺负。在英国，2005 年的一项调查发现，网络欺负的发生率为 20%（NCH，2005）。在一个来自捷克 WIP2008 的代表性样本中，16% 的 12—15 岁青少年报告说至少受到过一次网络欺负，4% 的人每个月都受过几次欺负；20% 的 16—19 岁年轻人报告说至少

[1] http://www.zive.cz/Bleskovky/Hacker-stahl-tisice-intimnich-fotek-ze-seznamky-Libimseticz/sc-4-a-144169/default.aspx.

受到过一次网络欺负,3% 的人在一个月内受到过几次欺负（Sevcikova & Šmahel,, 2009）。在所有年龄段的调查对象中，12—19 岁的被试受到欺负的比例最高。

对于这些研究结果的差异，我们可以归因为研究方法的不同，尤其是被试的选取。比如说，Raskauskas 和 Stoltz 对 84 名 13—18 岁美国青少年的面对面访谈发现，49% 的人报告说受到过网络欺负。一项对 1378 名青少年的在线调查发现，34% 的被试报告说受到过网络骚扰（Hinduja & Patchin,, 2008）。最后，另一项研究对 12—17 岁的青少年进行了大规模在线调查（n = 1454），该研究是 2005 年在一个颇受青少年喜欢的网站上进行，结果发现网络骚扰的比例要高出许多——72% 的被试在前一年受到过骚扰（Juvonen & Gross，2008）。尽管如此，上述三项研究所选取的被试不同，选择被试的方法也不一样，研究结果差异明显，需要进一步的调查研究。但是，这些研究使我们意识到，青少年的同伴关系已经转移到了网络环境。

值得庆幸的是，虽然报告受到过网络欺负的青少年人数相对较多，但在个体水平上看他们只是偶尔受到网络欺负。比如说，在 Juvonen 和 Gross 的研究中，在过去的一年里，接近一半（41%）的被试报告说只受到过 1—3 次欺负，只有 19% 的人遭受过 7 次或者更多网络欺负。虽然网络欺负已经受到很多关注，但是实际上青少年可能在学校受到的欺负要多于网络欺负（Juvonen & Gross，2008）。此外，虽然电子工具提供了所谓的匿名性，网络欺负的受害者还是认为自己认识欺负他们的人，而且大多数人报告说骚扰者是他们离线生活的同伴，比如学校和其他离线环境里的同伴。不到一半的被试报告说，欺负他们的是来自网上结识的人（Juvonen & Gross，2008）。

2. 欺负者和受欺负者的特征

为了适当地进行直接干预，有必要了解潜在的欺负者和受欺负者。2005 年在美国进行的第二次青少年互联网安全调查（YISS-2）表明，女孩和男孩都是受欺负的对象，女孩更有可能受到骚扰（Wolak, Mitchell & Finkelhor，2006）。在美国和捷克进行的研究发现，男性和女性青少年都有可能成为欺负者和受欺负者（Hinduja & Patchin, 2008 ; Sevcikova & Šmahel, 2009），这与面对面欺负相反。在面对面情况下，男性通常都是行凶者，尤其是发生身体欺负时更是如此（Hinduja & Patchin, 2008）。没有出现性别差异的一个原因在于，很多网络欺负涉及关系攻击，而女孩通常喜欢进行关系攻击（Hinduja & Patchin, 2008 ; Juvonen & Gross, 2008）。证据也表明,青少年的种族并不是他们是否成为欺负者和受欺负者的一个原因，但在他们的研究中，80% 的被试为白种人，这也给该结论增加了不确定性（Hinduja & Patchin，2008）。

青少年的在线和离线行为的其他方面与网络欺负有关。青少年的互联网使用程度和他们使用互联网应用的类型都与网络欺负的风险有关。青少年用户互联网使用越多，不仅更有可能被欺负（Hinduja & Patchin，2008），而且更有可能反复受到在线恐吓（Juvonen & Gross，2008）。有些在线交流工具可能使青少年受到欺负——Juvonen 和 Gross 报告说，那些使用即时通讯和网络摄像头的人反复受到欺负的概率是那些不用的人的 1.5—3 倍（Juvonen & Gross，2008）。除了在线行为，青少年的离线行为尤其是问题行为，也与网络欺负有关。报告最近出现学业问题、暴力行为和物质使用的青少年，更有可能成为网络欺负的施害者和受害者（Hinduja & Patchin，2008）。

网络欺负者也更有可能报告不良的亲子关系、物质使用和行为不良（Ybarra & Mitchell，2004）。有抑郁症状的青少年（10—17 岁）更有可能报告说，他们受到了骚扰。在男生中，那些报告了重受抑郁障碍的人受到骚扰的可能性是报告轻度和没有抑郁的人的三倍（Ybarra，2004）。与其他相关研究一样，我们无法知道两者之间的因果关系。作者建议，"未来研究应该把重点放在确定欺负事件的暂存性，也就是说，报告抑郁症状的年轻人是否会有消极互联网体验，或者抑郁症状的出现是否会带来今后消极网络事件的风险"。

也许，确定青少年最有可能成为网络欺负者或者受欺负者的最重要线索，是确定离线世界里的受欺负者和欺负者。目前已经出现的一些研究表明，在网络欺负和学校欺负行为之间存在一定的重合。在一项调查研究中，85% 的调查对象报告在去年至少受到过一次网络欺负，并在同一时间段里受到过一次学校欺负（Juvonen & Gross，2008）。更重要的是，报告说他们会在离线时欺负同伴的人更有可能报告他们会在网上欺负同伴（Hinduja & Patchin，2008）。这个结果与最初的假设相反，我们原来推测离线的受欺负者会使用互联网的匿名性作为受到欺负的庇护。Raskauskas 和 Stoltz（2007）的面对面调查研究，进一步阐明了年轻人的离线和在线欺负之间的关系。虽然虚拟世界里的受欺负者是传统欺负行为的一个子集，但是没有迹象表明，在现实世界里的受欺负者会在互联网上或者通过手机短信报复他人，也没有任何迹象表明，欺负开始于网络空间，然后再转移到现实世界。

此外还有研究发现，离线问题行为与网络欺负有关，这些结果使我们认同一个观点（Juvonen & Gross，2008），即不能再将互联网和其他电子工具视为问题所在了。相反，我们应该将它们看做是青少年既可能是用来实施积极和亲社会行为

数字化的青年：媒体在发展中的作用

的"工具",同时也可能用来实施消极和更加反社会的行为。首先,行为通常与离线的校园活动有关,这使青少年慢慢发现他们在网络环境下的位置。其次,更重要的是,我们看到离线行为和影响作用会转移到网络环境。

3. 网络欺负的后果

目前的大量研究证实,卷入传统的欺负行为的青少年都存在这样或者那样的问题,不论是欺负者还是受欺负者都是这样的(Raskauskas & Stoltz, 2007)。有迹象表明,网络欺负也有类似的负面后果。在 Raskauskas 和 Stoltz 的研究中,青少年受欺负者报告说因为情绪和社交混乱而感到情绪低落。网络欺负的受害者报告说感到愤怒、心烦意乱、尴尬、悲伤或者失望,以及力不从心,因为他们觉得无法阻止别人来骚扰自己(Beran & Li, 2005; Finkelhor, Mitchell & Wolak, 2000; Raskauskas & Stoltz, 2007)。研究也表明,受欺负者更有可能报告学业问题和行为不良问题(Hinduja & Patchin, 2007; Ybarra, Diener-West & Leaf, 2007)。比如说,Ybarra 等人(2007)发现,受到在线骚扰的青少年更有可能报告受到过两次或更多的课后留校或者停学处罚,并从学校里逃学。虽然这些都是受欺负者非常现实的后果,但欺负者似乎并没有意识到他们的欺负行为的代价。在 Raskauskas 和 Stoltz(2007)的研究中,欺负者报告说他们参与网络欺负是为了报复别人,也是为了让自我感觉更好一些。考虑到在线和离线欺负的重合,很有可能在学校和网上受到欺负的是同样的青少年,而且在线和学校欺负的影响可能叠加。Juvonen 和 Gross 发现,在网上和学校受到欺负均增加了受欺负者的社交焦虑,这可能导致他们压力水平的提高(Juvonen & Gross, 2008)。

正如我们前面提到的,很多欺负者似乎认为他们玩得很开心或者报复了他们的同伴,他们也没有意识到自己行为带来的深远影响。一个重要问题是,在线骚扰的受害者报告在过去的 30 天里携带武器去学校的概率是一般人的 8 倍(Ybarra, et al., 2007),这个研究结果应该引起家长和学校领导的关注,因为有些学校暴力事件据说与学校欺负的受害者有关联。认识到欺负行为的潜在致命影响非常重要,不论是离线(学校里面和外面)或是在线欺负,第十一章描述了可以用来对抗这种同伴骚扰的策略。

(二)性诱惑

互联网带来的一个巨大变化是,它使年轻人能够跟陌生人联系。前面我们已经讨论过这种联系的潜在好处,但不幸的是,它也会将青少年置于成人性侵犯者的性诱惑和性虐待的风险之中。在线性诱惑包括要求讨论性，要求获得个人的性信息并做一些跟性有关的事情（Mitchell，Wolak & Finkelhor，2008；Ybarra & Mitchell，2008），这种不适当的而且通常是违法的性接触可以完全发生在网上（比如要求年轻人参与"网络性爱"），或者也可能涉及面对面的性接触。他们先在网上接触年轻人，然后在离线见面的时候对青少年进行性虐待或侵犯（Mitchell，Finkelhor & Wolak，2002）。Wolak，Mitchell 和 Finkelhor 在他们的全国性研究中发现，39%的性侵犯者是 18 岁或更大，而且大部分人都不认识受害者（Wolak et al.，2006）。大多数性诱惑实际上是由陌生人实施的，他们跟年轻人岁数相仿（Mitchell et al.，2002；Wolak et al.，2006）。下面是一个由 15 岁男孩提供的例子，举例说明了由一个同龄同伴实施的性诱惑："一个个十几岁的女孩子要我在车上脱光衣服，我没理她"（Mitchell et al.，2008）。虽然年轻人的性诱惑可能发生得更频繁，但出于发展和安全的原因，现有研究主要集中在成年人实施的性诱惑，他们可能引诱青少年与其建立不良的性关系。

2005 年在美国进行的第二次青少年互联网安全调查（YISS-2）发现，只有 4%的调查对象经历过暴力性的性诱惑（Wolak et al.，2006）。但是在对 10—15 岁青少年进行的"与媒体共同成长调查"（The Growing Up With Media Survey）中，15%的青少年报告在过去一年中经历过性诱惑（Ybarra & Mitchell，2008）。与互联网出现的头几年相比，这个数字要低得多。研究证实，在这 5 年时间里，性诱惑和性骚扰的报告明显减少，这可能得益于更好的教育和更有效的法律监管（Mitchell，Wolak & Finkelhor，2007）。与社交网站（4%）相比，性诱惑可能更经常通过即时通讯（43%）和发生在网络聊天室（32%，Ybarra & Mitchell，2008），社交网站有隐私控制，如果使用的话，似乎就能够限制遭到性侵害的风险。与网络欺负一样，行凶者使用的特定工具并不是那么重要，因为他们会在不同技术条件下使用不同的工具。

虽然这个比例很小，但很重要的一点是确认行凶者的特征，以及最有可能成为侵害目标的年轻人的特点。14—17 岁之间的青少年受到性诱惑的风险最大，引诱者也最有可能是男性（Mitchell et al.，2002）。YISS-2 的调查结果表明，在与陌生人交往的过程中参加一种危险网络行为模式的青少年更有可能受到性诱惑或骚扰。这些行为包括粗鲁和低俗无礼的评论、侮辱他人、以多种方式结识新人（如在线约会网站、即时通讯），以及跟陌生人谈论与性有关的问题（Ybarra，Mitchell，Finkelhor & Wolak，2007）。女性受到攻击性诱惑的风险最高，她们使用网络聊天室和网络电话跟网友聊天，在网上谈论性，并遭受离线身体虐待或性虐待（Mitchell，Finkelhor & Wolak，2007）。

总之，卷入性诱惑的青少年不论是行凶者还是受害者都有心理社会问题，包括物质使用、问题性离线攻击行为（身体攻击和性攻击）与照看者不良的情感联结，以及照看者缺乏有效的监管（Ybarra，Espelage & Mitchell，2007）。与网络欺负一样，网络性诱惑也通常伴随着身体和心理代价，而性诱惑的受害者也报告情绪烦恼、抑郁症状和离线受欺负（Finkelhor et al.，2000）。

五、结论

在前面的章节，我们向您展示了青少年会使用互联网和其他技术来搜集信息和人际交往，他们这么做是为了应对面临的发展任务。不幸的是，正如我们在本章所展示的，互联网也使他们接触到了含有攻击和暴力的网络内容和人际互动。我们列举了一些例子来说明网络攻击和暴力内容，比如在网站、音乐、仇恨网站和网络游戏中的暴力内容，并描述了受欺负的主要形式，包括网络欺负和在线性诱惑。但是，鉴于新技术的快速变化的本质，我们在此描述的特定形式的暴力内容和骚扰可能随着用户采用更新的数字工具而发生变化。重要的是不要忘记，科技最终只是一种工具，在用户的手中可以用来做好事也可以用来做坏事（Juvonen & Gross，2008）。

青少年通过网站或者在线仇恨网站能轻易获取暴力内容，这一点很令人担忧，对此我们认为，在努力理解并限制这些内容的获取时应对青少年有区别地对待和处理，集中关注那些最可能寻求暴力信息、受到暴力信息的鼓动或者与网络受欺负有关的青少年。从现有研究来看，疏离的青少年、感觉寻求者，以及高危青少年最有可能访问暴力媒体。在研究和干预时，我们必须集中精力于那些容易受到仇恨信息影响并被其说服的年轻人。同样的，我们还描述了与网络欺负和性诱惑的实施者和受害者有关的青少年特征，那些寻找暴力或仇恨内容、欺负同伴或者遭受性骚扰的青少年，似乎在他们的离线生活中的其他方面出现困难。因此我们建议，教师、医生、辅导员和其他健康专业人员与在其他领域遇到困难（如家庭冲突、性或身体虐待，或者参加高危险行为）的年轻人接触时，也要关注他们的在线活动或者受欺负状况，因为这些问题可能使青少年处于更加危险的境地。在下一章，我们将描述能够保护青少年免受不恰当和有害的网络内容及人际交往危害的特定策略，以确保他们在数字世界里获得积极而安全的体验。

　　对于消极网络内容和互动，尤其是它们在不同时间上对于态度和行为的短期及长期影响，我们知之甚少，为了更好地理解年轻人的网络世界，我们急需高质量的实验研究。

【参考文献】

Aikat,D.O.（2004）.Violent content in online music videos:Chararcteristics of violine in online videos on bet.com,countrh.com,mtv.com and vh1.com.Paper presented at the Annual Meeting of the International Communication Association,New Orleans.Retrieved November 15,2008,http://www.allacademic.com/meta/p113373_index.html.

Aisbett,K.,Authority,A.B. & Insights,E.(2001).The Internet at home:A report on Internet use in the home.Retrieved January 16,2009,http://www.acma.gov.au/webwr/aba/newspubs/documents/internetathome.pdf.

Anderson,C.A.(2004).An update on the effects of playing violent video games.Journal of Adolescence,27,113–122.

Anderson,C.A.,Berkowitz,L.,Donnerstein,E.,Huesmann,L.R.,Johnson,J.D.,Linz,D.,et al.(2003).The influence of media violence on youth.Psychological Science in the Public Interest,4,81–110.

Beran,T. & Li,Q.(2005).Cyber-harassment:A study of a new method for an old behavior. Journal of Educational Computing Research,32,265–277.

Blankstein,A.（2008）.Alleged tagger seen on YouTube is arrested.Los Angeles Times. http://articles.latimes.com/2008/may/28/local/me-buket28.

Cappi,M.（2007）.A never ending war.Victoria,Canada:Trafford Publishing.

Cho,I.（2004）.Computer games-Violence in multiplayer games.Retrieved October 20,2008,http://wiki.media-culture.org.au/index.php/Video_games_Violence_in_multiplayer_games.

DuRant,R.H.,Rich,M.,Emans,S.J.,Rome,E.S.,Allred,E. & Woods,E.R.(1997).Violence and weapon carrying in music videos.A content analysis.Archives of Pediatrics and Adolescent Medicine,151,443–448.

Finkelhor,D.,Mitchell,K.J. & Wolak,J.（2000）.Online victimization:A report on the nation's youth.Alexandria,VA:National Center for Missing and Exploited Children.

Fleming,M.J.,Greentree,S.,Cocotti-Muller,D.,Elias,K.A. & Morrison,S.(2006)Safety in cyberspace:Adolescents' safety and exposure online.Youth & Society,38,135-154.

Funk,J.B.,Baldacci,H.B.,Pasold,T. & Baumgardner,J.（2004）.Violence exposure in real-life,video games,television,movies,and the Internet:Is there desensitization?-Journal of Adolescence,27,23-39.

Gerstenfeld,P.B.,Grant,D.R. & Chiang,C.P.（2003）.Hate online:A content analysis of extremist Internet sites.Analyses of Social Issues and Public Policy,3,29-44.

Greenfield,P.M. & Subrahmanyam,K.(2003).Online discourse in a teen chatroom:New codes and new modes of coherence in a visual medium.Journal of Applied Developmental Psychology,24,713-738.

Hinduja,S. & Patchin,J.W.(2007).Offline consequences of online victimization:School violence and delinquency.Journal of School Violence,6,89-112.

Hinduja,S. & Patchin,J.W.（2008）.Cyberbullying:An exploratory analysis of factors related to offending and victimization.Deviant Behavior,29,129-156.

Jones,K.(1997)Are rap videos more violent?Style differences and the prevalence of sex and violence in the age of MTV.Howard Journal of Communication,8,343-356.

Juvonen,J. & Gross,E.F.(2008).Extending the school grounds?Bullying experiences in cyberspace.The Journal of School Health,78,496-505.

Kirsh,S.J.（2006）.Children,adolescents,and media violence:A critical look at the research.Thousand Oaks,CA:Sage.

Kowalski,R.M. & Limber,S.P.(2007)Electronic bullying among middle school students. Journal of Adolescent Health,41,22-30.

Lee,E. & Leets,L.（2002）.Persuasive storytelling by hate groups online:Examining its effects on adolescents.American Behavioral Scientist,45,927-957.

Leets,L.(2001).Responses to Internet hate sites:Is speech too free in cyberspace?Communication Law & Policy,6,287-317.

Livingstone,S.,Bober,M. & Helsper,E.（2005）.Internet literacy among children and young people:Findings from the UK Children Go Online project.Retrieved January 16,2009,http://eprints.lse.ac.uk/397/1/UKCGOonlineLiteracy.pdf.

Mitchell,K.J.,Finkelhor,D. & Wolak,J.（2002）.Online victimization of youth.In D.Levinson(Ed.),Encylopedia of crime and punishment(Vol.3,pp.1109-1112).Thousand Oaks,CA:Sage.

Mitchell,K.J.,Finkelhor,D. & Wolak,J.（2007）.Youth Internet users at risk for the most serious online sexual solicitations.American Journal of Preventive Medicine,32,532–537.

Mitchell,K.J.,Wolak,J. & Finkelhor,D. (2007).Trends in youth reports of sexual solicitations,harassment and unwanted exposure to pornography on the Internet.Journal of Adolescent Health,40,116–126.

Mitchell,K.J.,Wolak,J. & Finkelhor,D.(2008).Are blogs putting youth at risk for online sexual solicitation or harassment?Child Abuse & Neglect,32,277–294.

NCH.(2005).Putting u in the picture:Mobile bullying survey 2005.Retrieved August 7,2007,http://www.nch.org.uk/uploads/documents/Mobile_bullying_%20report.pdf.

Pooley,E.(1999).Portrait of a deadly bond.Time,26.Retrieved May 10,2009,http://www.time.com/time/magazine/article/0,9171,990917,00.html.

Raskauskas,J. & Stoltz,A.D.(2007).Involvement in traditional and electronic bullying among adolescents.Developmental Psychology,43,564–575.

Schafer,J.A.(2002).Spinning the web of hate.Web-based hate propagation by extremist organizations.Journal of Criminal Justice and Popular Culture,9,69–88.

Sevcikova,A. & Šmahel,D. (2009).Cyberbullying among Czech Internet users:Comparison across age groups.Zeitschrift für Psychologie (Journal of Psychology),4,227–229.

Simon Wiesenthal Center.(2007).Digital terrorism and hate 2007.http://fswc.ca/publications.aspx.

Slater,M.D. (2003).Alienation,aggression,and sensation seeking as predictors of adolescent use of violent film,computer,and website content.The Journal of Communication,53,105–121.

Slater,M.D.,Henry,K.L.,Swaim,R.C. & Anderson,L.L. (2003).Violent media content and aggressiveness in adolescents:A downward spiral model.Communication Research,30,713–736.

Turpin-Petrosino,C. (2002).Hateful sirens···Who hears their song?An examination of student attitudes toward hate groups and affiliation potential.Journal of Social Issues,58,281–301.

Tynes,B.M.(2005).Children,adolescents and the culture of online hate.In N.E.Dodd,D.E.Singer & R.F.Wilson(Eds.),Handbook of children,culture and violence(pp.267–289).Thousand Oaks,CA:Sage.

Wei,R.(2007).Effects of playing violent videogames on Chinese adolescents' pro-violence attitudes,attitudes toward others,and aggressive behavior.CyberPsychology & Behavior,10,371–380.

Weimann,G.(2008).Online terrorists prey on the vulnerable.Retrieved October 20,2008,http://yaleglobal.yale.edu/display.article?id=10453.

Williams,D. & Skoric,M.(2005).Internet fantasy violence:A test of aggression in an online game.Communication Monographs,72,217–233.

Wolak,J.,Mitchell,K.J. & Finkelhor,D.(2006).Online victimization of youth:5 years later.Retrieved August 9,2007,http://www.unh.edu/ccrc/pdf/CV138.pdf.

Ybarra,M.L.(2004).Linkages between depressive symptomatology and Internet harassment among young regular Internet users.CyberPsychology & Behavior,7,247–257.

Ybarra,M.L.,Diener-West,M. & Leaf,P.J.(2007).Examining the overlap in Internet harassment and school bullying:Implications for school intervention.Journal of Adolescent Health,41,42–50.

Ybarra,M.L.,Espelage,D.L. & Mitchell,K.J.(2007).The co-occurrence of Internet harassment and unwanted sexual solicitation victimization and perpetration:Associations with psychosocial indicators.Journal of Adolescent Health,41,S31–S41.

Ybarra,M.L. & Mitchell,K.J(2004)Youth engaging in online harassment:Associations with caregiver-child relationships,Internet use,and personal characteristics.Journal of Adolescence,27,319–336.

Ybarra,M.L. & Mitchell,K.J.(2008).How risky are social networking sites?A comparison of places online where youth sexual solicitation and harassment occurs. Pediatrics,121,e350–e357.

Ybarra,M.L.,Mitchell,K.J.,Finkelhor,D. & Wolak,J.(2007).Internet prevention messages:Targeting the right online behaviors.Archives of Pediatrics and Adolescent Medicine,161,138–145.

Yee,N.(2006).The demographics,motivations,and derived experiences of users of massively multi-user online graphical environments.PRESENCE:Teleoperators and Virtual Environments,15,309–329.

Zhou,Y.,Qin,J.,Lai,G. & Chen,H.(2007).Collection of US extremist online forums:A web mining approach.Proceedings of the 40th Hawaii International Conference on System Sciences(Vol.40,p.1184)Waikoloa,HI.Retrieved October 12,2010,http:// ieeexplore.ieee.org/xpls/abs_all.jsp?arnumber=4076513&tag=1.

第十一章 促进正面、安全的数字世界：父母和教师能为青少年做些什么

毫无疑问，现在读者们已经能够意识到数字世界是非常复杂且充满问题的，它能为青少年提供跟他人互动、获取信息和资源的机会，但与此同时，它也有令人讨厌的方面。正如在前面一章所看到的，比如它允许青少年随时访问色情、暴力和其他不当内容，而且青少年还有可能遭到网络中其他同伴或成年人的伤害。所以我们也能理解父母、教育实践者和政策制定者们常有的困惑，因为他们不知道该如何应对青少年遭受在线伤害的问题。David（第二作者）曾经教授过一个心理学和互联网的远程课程，尽管授课对象都来自相对自由的捷克共和国，但作为青少年的父母，他们中的很多人都表示对很多不合适的网络内容（如色情、网络暴力等）和在线交互（如网络性爱、性短信）等感到非常担忧，因为青少年们在网络中随时都可能会遭遇这些问题。更重要的是，家长们不确定是否应该约束和限制孩子们使用数字媒体的活动。

这些问题和担忧可能会促使父母禁止青少年使用数字工具（如互联网）和网络应用（如社交网站和发短信），或在孩子使用这些媒体的时候进行严密监控（Tynes, 2007）。考虑到技术的影响已经深入到青少年的生活中，而且青少年阶段的个体正在发展独立性和自主性，所以这种限制和约束显得既不实用，也不可行，并且也绝不是一种明智的选择。约束和限制青少年使用数字媒体，就跟把脏洗澡水和婴儿一起倒掉一样，是不恰当的做法。更聪明、更有效的方法是努力保护青少年，增强他们的能力，促使他们正面和安全地使用技术，并通过这种使用来提升他们的幸福感。

本章内容会介绍为了促进青少年积极和安全地使用数字媒体，我

们能做些什么。我们要让青少年学会保护自己，免受不当的、有害的在线内容（如色情和暴力）、同伴侵害（网络欺负）和成年捕食者（性引诱）等的伤害，这需要政府部门、网络产业、父母和学校等各方面协调一致的积极行动（Chisholm，2006；Dombrowski，Lemasney，Ahia & Dickson，2004；Oswell，1999；Tynes，2007）。在下面的内容中，我们会分别探讨以上几种机构应该扮演何种角色。首先会介绍为了保护青少年免受不当在线内容的伤害，各机构应该采取什么策略；其次会介绍为了避免青少年受到网络犯罪的伤害，各机构应该采取什么行动。在很多情况下，为了避免这两种伤害，我们应采取的方法是相同的。因此关于后者，我们重点关注某些特定类型的在线犯罪。我们的讨论大多是基于对美国的研究，也有一部分借鉴了其他国家的研究。

一、政府和网络产业的角色

（一）保护青少年免受不当内容的伤害

要了解政府和网络产业在保护青少年方面应该扮演什么角色，首先应考虑青少年在数字世界中的表现。正如我们在第一章中所提到的，数字世界正在变得越来越复杂：硬件、在线内容和应用之间的界限越来越模糊。青少年现在可以使用多种硬件来连接网络，比如计算机、手机或其他手持移动设备等。随着 Web 2.0 的出现，互动成为青少年在数字世界中的主要活动，这种情况会导致我们越来越难以确认网络产业的角色。现在的网络产业不仅包括互联网服务提供商和商业服务提供商，还包括在线社交论坛以及一些用户自己创造的内容。例如，移动上网设备可以让用户访问手机公司或第三方，乃至万维网的内容，搞清楚政府和网络产业部门之间的关系因此也变得很难，这种关系性质的改变就如同 20 世纪 90 年代末的欧盟从一个自主管理的组织，转变为现在由政府、产业和使用群体共同管理的机构（EICN，2005；Oswell，1999）。

在美国，互联网的内容不受联邦通信委员会管理（Schwabach，2005）。政府管理的主要挑战是，多数在线内容是受美国第一修正法案的言论自由保护的。事实上,保护未成年人免受在线内容伤害的《儿童在线保护法案》(COPA)[1](COPA)在 2008 年 7 月被驳回,就是因为它跟第一修正法案的规定是相冲突的(ACLU v. Mukasey, 2008)。关于暴力内容,Weissblum 曾经以美国科罗拉多州的科隆比纳中学枪击案(Columbine school shooting)为例,探讨过互联网内容在暴力活动中的角色,青少年罪犯表示,他们通过在线网站获得了制作炸弹的知识信息(Weissblum, 2000)。尽管大多数在线内容都受到第一修正法案的保护,但是那些"明显存在危险"的跟违法活动有关的在线言论是不受保护的。Weissblum 指出:"必须尽快禁止这种危险言论,因为这样做可以阻止那些正在发生和即将发生的混乱情况。"但是,鼓吹和提倡暴力的言论本身并不违法,因此它们也是受到第一法案保护的。同样的,色情作品本身也不违法(尽管猥亵和儿童色情内容是违法的)。法院一般都会建议使用过滤或屏蔽软件这种更容易接受的方式来减少未成年人访问此类内容的可能性(Schwabach, 2005)。

本书的目的并不在于探讨法律争议的核心问题,我们想说的是:关于如何管理暴力、色情和其他在线内容这些对未成年人有潜在伤害的资料,不同的政府部门采用了不同的方法。考虑到这一现实问题和媒体技术本身的变化,我们认为,保护青少年远离这些内容的责任更多地落在了父母和其他青少年工作者(如教师和医生)身上。

(二)保护青少年不受在线犯罪的侵害

跟攻击性和其他消极在线内容不同,攻击性的在线互动(如性教唆、欺负和骚扰等)不受言论自由的法律保护,因为这些内容会对青少年的身心造成严重伤害,甚至威胁他们的生命和人身安全。因此,多数国家已经设立了相关法律来保护儿童免受此类伤害,并取得了不同程度的成功。在美国,1998 年通过的《儿童在线隐私保护法案》(The Children's Online Privacy Protection Act, COPPA)要求商业网站运营者在"收集、使用或公开 13 岁以下儿童的信息"前必须先征得其父母的同意(Federal Trade Commision, 1999)。儿童保护条令规定:在线性强迫、性剥削、性教唆和性虐待等是违法行为,此类违法犯罪者会因为儿童虐待、剥削或性教唆行为面临联邦或州政府的起诉(Dombrowski et al., 2004)。此外,法律还规定网站提供者、互联网服务提供商和其他类似机构等在发现儿童色情和性剥削

---

[1]《儿童在线保护法案》(COPA)跟《儿童在线隐私保护法案》(COPPA)不同,1998 年的《儿童在线隐私保护法案》主要用于管理那些收集未满13岁儿童的个人信息(如姓名、地址)行为。

资料时，必须及时向国家失踪及被剥削儿童中心（NCMEC）提供的"网络提示热线（cyber tip line）"（http://www.cybertipline.com）报告（Dombrowski，Gischlar & Durst，2007；Dombrowski et al.，2004）。英国、加拿大和澳大利亚等多个国家，也均设立了类似法律来保护儿童免受在线诱拐和色情的伤害，尽管方式不同，但多数国家也设立了对在线捕食行为的报警机制（比如通过网络或电话等，Dombrowski et al.，2007）。

立法本身并不能有效遏制犯罪，因此我们还需要积极的执法，这包括调查和起诉在线性捕食者等。在美国，儿童安全计划（Project Safe Childhood，PSC）在执法部门中发起了协同合作的倡议，这促使美国司法部在 2006 年启动了"与技术促生的儿童性剥削犯罪作斗争"的行动项目。该行动集合了美国律师协会、刑事法庭中主管儿童剥削和猥亵的部门、互联网反儿童犯罪（Internet Crimes Against Children，ICAC）特别小组、联邦调查局、美国邮政检查部、移民和海关执法局、美国法警署和相关倡导组织（如失踪和被剥削儿童组织），以及州和地方执法部门等（Department of Justice，2008）多个机构和组织。同样的，欧洲也创建了国家性的分级网络组织——安全网络（http://www.saferinternet.org），用于监控儿童、政府、教育者、父母、媒体和产业部门的行为，以促进互联网用户的安全，特别是保护儿童和青少年的安全。该网络组织能够为父母、教师和其他人提供信息和资源，促进安全宣传、协调行动，以及提供了互联网帮助热线和"更安全的互联网计划"热线 [1] 等。同时，欧洲还希望通过提高青少年抵制非法和有害在线内容的意识和积极性来保护他们。例如，一个名为"欧盟儿童在线（EU Kids Online）" [2] 的网站会公开欧洲儿童在线行为研究的结果和数据 [3]，这对于父母、教育者和其他关注此问题的实践者来说是很有帮助的资源。2010 年，"欧盟儿童在线 II"对 25 个欧洲国家中的 9—16 岁儿童的在线风险进行了比较研究，研究报告可以在前面提到的网页中找到（2010 年 10 月）。

对网络欺负和犯罪等行为的立法问题具有更大挑战性，成功的机会也更小。我们在第十章中讨论过的 Megan Meier 研究就涉及到一些困难。在那个案件中，地方检察官没有起诉，就是因为他们无法找到相关的法规作为起诉依据。直到一年后，洛杉矶联邦当局（网站运营商所在地）才对 Lori Drew（事件背后的成年人）

[1] http://ec.europa.eu/information_society/activities/sip/index_en.htm.

[2] http://www.lse.ac.uk/collections/EUKidsOnline/

[3] http://webdb.lse.ac.uk/eukidsonline/search.asp

进行了起诉。即便如此，检察机关也不是针对她的骚扰行为进行起诉，而是指控她在 Myspace 中使用虚假名字注册这一行为违反了服务条款协议——联邦检察官指控 Drew 太太违反了《联邦电脑欺诈和滥用法令》（Federal Computer Fraud and Abuse Act），这告诉我们，想要对伤害他人的意图进行指控是多么的困难。在这一事件发生时，密西西比州等地已经修改了跟骚扰有关的法律，其中包括对互联网骚扰行为的条例。然而，我们认为这些法律只能用于引起谋杀、自杀或其他同样严重后果的骚扰案中。

二、父母的角色

（一）保护青少年免受不当内容的伤害

大多数青少年第一次使用互联网是在家里。对于青少年来说，家庭仍然是重要的背景，他们大部分在线活动就是在家里进行的。因此，父母在授权青少年上网和保护他们安全方面扮演着相当重要的角色。父母在这方面的优势在于，只要他们了解青少年可能会看到不恰当的在线内容，他们就可以用实际行动来监控青少年并限制这种访问。事实证明，很多父母都不太了解青少年可能会访问和获取负面的在线内容。对青少年和他们的父母进行的调查发现，父母低估了青少年偶然或故意访问暴力网络游戏和色情网站、与陌生人进行在线互动，以及在线赌博等行为的几率（Cho & Cheon，2005）。父母对青少年的离线行为和在线行为不够了解，这种情况并不少见，比如在第八章中我们就曾提到，父母对于青少年是否去诊所看过饮食障碍、是否访问过厌食症支持网站等都是毫不知情的。

1. 父母的调解策略

在关于父母教养的研究中，父母为了帮助孩子处理不当媒体内容所采用的策略和行动称为调解技术（Eastin, Greenberg & Hofschire, 2006；Nathanson, 2001）。对于电视和广播的研究结果确认了三种调解方式：事实性调解、评价性调解和限制性调解。考虑到互联网问题，有研究者提出了第四种调解方式——技术性调解（Eastin et al., 2006）。我们通过下面的例子来逐一介绍父母如何使用各种调解技术来帮助青少年处理不当在线内容。

（1）事实性调解技术

事实性调解技术是向用户介绍媒体产品和内容的有关事实，如媒体的组成和发展情况、产品的光照和声音效果等。具体到互联网的相关内容来说，事实性调解技术实施起来并不容易，尤其是对那些攻击性的材料来说更为困难。因此，互联网背景中关于这种调解技术的研究目前还没有（Eastin et al.，2006）。关于应该如何对在线内容进行事实性调解，家长可以教孩子学习从网络中获取知识的技巧，比如评估网络信息的可信度等。这种调解策略对青少年来说是非常重要的，因为正如第六章和第八章中所提到的，他们会通过网络信息来完成学业功课和获取健康知识等。

（2）评价性调解技术

评价性调解技术指的是父母和孩子一起讨论该如何评价和解释媒体内容。父母可以用于帮助孩子处理在线内容的评价性调解技术具体包括以下几种（Eastin et al.，2006；Tynes，2007）：

第一，跟孩子一起访问网站和其他在线内容；

第二，跟青少年坦诚、开放地讨论在线内容，特别是那些关于暴力、仇恨和其他有害的内容；

第三，跟青少年一起评价在线网站和其他网络应用（如音乐视频、YouTube视频等）中出现的暴力图片、仇恨和其他负面内容。

（3）限制性调解技术

限制性调解技术包括限制媒体技术的使用，父母可以为青少年设立特定规则，比如在"什么地方"、"什么时候"能够访问"什么类型"的在线内容（Eastin et al.，2006；Wang，Bianchi & Raley，2005）。这种策略可以使用技术包括以下几点：

第一，将计算机摆放在公共空间；

第二，规定上网时间的时限；

第三，对访问内容进行限制，换句话说，就是规定青少年可以访问哪些类型的内容。

（4）技术性调解技术

技术性调解技术是指父母通过技术策略来监控孩子对互联网的使用，比如使用软件来跟踪应用程序、查看浏览历史，使用过滤软件，安装防火墙等（Dombrowski et al.，2004；Eastin et al.，2006）。特别需要注意的是，父母可以在计算机上安装过滤软件来限制孩子接触暴力和潜在的不当内容。现在有很多不同种类的过滤软件可以使用，这些软件可以做到只允许访问选定的网站、屏蔽某些问题网站或者阻止那些含有禁止词语的可疑网站等（Ins@fe，2009）。当然，这种电子监控也有其局限性：过滤软件并不是万无一失的，而且经常会屏蔽一些合法网站。此外，即便父母在家用电脑和笔记本电脑上安装了过滤软件，青少年仍然可能通过朋友家中的电脑，或者图书馆等公共场合的电脑访问不当内容。

2.父母调解策略的使用及有效性

跟互联网的其他方面一样，我们对父母应该使用以上哪种策略还没有清楚的认识。我们对此仅有的了解来自家长的自我报告，正如我们下面将要分析的，父母的观点经常跟青少年的实际情况不符合。在我们的研究中，33%的家长报告曾使用过滤或屏蔽软件，5%的人甚至说禁止孩子使用网络（Mitchell，Finkelhor & Wolak，2005）。类似的结果也在捷克的一项调查中出现，27%的家长报告说曾经使用过此类软件（来自世界互联网项目2008年未公开的数据）。父母更关心跟性有关的内容，并使用相应的过滤软件来阻止孩子接触此类信息。这也显示，他们更少使用屏蔽软件来限制孩子访问暴力性的内容。但我们很难知道这些数据有多大的可信度，就像父母对青少年访问什么内容不够了解一样，他们似乎也高估了自己对孩子网络使用的监控程度。来自捷克的数据表明，只有11%的12—18岁青少年报告说父母会在电脑上安装过滤软件。在另一项研究中，有40%的父母和青少年对是否限制使用互联网这一问题有不同意见，多数情况下都是父母报告说有限制，而青少年报告说没有（Wang et al.，2005）。还有一个值得注意的问题是，父母对在线危险的估计并不总是跟他们的监管行为相匹配（如查看青少年的MySpace个人主页，Rosen，Cheever & Carrier，2008）。

对于父母的调解策略是否有效的研究同样很少见，而且也没有一致的结论。美国的一项研究在全国选取了1500名10—17岁的儿童和青少年为样本，来考察父母的监控行为对青少年接触色情材料的影响（Wolak，Mitchell & Finkelhor，2007），结果发现，有两种预防策略能够降低青少年接触在线色情信息的风险。在此，我们对这两种策略进行介绍。第一种策略包括使用过滤、屏蔽和监控软件，这对青少年意外或主动接触色情材料都有"适度保护"的作用。并不是所有技术性方法都有效，屏蔽弹出式广告和过滤垃圾邮件就无法阻止在线色情信息。事实上，研究者提出警告说："不要奢望过滤和屏蔽软件本身能阻止大部分不当信息，也需要使用其他方法"（P254）。第二种能够降低色情信息接触的策略是，让父母参加一项互联网安全的执法演示项目，这个项目会向父母提供信息，告诉他们在线色情信息是如何传播的，如何通过电脑访问色情信息，应该如何避免接触色情信息等。这些做法能够有效降低被动接触色情信息的几率，对于故意访问色情信息行为则效果欠佳。本研究还得到一个意外的结果，那就是青少年实际上接触到在线色情信息的几率比他们跟父母提到的更高。研究者推测，出现这种结果可能是因为，青少年通常是在无意中看到色情信息之后才跟父母或其他成人谈论，而在接触色情信息之前他们并不会跟父母讨论。事实的确如此，因为研究还发现，故意访问色情信息的几率跟亲子之间的谈论并无关联。相比之下，一项荷兰的研究发现，父母的监控跟青少年接触网络色情之间没有联系（Peter & Valkenburg, 2006）。但是该研究中只用了一个题目（父母知道我什么时候上网）来评估家长对孩子使用网络的监控，这可能是没有发现父母监控与孩子接触在线内容之间存在关系的原因。

3. 影响父母在线内容调解策略的因素

父母和孩子的人口学特征、教养方式和家庭氛围等变量都能影响父母用于监控青少年的互联网使用的策略。跟年纪大一些的青少年相比，年幼青少年的父母对孩子的监控水平更高（Eastin et al., 2006；Wang et al., 2005）。此外，受教育水平较低的父母更可能使用监控软件，而受过更高教育的父母可能使用电脑和互联网的经验更丰富，他们对于监控青少年的行为更有信心，所以不太使用监控软件（Wang et al., 2005）。

此外，父母的调解策略跟教养方式也是有关系的。跟独裁型和忽视型父母相比，权威型父母 [1] 更有可能限制孩子（如限制使用时间、不允许在卧室使用电脑）、使用评价性和限制性调解技术来监控孩子上网（Eastin et al., 2006；Rosen et al., 2008）。有意思的是，跟限制使用时间、限制访问内容和跟孩子一起上网相比，技术屏蔽通常是父母最少使用的方式。最常使用技术屏蔽方法的是权威型父母，而独裁型和忽视型父母很少使用（Eastin et al., 2006）。

最后，家庭氛围也与父母监控青少年在线内容的策略有关系。有一项研究发现，父母经常与青少年分享网络活动、父母对家庭氛围的感知等因素，能够增强父母对孩子使用互联网的监控，从而减少青少年接触消极互联网内容的机会（Cho & Cheon, 2005）。家庭氛围跟青少年的在线活动的确是有关的：Meschy 于 2008 年对以色列青少年的研究发现，对家庭有较高承诺的孩子更不可能接触在线色情和参与在线攻击行为。当然，家庭因素在促进青少年积极和健康上网方面的作用

---

[1] 参见第六章对权威型父母的阐述。

不能被过分夸大。Greenfield 在国会委员会上关于政府改革的发言中提出，温暖的亲子关系和沟通可能是帮助青少年面对充满色情的媒体环境的最重要非技术性因素（Greenfield，2004）。

（二）保护青少年不受在线侵害

在保护青少年、教育青少年应对同伴和成年捕食者的攻击行为方面，父母扮演着很重要的角色。父母必须跟青少年保持开放性的沟通，使用评价性和限制性的调解技术来教他们学习网络安全知识。下面一些策略可供父母使用（Dombrowski et al.，2007；Tynes，2007）。

首先，父母应该就在线活动和互动对象等问题跟青少年进行对话。尽管大多数青少年在线时通常跟离线生活中熟识的人互动（见第五章），但并非每个人都如此，所以父母有必要告诉孩子，与从未谋面的陌生人（特别是成年陌生人）交往是很危险的事情。Dombrowski 和同事还建议，在适当的发展阶段，父母应该跟青少年谈论网络中性捕食者的危险性。父母应该告诉孩子，跟在线认识的陌生朋友见面可能是有危险的。此外，父母应该让孩子知道，跟在线朋友见面，特别是跟在线同伴约见时的一般性防范措施，比如带一个朋友一起去，或者约在公共场合中见面等。父母还应该跟孩子讨论网络欺负的问题，鼓励孩子在遭遇网络欺负时告诉家长或信任的成年人。

其次，跟第一点有关，父母应该与青少年就如何保护在线隐私进行建设性的对话（参见第六章，理解更多青少年隐私问题）。例如，父母应该告诉孩子，在网络论坛中发布的信息可能是公开的，其他人可能会截取互联网上的信息，不应该在网上暴露自己的个人信息（如年龄、地址等）。由于 COPPA 的规定和对在线隐私问题的担心，一般来说，大多数在线论坛如博客和社交网站等，都允许用户进行不同程度的隐私设置。例如，Facebook 用户可以进行个人主页设置，以限制他人搜索自己的个人主页信息（如用户的详细资料）。用户还可以对个人主页的来访情况进行限制，这样 Facebook 中的好友就无法访问个人主页上的所有内容。父母应该了解这些服务，并教育和鼓励青少年使用这些设置（Tynes，2007）。

再次，核准青少年使用的网络姓名。父母和监护人应该向青少年解释，网络姓名相当于他们在网上的面孔。父母应该知道孩子的网名，并劝阻青少年使用带有性暗示的网名，因为网络性捕食者可能更容易将使用挑逗性网名的青少年作为目标（Dombrowski et al.，2007）。

最后，父母还应该帮助青少年来使用一种"退出策略"（Tynes，2007）。父母要帮助青少年识别捕食者的行为，跟他们探讨在线交流时受到对方威胁时应采取什么策略，比如立即结束跟此对象的互动并阻止此人再与自己联系。在受到青少年同伴的网络骚扰时，这种策略也很有用。如果某个人持续不断骚扰或威胁青少年，应该建议青少年向家长和有关当局报告。对于网络欺负和骚扰，父母应该建议青少年向互联网服务提供商举报骚扰者。应该让青少年知道，如果在线时收到成年人的性请求或认为某人是成年人时，应该立即向前面提到的"网络提示热线"报告（Tynes，2007）。

除了我们已经讨论论过的技术性调解策略（如查看浏览历史、追踪应用程序的使用等，Dombrowski et al.，2007），父母还可以使用以下技术工具来保护青少年远离在线受害，特别是避免落入成年捕食者手中：

（1）安装防火墙、杀毒或防木马软件，防止未经授权的人入侵计算机和获取个人信息。

（2）安装键盘记录器或聊天日志记录器来监控与第三方的通信：这些程序能够记录在电脑上输入时所有敲击键盘的情况，或者通过一个聊天客户端以纯文本的形式记录所有通信信息。

（3）加密聊天客户端 [如美国在线（AOL）的即时通讯] 来保护青少年，避免捕食者使用以太网嗅探器来破解他们的在线交流内容。

（4）隐私过滤器可以防止个人信息在互联网上传播，父母可以使用这种程序来限定哪些信息可以上传、哪些信息无法上传。

毫无疑问，今后会有更多类似的工具被开发出来以抵制性捕食者的攻击行为。但是，我们应该了解技术性措施是有局限性的：实施这种策略要求父母有熟练的技术，而且无法监控青少年在家庭以外的上网行为，同伴和捕食者等人可能会通过技术性手段破解这些软件等。最重要的是，这种方法会涉及到个人隐私和人际信任问题，处于特定发展阶段的青少年渴望有更多的自主权，他们跟父母的关系也会发生改变。

三、学校的角色

（一）保护青少年远离不当内容

在保护青少年远离不恰当的在线内容方面，美国很多州都设立了法律，明确要求学校防止未成年人获得色情、猥亵和有害的材料。此外，美国国会颁布的《儿童互联网保护法》（Children's Internet Protection Act，CIPA）对那些在技术和互联网接入方面受到联邦资助的学校也提出了类似要求（FCC，2009）。一般来说，学校会通过使用过滤和屏蔽软件来遵守这些法律。应该指出，只有猥亵内容、儿童色情和"对未成年人有害的资料"是法律明确禁止的，但大多数学校使用的电子过滤器也会屏蔽含有暴力内容的网站，以及社交网站、游戏、购物和赌博等网络服务。

（二）保护青少年免受在线侵害

学校和教育工作者可以使用前面提到的评价性和限制性调解策略，以帮助青少年远离网络骚扰和威胁性网络互动。但是网络欺负对此提出了特殊挑战——因为这可能在学校中发生，也可能在青少年家中或者任何时候发生，因此学校很难控制网络欺负行为。而且，由于离线和在线欺负行为是相关联的，所以在学校外面发生的网络欺负也可能跟学校内部的事件有关系。从法律上讲，学校很难管理在校外发生的行为，因此学校该如何应对网络欺负问题，尚未达成一致共识。确立有效打击网络欺负的方法需要所有成员——政策制定者（如学校董事会）、学校官员、家长和青少年——共同努力（Brown，Jackson & Cassidy，2006）。

四、结论

目前，我们已经讨论了政府部门、执法机构、父母和学校等为了帮助青少年正面、安全地上网所采取的不同策略。父母在保护青少年方面扮演着特别重要的角色，我们需要更多研究来确定不同调解技术的实施水平及其有效性，以弄清楚

数字化的青年：媒体在发展中的作用

232

哪些因素会影响调解的有效性。有证据表明，家长和教师采取更加积极的角色能够直接促进青少年远离有害的在线交互。在一项对青少年女孩的研究中，70% 的人表示父母会跟她们讨论网络安全问题，35% 的人表示老师会这么做。此外，成年人直接监督、定期检查青少年上网、经常探讨网络行为等做法跟更少的危险行为相关，他们会更少暴露个人信息和进行离线约会等（Berson，Berson & Ferron，2002）。那些跟老师或家长讨论网络安全问题的十几岁女孩，她们更少报告说同意与网络结识的陌生人在线下见面。对于那些不跟父母讨论此问题的青少年来说，跟老师讨论这种问题显得更加重要。

父母在处理网络欺负问题时可能会受到限制，他们通常不会意识到网络欺负的发生，因为很多青少年不告诉父母他们在网络上欺负他人或者被他人欺负（Dehue，Bolman & Vollink，2008；Juvonen & Gross，2008）。在一项研究中，90% 的被试在被欺负时没有告诉父母，主要是因为他们害怕会陷入麻烦，担心父母可能会限制他们使用互联网。同样的，涉及到是否使用技术性策略时，1/4 受过网络欺负的青少年报告说从未屏蔽过欺负者的网名（Juvonen & Gross，2008）。这些发现虽然并不能代表所有人的情况，但这也确实表明，即使是最复杂的策略和工具，也不能完全阻止网络欺负。因而这需要父母、老师和其他的健康专家与青少年讨论网络安全问题，教他们学会使用技术性策略来保护自己，并且要告诉孩子，将不愉快的经历或在线交互告诉成年人并不会导致严重的后果。

最后一个重要的问题是，父母对青少年的在线活动和接触内容进行监控并不是一件容易的事情。父母必须在保证给青少年自由、尊重他们在线隐私的同时，还要确保他们的在线安全。从根本上说，父母用于监控和限制青少年在线活动和接触内容的做法属于个体行为，这依赖于文化规范、家庭信念和教养方式等因素。不同国家的人对于性行为的态度和许可程度大不相同，在同一个国家内，不同家庭和父母之间的行为差别也非常大，青少年本身能够掌控多大的自由度，以及多大程度上应该被监控方面也存在个体差异。因此，应该如何应对青少年接触不当在线内容和交互的问题，目前并没有唯一正确的方法。是否应该监控青少年的在线活动，以及应该进行多大程度的监控，父母和家庭必须做出自己的决定。

【参考文献】

ACLU v.Mukasey.（2008）.Aclu v.Mukasey-Opinion of the court.http://www.aclu.org/pdfs/freespeech/copa_20080722.pdf.

Berson,I.R.,Berson,M.J. & Ferron,J.M.(2002).Emerging risks of violence in the digital age:Lessons for educators from an online study of adolescent girls in the United States.Journal of School Violence,1,51–72.

Brown,K.,Jackson,M. & Cassidy,W.(2006).Cyber-bullying:Developing policy to direct responses that are equitable and effective in addressing this special form of bullying.Canadian Journal of Educational Administration and Policy,57,8–11.

Chisholm,J.F.(2006).Cyberspace violence against girls and adolescent females.Annals of the New York Academy of Sciences,1087,74–89.

Cho,C.H. & Cheon,H.J.(2005).Children's exposure to negative Internet content:Effects of family context.Journal of Broadcasting & Electronic Media,49,488–509.

Dehue,F.,Bolman,C. & Vollink,T.(2008).Cyberbullying:Youngsters' experiences and parental perception.CyberPsychology & Behavior,11,217–223.

Department of Justice.(2008).Fact sheet:Project safe childhood.Retrieved January 19,2009,http://www.ojp.usdoj.gov/newsroom/pressreleases/2008/psc08-999.htm.

Dombrowski,S.C.,Gischlar,K.L. & Durst,T.(2007).Safeguarding young people from cyber pornography and cyber sexual predation:A major dilemma of the Internet. Child Abuse Review,16,153–170.

Dombrowski,S.C.,Lemasney,J.W.,Ahia,C.E. & Dickson,S.A(2004)Protecting children from online sexual predators:Technological,psychoeducational,and legal considerations.Professional Psychology,Research and Practice,35,65–73.

Eastin,M.S.,Greenberg,B.S. & Hofschire,L.(2006).Parenting the Internet.Journal of Communication,56,486–504.

EICN.(2005).Protecting minors from exposure to harmful content on mobile phones. Retrieved January 16,2009,http://www.foruminternet.org/specialistes/international/multi-frrapports-et-guides-en-reports-and-guides-multi/protecting-minors-from-exposure-to-harmfulcontent-on-mobile-phones.html.

FCC.(2009).Children's Internet protection act.Retrieved October 11,2009,http://www. fcc.gov/cgb/consumerfacts/cipa.html.

Federal Trade Commision.(1999).New rule will protect privacy of children online. Retrieved January 18,2009,http://www.ftc.gov/opa/1999/10/childfinal.shtm.

Greenfield,P.M.(2004).Inadvertent exposure to pornography on the Internet:Implications of peer-to-peer file-sharing networks for child development and families. Journal of Applied Developmental Psychology:An International Lifespan Journal,25,741–750.

Ins@fe.（2009）.Filtering,labels,parenting controls.Retrieved January 15,2009,http://www.saferinternet.org/ww/en/pub/insafe/safety_issues/faqs/filtering.htm.

Juvonen,J. & Gross,E.F.(2008).Extending the school grounds?Bullying experiences in cyberspace.The Journal of School Health,78,496–505.

Mesch,G.S(2008)Social bonds and Internet pornographic exposure among adolescents. Journal of Adolescence,32,601–618.

Mitchell,K.J.,Finkelhor,D. & Wolak,J.（2005）.Protecting youth online:Family use of filtering and blocking software.Child Abuse & Neglect,29,753–765.

Nathanson,A.I.（2001）.Mediation of children's television viewing:Working toward conceptual clarity and common understanding.Communication Yearbook,25,115–151.

Oswell,D.（1999）.The dark side of cyberspace:Internet content regulation and child protection.Convergence,5,42–62.

Peter,J. & Valkenburg,P.M.(2006).Adolescents' exposure to sexually explicit material on the Internet.Communication Research,33,178–204.

Rosen,L.D.,Cheever,N.A. & Carrier,L.M.(2008).The association of parenting style and child age with parental limit setting and adolescent myspace behavior.Journal of Applied Developmental Psychology,29,459–471.

Schwabach,A.(Ed.).（2005）.Internet and the law:Technology,society,and compromises. Santa Barbara,CA:ABC-CLIO.

Tynes,B.M.（2007）.Internet safety gone wild?Sacrificing the educational and psychosocial benefits of online social environments.Journal of Adolescent Research,22,575–584.

Wang,R.,Bianchi,S.M. & Raley,S.B.(2005)Teenagers' Internet use and family rules:A research note.Journal of Marriage and Family,67,1249–1258.

Weissblum,L.(2000)Incitement to violence on the world wide web:Can web publishers seek first amendment refuge?6 Mich.Telecomm.Tech.L.Rev.35.Retrieved November 17,2008,http://www.mttlr.org/volsix/weissblum.html.

Wolak,J.,Mitchell,K.J. & Finkelhor,D(2007)Unwanted and wanted exposure to online pornography in a national sample of youth Internet users.Pediatrics,119,247–257

第十二章 青少年的数字世界：
结论和未来的研究方向

作为在数字时代成长起来的一代，现在的青少年几乎一辈子都会被电脑和互联网等数字媒体所包围（Rideout, Vandewater & Wartella, 2003；Roberts & Foehr, 2008）。他们与技术的交互引起了各界的关注，也为我们提出了新的问题。现有研究使用了多种不同方法来探讨技术跟青少年的生活是如何交叉在一起的，我们写这本书的目的就是以这些研究为基础，探讨如何平衡和全面地理解青少年的数字世界，以及数字世界对青少年发展产生的影响。在本书的最后一章，我们再次回顾一下贯穿全书的主题，探讨这些主题带给我们的启示，确认现在我们的认识还存在哪些问题和差距，以及未来的研究应该解决哪些问题。

一、青少年生活中的媒体

无论是新媒体还是老媒体，都在年轻人的生活中占据了很重要的地位。但也不必担心，因为他们对媒体的使用不一定会牺牲与同伴的交流时间。正如我们在图1.1中所看到的，很多国家的青少年与朋友社交的时间跟他们看电视和上网的时间基本相当。而且，就算他们盯着屏幕的时间（看电视和使用互联网的时间相加）多于在离线生活中的互动时间，青少年在线的大部分时间也在与他人进行互动和交流。我们回想一下图1.2的内容，交流是互联网中出现最频繁的活动，其次是娱乐和跟学校有关的活动。所以，要认识青少年的数字世界，一个很重要的方面就是明确——他们的很多交流是通过数字媒介进行的（Subrahmanyam & Greenfield, 2008）。

尽管青少年们普遍使用数字通信工具，但在如何使用它们这一点上，不同青少年群体之间却存在着很大差异。例如，美国青少年比新加坡和捷克的青少年更多使用聊天室（图1.7）。在社交网站的使用上，Facebook往往更受白人青少年欢迎，而MySpace则更受拉美裔青少年欢迎（Hargittai，2007；Subrahmanyam，Reich，Waechter & Espinoza，2008）。还有，绝大多数写博客的青少年通常是女孩（Subrahmanyam，Garcia，Harsono，Li & Lipana，2009），而在线游戏玩家则往往是男孩（Griffiths，Davies & Chappell，2004）。在不同在线背景中，青少年的行为也有所不同。在聊天室这种匿名和身体缺场的环境中，他们会探讨更多关于性和选择伴侣方面的内容（Šmahel & Subrahmanyam，2007；Subrahmanyam，Šmahel & Greenfield，2006），而在使用社交网站或即时通讯时，他们主要是跟离线生活中的朋友进行互动（Gross，2004；Reich，Subrahmanyam & Espinoza，2009）。总之，数字背景非常多样化，青少年也会用不同的方式来使用它们——选择匿名还是实名、与亲密的朋友还是与熟人交流、玩游戏还是完成家庭作业等。当我们探讨数字媒体对青少年发展的影响这一问题时，要在头脑中考虑这些问题。做到这一点非常重要，接下来我们对此进行详细的解释。

二、理解数字媒体在发展中的角色

（一）在线世界和离线世界之间存在心理连结

在第二章中，我们介绍了理解青少年在线行为的结构共建模型（Subrahmanyam et al.，2006）。我们认为，在线背景是交互的、动态的和不断变化的，青少年用户在建构在线环境方面也扮演着重要角色。因而我们提出了结构共建模型，并在此基础之上，我们认为青少年的在线世界和离线世界在心理上是存在连结的，他们的在线活动和互动也能体现离线世界中的发展主题。在发展心理学理论方面，我们介绍了个体在特定生命阶段应该完成的发展任务或主题。为了全面展示青少年离线生活和在线生活之间的连结，我们在本书第一部分关注了青少年发展的核心问题。在第三、四、五章内容中，我们介绍了青少年期的性发育、自我认同和亲密感等发展主题是如何被移植到数字世界中的。

在第三章中，我们介绍了青少年如何利用数字世界的内容来帮助自己适应身体发育和性成熟带来的变化。青少年会使用昵称、头像和明确的文本消息等数字工具来探索性问题和构建、展示自己的性特点（National Campaign to Prevent Teen and Unplanned Pregnancy & Cosmogirl.com，2008；Subrahmanyam，Greenfield & Tynes，2004；Subrahmanyam et al.，2006）。青少年还会参与网络性爱（Šmahel，2003），以及访问网络性资料和色情信息等（Peter & Valkenburg，2006；Ybarra，2004）。

同样，在第四章中我们看到，青少年会利用昵称、头像、个人主页、博客、照片、视频和语言代码等在线工具进行自我认同探索和自我表现（Huffaker & Calvert，2005；Subrahmanyam et al.，2009；Subrahmanyam et al.，2006）。与之前的推断不同，青少年既不会放弃自己的离线身份，也不会进行自我认同的试探，相反的，他们会把离线世界的自我，包括性别和种族等方面的认同带进他们的数字世界（Gross，2004；Huffaker & Calvert，2005；Subramanian，2010；Tynes，2007）。

最后，在第五章中我们展示了青少年如何让数字工具帮助自己培养亲密关系和维持离线的人际关系。我们看到，他们会使用即时通讯、社交网站和短信等在线应用服务与朋友、浪漫关系伴侣和和家庭成员等进行互动（Gross，2004；Kaare，Brandtzaeg，Heim & Endestad，2007；Reich et al.，2009）。在线交流工具不仅增加了青少年与同伴交互的频率和强度，还能将交互的对象范围扩大到那些不太亲密的同伴。此外，也不必过分担心青少年会使用互联网跟陌生人互动或建立关系，因为大多数时候，他们都在与离线世界中已经熟识的人进行互动（Gross，2004；Reich et al.，2009）。

青少年的在线行为和互动不仅能反映他们的核心发展问题，也会对消极的生活问题提供支持，青少年在离线生活中的特点能够预测其某些在线问题行为。在第三章中，我们看到，感觉寻求水平高的青少年更经常访问色情信息（Brown & L'Engle，2009）。故意访问色情信息与违法行为、物质滥用、抑郁症，以及与父母或直系亲属的情感关系降低有关（Ybarra & Mitchell，2005）。在第十章中，我们看到疏离感强、感觉寻求和冒险水平高的青少年更可能访问暴力信息（Slater，2003），此外，那些持有偏见的青少年也更容易被偏见信息说服（Lee & Leets，2002）。我们还在第九章和第十章中了解到，陷入困境（如发生家庭冲突、遭受性虐待和身体虐待，或者发生物质滥用等高风险行为）的青少年身上更容易出现在线欺负、犯罪、性教唆、骚扰和成瘾行为（Hinduja & Patchin，2008；Ko et al.，

2006；Mitchell，Finkelhor & Wolak，2007）。有证据表明，经常通过网络搜索暴力或仇恨内容、欺负同伴和被骚扰的青少年，他们在离线生活中可能出现其他问题。在线生活和离线生活的这种连结有一定优势，但也存在很多不足，因此数字世界既为青少年的生活提供了机遇，同时也带来了危险。在后面部分的内容中，我们对在线机遇和危险问题进行了探讨，试图帮助青少年在抓住机遇的同时，远离这些危险。

（二）心理上有连结并不代表完全相同

尽管青少年的在线生活似乎是围绕着离线生活的问题和对象进行的，但从我们对在线行为的描述中，读者应该非常清楚这二者并不相同。这也不奇怪，因为在线交流环境跟离线世界是非常不同的，在线环境具有独特的性能和特点。在第一章中，我们确认了数字背景的几个特征，如匿名性、无实体用户、基于文本的沟通、去抑制行为和自我表露等。某些特征（如无实体用户和基于文本的沟通）对在线交流提出了挑战，而其他特征（如匿名性和自我表露）则提供了特殊的机会，当然这些特征同时也会带来一定的危险。正如青少年用户把离线问题带到了在线环境中一样，他们也已经适应了数字背景的特征。在这个过程中，他们也创造了跟离线行为非常不同的、有时甚至是非常夸张的在线行为方式。

在第三章和第四章中，我们介绍了青少年会通过使用聊天室来探索性问题和建构自我认同。在匿名的青少年在线聊天室中，参与者都能自由、坦诚地谈论性话题，并表达自己的认同和进行自我表现（Subrahmanyam et al.，2006）。聊天室的无实体性和匿名性，让用户去抑制化，并鼓励他们进行自我表露，但同时也使得他们更难分享自己的身份信息（如年龄和性别）和对性交互的兴趣，因此有必要进一步关注他们在离线环境中的性别和认同问题。青少年参与者会借助性暗示（如 RomancBab4U）或性别化（Lilprincess72988）的昵称来明确自己的身份，他们也会使用年龄/性别/地址格式来明确表明自己的身份。类似的，青少年会使用基于文本的博客来记录自己的生活（Subrahmanyam et al.，2009），他们还会利用社交网站中的照片、音乐和其他个人主页元素进行自我表现（Manago，Graham，Greenfield & Salimkhan，2008）。

传统行为的在线版本有时更为夸张。我们对在线青少年聊天室进行分析时发现，在他们的交谈中，平均每分钟出现一次性话题、两次身份声明和两个好友请求（Šmahel & Subrahmanyam，2007；Subrahmanyam et al.，2006）。由于我们不了解青少年在面对面交流中此类行为的频率，但如果此类话题出现的频率也这么高的话，我们会感到非常惊讶。另一个例子是第五章中探讨的问题，青少年在社交网站中的交流是非常夸张的。使用社交网站的高中生在个人主页上的"好友"数量最少为 0 个，而最多的则达到 793 个（Reich et al.，2009）。我们今后应该思考一个重要的问题：如此夸张的在线行为，是否会从根本上改变青少年交往的主要过程。

在线活动中的性别表现和性别差异似乎也与离线生活存在心理连结。我们在第四章看到，青少年会使用昵称和用户头像等在线工具来展示自己的离线性别（Manago et al.，2008；Schmitt，Dayanim & Matthias，2008；Subrahmanyam et al.，2009；Subrahmanyam et al.，2006）。正如之前所提到的，在写博客和在线游戏方面存在性别差异，这跟离线生活中男女性在写日记、玩视频游戏，以及更一般的青少年娱乐活动、阅读和看电视偏好等方面的性别差异是一致的（Durkin & Barber，2002；Griffiths et al.，2004；Subrahmanyam & Greenfield，1998；Subrahmanyam et al.，2009）。

数字世界中的发展趋势跟离线世界是并行的，这进一步支持了我们认为离线世界和在线世界存在心理连结的观点。我们对在线青少年聊天室的分析中发现，宣称自己更年长的用户聊天时更可能明确地表达性话题，也更积极地寻找伴侣（Šmahel & Subrahmanyam，2007；Subrahmanyam et al.，2006）。类似的，男孩和年长的青少年更可能意外和故意地接触色情资料（Flood & Hamilton，2003；Lo & Wei，2005；Wallmyr & Welin，2006）。在对他们的个人主页进行研究时，Schmitt和同事们发现，女孩和年长的青少年会提供更多关于自己的信息（Schmitt et al.，2008）。虽然很多离线性别差异也会投射到在线环境中，但传统的性别趋势也可能在网络中被逆转：我们发现，在线聊天室中的女性比男性更频繁地寻找伴侣（Šmahel & Subrahmanyam，2007）。一项内容分析研究发现，青少年在博客中使用攻击性或说服性语言、被动或抱怨性语言方面没有性别差异（Huffaker & Calvert，2005）。这些结果表明，尽管在线性别差异往往是跟传统的离线差异是一致的，但由于在线背景的去抑制性特点，可能会引起用户的性别角色发生改变甚至逆转。

总之，尽管青少年的在线世界和离线世界是有心理连结的，但这种连结也有局限。在线世界和离线世界的关系并不是彼此互为镜像，在线行为经常表现出新的不同形式，甚至可能会夸大或反转离线行为的倾向。

（三）连接对于发展的意义

我们已经知道，青少年会将离线发展任务和离线交流的对象带入在线环境中，那么接下来这个问题就变得很重要了——在线环境是否能够改变和影响这些重要发展任务？以第三章对性问题的探讨为例，青少年会通过性别化的昵称、明确的性内容文本交换，以及裸体或半裸的个人照片（National Campaign to Prevent Teen and Unplanned Pregnancy & Cosmogirl.com，2008；Subrahmanyam et al.，2006）来表达自己的性特点，还会通过网络性行为、性交流、访问色情资料等方式来探索性问题（Šmahel，2006）。很显然，数字背景可以帮助青少年进行性方面的自我展示和探索性问题，进而发展自己的性认同这一重要任务。我们还认为，在线环境有一个很大的优势，那就是青少年的这种探索可以发生在相对安全的家里。同性恋的青少年还可以通过互联网来查询信息、寻求支持，或者寻找潜在的性伴侣，但这可能会导致一种新趋势的出现——跟以前相比，青少年表露自己的同性恋身份的年龄可能会有所提前（Alexander，2002；Savin-Williams，2005）。

同时，我们现在还未能完全了解这类在线活动的潜在负面影响。例如，已有研究表明，接触色情资料可能会导致青少年产生更放纵的性态度、更强烈的性冲动和性投入（Brown & L'Engle，2009；Peter & Valkenburg，2008）。我们需要通过研究搞清楚，究竟是在线色情资料诱发青少年产生了更放纵和更自由的性态度，还是拥有这种态度的青少年更有可能被色情资料吸引。但在我们搞清楚这个因果关系的方向之前，必然要担心一个问题——数字背景中轻松易得的色情内容和相关活动，可能会导致青少年性社会化的早熟。还有一种更复杂的情况是，偶然或无意中接触到色情内容跟故意访问色情资料不同，可能会产生不同的影响。我们还需要更多的研究，来探讨在线性社会化对青少年以及他们以后在实际生活中的性行为、自尊、幸福感和浪漫关系形成所产生的影响。

与此相关的另一个问题是青少年在线自我认同和在线亲密关系的建构。虽然青少年在线时会通过很多机会进行自我探索和自我表现，但我们不知道这些活动会对他们的自我认同产生什么影响。在网络中试探不同的身份并从同伴那里接受反馈，可能会促进他们自我认同的建构。大多数青少年不会在网络中建立多种身份角色，他们构造的虚拟角色可能有助于巩固自我意识。然而，这种在线角色也可能会干扰自我认同的建构过程，特别是那些在同伴关系或亲子关系方面存在问题的青少年。

数字世界对青少年发展亲密感和建立伦理道德也有影响，我们在第五章和第六章中对这两个问题进行了探讨。对于这两方面，我们介绍了技术对青少年应对这些问题提出了哪些挑战。我们不清楚的是，技术导致的差异仅仅是从形式上发生了变化，还是从根本上改变了青少年亲密关系的形成和道德的建立？例如，即时通讯和短信等数字工具使得青少年在任何时候，哪怕是深夜都能与离线同伴交流。在社交网站上，青少年有非常多的"朋友"，他们与大部分网络好友进行的交互都发生在公共空间，能够被所有网络上的人看到。这种大型社交网络提供了一个更广泛的朋友圈，青少年可以从这个社交世界中学习如何协商和获取社会支持。事实上，"朋友"和"友谊"这两个词汇本身的含义可能正在发生微妙的改变，这也是我们为这两个词加引号的原因。与此相关的问题在于，青少年与离线同伴交互方式的转变，是不是从根本上改变了他们形成的亲密关系？同样重要的是，以数字为媒介的同伴关系与之前的离线同伴关系相比，是否能够提供同样水平的社会支持和保护作用（如缓冲压力）呢？

技术同样跟青少年与家庭成员的交互有关。我们还要再强调一次，要判断技术是否从根本上改变了家庭关系，现在还为时过早。但技术的确在不知不觉中改变了家庭动力系统。数字工具可能会增加青少年与父母和家庭成员的联系，但也可能会减少青少年与家人的沟通，增加他们与同伴的联系。技术可能有助于青少年迅速建立自主性，与此同时，技术也成为引起家庭冲突的一个重要原因（Mesch，2006）。此外，在那些经常使用技术工具、父母有更多知识和经验的青少年家庭中，传统的家庭角色正在发生改变。技术可能有助于家庭关系的重新确立，至于这种重新确立的关系是否会影响青少年的幸福感和发展结果，还需要用经验来判断。

数字世界对青少年道德和伦理意识的发展也有显著影响，它对青少年怎样才能做正确的事提出了特殊的挑战，跟离线世界一样，青少年必须学习适用于在线背景的道德规则和法规。青少年经常在论坛和在线游戏等网络环境中发生去抑制行为，以尝试不同的价值观、社会规则和道德准则（Šmahel，2003）。例如，欺骗、作弊和网络偷窃等在线行为通常不会导致严重的后果。此外，网络用户与其在线表现之间存在一定的心理距离，我们还不知道这种距离是否会影响青少年的道德和伦理观念建立。因此，研究人员面临的一个挑战是——究竟该如何理解青少年的在线活动和他们的道德伦理观念之间的关系。

三、青少年的数字世界：机遇和风险

我们在第一章中曾提到，跟早前的电影和电视等媒体形式一样，围绕着青少年使用数字技术这一事实，存在着很多矛盾和问题。为了解决这些问题，本书的第二部分探讨了数字世界对于青少年的实际意义：技术对幸福感的影响、为了获得幸福和健康而使用技术、潜在的成瘾问题、网络攻击和网络犯罪等问题。很明显，互联网跟其他数字工具一样，本身并没有好坏之分。互联网最终也只是一种工具，可能会导致好的结果，也可能会导致坏的结果，这取决于我们如何使用它。在这里，我们总结一下互联网为青少年提供的机会和存在的危险。

也许没有比"技术使用对青少年幸福感的影响"这个问题更能吸引大家的兴趣了，特别是使用互联网是否会降低他们的幸福感。在第七章，我们介绍已有关于这个主题的研究，得到的结论是：频繁地使用数字工具并不一定会降低心理幸福感水平。相反，使用互联网会产生什么影响，可能取决于特定的在线活动和同伴互动，以及青少年用户本身的心理和社会性特点，比如外向性和自尊等（Eijnden，Meerkerk，Vermulst，Spijkerman & Engels，2008；Kraut et al.，2002；Subrahmanyam & Lin，2007；Sun et al.，2005）。同样的，过度或不恰当地使用技术（如开车时发短信）会导致身体损伤（如短信腱鞘炎或车祸）、睡眠不足和高度觉醒（Storr，de Vere Beavis & Stringer，2007；Van den Bulck，2003）。睡眠不足与情绪调节和学业问题（第七章，Fredriksen，Reddy，Way & Rhodes，2004；Tarokh & Carskadon，2008），以及成瘾行为（第九章，Ng & Wiemer-Hastings，2005）相关。使用技术导致的持续觉醒状态还可能产生长期的负面影响（Sundar & Wagner，2002）。

在第八章中，我们介绍了数字工具可能会促进青少年的健康，也可能导致他们患上疾病。青少年会使用网站和电子公告栏等互联网形式来获取一般的健康与性信息（如怀孕/避孕、身体映像和个人形象等，Suzuki & Calzo，2004）和一些特定的健康信息，如癌症（Suzuki & Kato，2003）、饮食障碍（Wilson，Peebles，Hardy & Litt，2006）和自伤行为（Whitlock，Powers & Eckenrode，2006）等。在线资源的优势包括：随时可用性和潜在的匿名性，这有助于获取一些敏感问题的答案。然而，在线资源也提出了挑战——青少年并不是很擅长搜索信息（Skinner，Biscope，Poland & Goldberg，2003），也不擅长评估在线信息源的可信程度（Eysenbach，

2008）。这一点很重要，因为在线信息的质量参差不齐，有些信息可能是错误的，甚至是有害的。有很多在线讨论小组只关注某一特定问题，比如关于饮食障碍问题，但这些小组中可能并没有职业的治疗师或临床医生来回答用户的问题。还有一些人会担心，那些关注饮食障碍或自伤行为的网站可能会让这些可能致命的行为变得更正常化（Whitlock et al.，2006）。类似的，数字技术还被用来提供干预措施以促进健康和幸福，比如治疗肥胖和饮食障碍（Doyle et al.，2008；Williamson et al.，2005）和缓解青少年家庭冲突（Carpenter, Frankel, Marina, Duan & Smalley，2004）等。不幸的是，这种干预所能够取得的成功有限，主要是因为访问这种干预服务的频率很低。所以，我们还需要更多的研究来确定如何实行干预才能提高效率。

此外，另一个能体现数字世界同时提供机会和风险的方面是潜在的交互。我们已经在本章前面提到过，青少年通过使用数字工具来进行联系和交流，他们大部分的在线交流是与离线同伴进行的，很大一部分交流内容跟每天的生活有关——学校、朋友、八卦和闲聊（Gross，2004）。我们认为，这些交互能帮助他们建立亲密感。通过 Gross 的研究我们了解到，即便是与陌生人的交互，也有可能是对他们有帮助的（Gross，2009，第七章）。在这项研究中，经历了社会排斥的青少年跟从未经历的个体相比，使用即时通讯时遭遇未知同伴的消极反应时表现出更大的反弹能力。但是，我们在第十章中也看到，在线交互也可能存在危险，如遭到网络欺负或受到同伴骚扰（Juvonen & Gross，2008；Raskauskas & Stoltz，2007），以及遭到性教唆和成年捕食者的伤害（Wolak, Mitchell & Finkelhor，2006；Ybarra, Espelage & Mitchell，2007）。第六章内容显示，有一些青少年会利用数字环境来建立参与本地和远方社区的新模式（第六章，Cassell, Huffaker, Tversky & Ferriman，2006；Montgomery，2007）。然而，也有一些青少年会发生过分的或有问题的在线行为（第九章，Ko et al.，2006），主动寻求在线攻击性内容（如仇恨性的网站和音乐视频）或被这类信息所引导（Lee & Leets，2002，第十章）。

前面我们说了很多数字技术可能造成的消极影响，遗憾的是，父母、政策制定者和其他观察者通常都认为，所有的青少年都面临着同样的风险。事实并非如此，早在这一章中，我们就列举了一些事实，比如青少年的离线特点（如年龄、性别、感觉寻求、抑郁和自尊）能够预测某些特定的在线问题行为（如色情、攻击性内容、成瘾行为等，Brown & L'Engle，2009；Lee & Leets，2002；Peter & Valkenburg，2008；Slater，2003；Ybarra & Mitchell，2005）。同样的，我们在第十章中也看到，遭受网络欺负的青少年往往在离线学校生活中也经常受到欺负，他们会花更多的时间上网，使用特定的在线应用程序，如即时通讯和网络摄像头等（Hinduja & Patchin，2008；Juvonen & Gross，2008）。这类青少年也存在着更多的离线学校问题，如暴力行为和物质滥用等（Hinduja & Patchin，2008）。在第九章中也看到，网络成瘾青少年在生活中的其他方面也存在问题，如他们在学业、家庭关系、身体健康（由于长时间上网而缺少睡眠）、心理健康（抑郁）、经济（互联网费用的成本越来越多）、物质滥用和网络欺负等方面都有问题（Griffiths，2000；Ko et al.，2006；Kraut et al.，1998；Kubey，Lavin & Barrows，2001；Tsai & Lin，2003；Young，1998）。

总之，我们建议在评价数字世界对青少年的实际影响和制定政策时，要采用新观点。我们必须认识到，数字世界既提供了机遇，也存在风险。我们应该保持开放的态度，至少我们要试图发现这些机遇和风险，比如跟陌生人进行在线交互产生的积极与消极影响。未来的研究应该关注，具备什么特点的青少年最有可能遭遇在线风险，还要探索在线活动对不同类型青少年产生的不同影响。

四、促进正面、安全的在线数字世界

讨论完数字世界提供的机会和存在的风险之后，我们总结一下该怎么做才能确保数字世界的正面和安全。我们需要双管齐下，一方面保护青少年避免受风险，另一方面也要允许他们使用技术并从使用中获益。在第十一章中，我们介绍了可以保护青少年远离不当、有害的在线内容（如色情和暴力），免受同伴（网络欺负）和成年捕食者（性教唆）伤害的各种策略。我们强调，要保护青少年远离数字世界的风险，需要所有利益相关者——政府、产业部门、学校、家长和青少年自身等方面协同一致的努力和积极行动。青少年的父母、监护人和其他从事青少年工作的人（如教师、临床医师和内科医生）应该成为第一道也是最重要的防线。特别是在保护青少年远离攻击和其他不当内容方面，政府和其他机构（如执法部门）在法律上和现实上是不可能实施保护和管理措施的，而父母可以采取很多调解策略，包括技术性策略（如屏蔽和过滤软件）和非技术性策略（如评价性和限制性），（Eastin，Greenberg & Hofschire，2006），这些我们在第十一章中都进行了详细阐述。为了让调解策略成功起到作用，父母必须对在线风险、青少年的在线活动和解决方法有更多的认识。此外，有必要对父母调解策略的有效性进行系统研究，并在研究基础之上提出相应的父母教育计划。

还有，教育青少年也很重要，要让他们学会如何安全地使用数字产品，在遇到挑战时采用合适的应对策略。在第十一章我们看到，很多青少年都是网络欺负的受害者，他们连最简单的技术性策略——如屏蔽欺负者都不会使用，也不会告知自己的父母（Dehue，Bolman & Vollink，2008；Juvonen & Gross，2008）。在本书的各个部分，我们都介绍了青少年技术使用中存在的问题，以及他们对数字世界的认识和理解差异，在此我们重点强调一些更紧迫的问题。在第七章中，我们介绍了过度和不当使用电脑、笔记本电脑或移动上网设备所产生的潜在伤害，以及如何教育青少年适度和安全地使用数字产品。第八章内容显示，青少年不太擅长搜索健康信息，他们也不会关注网络健康信息的可信程度。最后，我们在第六章讨论了青少年不能完全理解数字世界的道德和伦理问题，他们在保护自己的隐私方面做得很对，但他们经常出现网络剽窃和数字盗版行为，这可能是因为他们对于数字对象没有建立起恰当的伦理、道德和法律意识。由于上述情况，未来研究需要关注青少年对数字世界理解和认识的发展轨迹，并根据调查研究的结果来制定训练计划。

五、数字世界与发展：未来的研究方向

在 2006 年，《发展心理学》杂志刊出了一期对儿童、青少年与互联网的研究专题，这是第一次关于该主题的专题研究，编者的目的是探索"一个发展心理学的新领域"（Greenfield & Yan，2006）。这也是我们一开始着手写这本书的目的。开始写书的时候，我们发现在这个新领域已经取得了很多进展，为此我们也感到非常振奋。然而我们也发现，现在大家对技术与发展的理解还有很多缺口，还有很多迫切需要研究的问题。因此在最后一节内容中，我们提出今后研究者应该思考的问题和前进的方向。

第一是年龄问题，现有的研究一般将所有年龄段的青少年作为一个群体。然而，青少年期是可以分为好几个阶段的，我们可以区分出青少年早期（10—13 岁）、中期（14—17 岁）和后期（18—21 岁）。各种发展任务可能在不同时期有不同表现，青少年在不同阶段也可能用不同的方式来应对同样的任务，因为不同阶段他们有不同程度的社会权利和特权。例如，青少年早期个体可能正在适应他们的性发育变化，通常自主权更少；而年长的青少年，他们可能已经性发育成熟，也拥有更多的自主权（如拥有驾驶执照），但自我认同方面可能仍然在继续发展。所以不同年龄的青少年的在线行为表现也不同，而且在线活动对他们的影响可能也不一样。出于这个原因，我们尽可能在介绍实证研究时提到研究对象的年龄，希望读者在理解研究结果时心中有数。未来研究在考察数字世界对青少年发展的影响时，应该注意比较不同年龄青少年的情况。现在只有很少的研究关注到了 9—11 岁的青少年的技术使用，这个阶段正是童年向青少年过渡的时期。由于现在的孩子开始使用技术的年龄越来越小，因此对于这些年幼青少年的研究也是很重要的。

我们还没有对青少年的数字世界形成比较好的理解。通过发展心理学的研究，我们了解到背景因素会影响青少年的离线行为和发展，也可能会影响他们的在线表现。读者们或许还记得第一章中提到的世界互联网计划，该计划分析了 7 个国家青少年对在线应用服务的使用情况发现：2007 年，捷克有 2/3 的青少年会访问匿名聊天室，而在美国和加拿大，只有 1/3 的青少年会这么做。这种数字世界的使用差异很可能会导致在线行为的不同，也就是说，不同的在线背景可能会引起不同的活动。例如，青少年在聊天室中会更频繁地与陌生人交流性话题，而在使用社交网站时则更多与离线朋友交流。

在线行为的差异可能源自离线文化和价值观念的差异。在第五章中，我们介绍了毛里求斯的一项对青少年在线浪漫关系形成的研究（Rambaree，2008）。毛里求斯的文化是相对保守的，父母和其他成年人不赞成青少年进行约会和形成浪漫关系。在这种情况下，互联网就成为青少年体验约会的新型秘密环境。通过这个例子，我们可以看到青少年的核心发展任务的连续性——跟伴侣建立浪漫关系的兴趣。但是由于文化价值观的影响，青少年将离线背景中不能出现的行为转移到了在线背景中。来自不同背景的青少年可能表现出迥然不同的在线行为，他们的在线行为也可能有非常不同的结果。因此研究人员今后在探讨新媒体对发展的影响时，还需要考虑到更大文化背景的影响。

未来研究可以考虑的第三个问题是数字媒体的多样性和动态性。在第一章中，我们提到了研究数字世界所面临的一些挑战。数字工具是不断变化和发展的，研究人员必须跟上青少年使用的在线工具和应用程序的变化。此外还必须记住，新颖的、不同的数字工具形式不断出现，这种变化会导致非常不同的在线行为，也会为研究者提出新的问题。例如，MMORPGs 就是一种相对较新的应用程序，它一出现就受到了用户的欢迎，研究发现它跟成瘾行为是有关系的（第九章），而网络成瘾行为早就成为研究经常关注的一个主题。手机和便携设备是另一种无处不在的数字工具，它们允许用户连接互联网，在任何时间都保持在线，用户似乎永远都不会孤单，这种工具可能会建立一种全新的青少年互动模式。在写这本书的时候，我们发现，对美国和欧洲青少年通过移动设备上网的研究很少。但是，使用移动设备上网在日本、韩国等亚洲国家中是十分广泛的，相应的，这些国家对这些工具的研究会更多。

不仅是技术会随着时间而变化，青少年与技术的交互也在不断变化，用户使用在线应用程序的方式可能随着时间而变得非常不同。现在对特定在线行为进行的"快照式"研究，无法让我们了解使用行为随着时间而发生的改变。纵向研究是解决这个问题的一个办法，横断序列研究设计可能会更好，因为它还允许我们考察技术本身的改变以及随时间而发生的变化。

总之，未来研究面临的紧迫问题是：青少年的在线活动是否集中在核心发展任务上，在线活动是否从根本上改变了原来离线发展的过程？比如，在线接触色情资料和信息是否能增加青少年的性行为？青少年在社交网站上的大量"朋友"以及与他们的公开交流是否改变了友谊和亲密感的性质？在线自我表露对青少年的自我意识发展有什么影响？因为很多在线行为和离线行为是有关联的，这些问题还没有明确的答案。未来的研究必须使用纵向研究和实验研究设计，来探究发展任务转移到在线背景中去是否从根本上改变了青少年的性自我建构、自我表露和自我认同，以及他们的同伴和家庭关系等。

【参考文献】

Alexander,J.（2002）.Introduction to the special issue:Queer webs:Representations of LGBT people and communities on the World Wide Web.International Journal of Sexuality and Gender Studies,7,77–84.

Brown,D.J. & L'Engle,L.K.（2009）.X-rated:Sexual attitudes and behaviors associated with U.S. early adolescents' exposure to sexually explicit media.Communication Research,36,129–151.

Carpenter,E.M.,Frankel,F.,Marina,M.,Duan,N. & Smalley,S.L.（2004）.Internet treatment delivery of parent-adolescent conflict training for families with an ADHD teen:A feasibility study.Child and Family Behavior Therapy,26,1–20.

Cassell,J.,Huffaker,D.,Tversky,D. & Ferriman,K.（2006）.The language of online lead-ership:Gender and youth engagement on the Internet.Developmental Psycholo-gy,42,436–449.

Dehue,F.,Bolman,C. & Vollink,T.（2008）.Cyberbullying:Youngsters' experiences and parental perception.CyberPsychology and Behavior,11,217–223.

Doyle,A.C.,Goldschmidt,A.,Huang,C.,Winzelberg,A.J.,Taylor,C.B. & Wilfley,D. E.（2008）.Reduction of overweight and eating disorder symptoms via the In-ternet in adolescents:A randomized controlled trial.Journal of Adolescent Health,43,172–179.

Durkin,K. & Barber,B.（2002）.Not so doomed:Computer game play and positive ado-lescent development.Journal of Applied Developmental Psychology,23,373–392.

Eastin,M.S.,Greenberg,B.S. & Hofschire,L.（2006）.Parenting the Internet.Journal of Communication,56,486–504.

Eijnden,R.,Meerkerk,G.J.,Vermulst,A.A.,Spijkerman,R. & Engels,R.（2008）.Online communication,compulsive Internet use,and psychosocial well-being among ado-lescents:A longitudinal study.Developmental Psychology,44,655–665.

Eysenbach,G.（2008）.Credibility of health information and digital media:New perspec-tives and implications for youth.In M.J.Metzger & A.J.Flanagin（Eds.）,Digital media,youth,and credibility（pp.123–154）.Cambridge,MA:MIT Press.

Flood,M. & Hamilton,C.（2003）.Regulating youth access to pornography.Discussion Paper Number 53.https://www.tai.org.au/documents/dp_fulltext/DP53.pdf.

Fredriksen,K.,Reddy,R.,Way,N. & Rhodes,J.（2004）.Sleepless in Chicago:Tracking the effects of sleep loss over the middle school years.Child Development,74,84–95.

Greenfield,P.M. & Yan,Z.（2006）.Children,adolescents,and the Internet:A new field of inquiry in developmental psychology.Developmental Psychology,42,391–394.

Griffiths,M.（2000）.Does Internet and computer "Addiction" exist?Some case study evidence.Cyberpsychology and Behavior,3,211–218.

Griffiths,M.D.,Davies,M.N.O. & Chappell,D.（2004）.Online computer gaming:A com-parison of adolescent and adult gamers.Journal of Adolescence,27,87–96.

Gross,E.F.（2004）.Adolescent Internet use:What we expect,what teens report.Journal of Applied Developmental Psychology,25,633–649.

Gross,E.F.（2009）.Logging on,bouncing back:An experimental investigation of online communication following social exclusion.Developmental Psychology,45,1787–1793.

Hargittai,E.(2007).Whose space?Differences among users and non-users of social network sites.Journal of Computer-Mediated Communication,13,Article 14.Retrieved November 27,2009,http://jcmc.indiana.edu/vol13/issue1/hargittai.html.

Hinduja,S. & Patchin,J.W.(2008).Cyberbullying:An exploratory analysis of factors related to offending and victimization.Deviant Behavior,29,129–156.

Huffaker,D.A. & Calvert,S.L.(2005).Gender,identity,and language use in teenage blogs.Journal of Computer-Mediated Communication,10,1.Retrieved October 15,2009,http://jcmc.indiana.edu/vol10/issue2/huffaker.html.

Juvonen,J. & Gross,E.F.(2008).Extending the school grounds?Bullying experiences in cyberspace.The Journal of School Health,78,496–505.

Kaare,B.H.,Brandtzaeg,P.B.,Heim,J. & Endestad,T.(2007).In the borderland between family orientation and peer culture:The use of communication technologies among Norwegian tweens.New Media and Society,9,603–624.

Ko,C.-H.,Yen,J.-Y.,Chen,C.-C.,Chen,S.-H.,Wu,K. & Yen,C.-F.(2006).Tridimensional personality of adolescents with Internet addiction and substance use experience.The Canadian Journal of Psychiatry/La Revue canadienne de psychiatrie,51,887–894.

Kraut,R.E.,Kiesler,S.,Boneva,B.,Cummings,J.,Helgeson,V. & Crawford,A.(2002). Internet paradox revisited.Journal of Social Issues,58,49–74.

Kraut,R.E.,Patterson,M.,Lundmark,V.,Kiesler,S.,Mukopadhyay,T. & Scherlis,W.(1998). Internet paradox:A social technology that reduces social involvement and psychological wellbeing?American Psychologist,53,1017–1031.

Kubey,R.W.,Lavin,M.J. & Barrows,J.R.(2001).Internet use and collegiate academic performance decrements:Early findings.Journal of Communication,51,366–382.

Lee,E. & Leets,L.(2002).Persuasive storytelling by hate groups online:Examining its effects on adolescents.American Behavioral Scientist,45,927–957.

Lo,V. & Wei,R.(2005).Exposure to Internet pornography and taiwanese adolescents' sexual attitudes and behavior.Journal of Broadcasting and Electronic Media,49,221–237.

Manago,A.M.,Graham,M.B.,Greenfield,P.M. & Salimkhan,G.(2008).Self-presentation and gender on MySpace.Journal of Applied Developmental Psychology,29,446–458.

Mesch,G.S.(2006).Family relations and the Internet:Exploring a family boundaries approach.Journal of Family Communication,6,119–138.

Mitchell,K.J.,Finkelhor,D. & Wolak,J.(2007).Youth Internet users at risk for the most serious online sexual solicitations.American Journal of Preventive Medicine,32,532–537.

Montgomery,K.C.(2007).Youth and digital democracy:Intersections of practice,policy,and the marketplace.In W.L.Bennett(Ed.),The John D.and Catherine T.MacArthur Foundation Series on Digital media and learning(pp.25–49).Cambridge,MA:MIT Press.

National Campaign to Prevent Teen and Unplanned Pregnancy & Cosmogirl.com. (2008).Sex and tech:Results from a survey of teens and young adults.Retrieved July 16,2009,http://www.thenationalcampaign.org/sextech/PDF/SexTech_Summary.pdf.

Ng,B.D. & Wiemer-Hastings,P.(2005).Addiction to the Internet and online gaming. CyberPsychology and Behavior,8,110–113.

Peter,J. & Valkenburg,P.M.(2006).Adolescents' exposure to sexually explicit material on the Internet.Communication Research,33,178–204.

Peter,J. & Valkenburg,P.M.(2008).Adolescents' exposure to sexually explicit Internet material and sexual preoccupancy:A three-wave panel study.Media Psychology,11,207–234.

Rambaree,K(2008)Internet-mediated dating/romance of Mauritian early adolescents:A grounded theory analysis.International Journal of Emerging Technologies and Society,6,34–59.

Raskauskas,J. & Stoltz,A.D.(2007).Involvement in traditional and electronic bullying among adolescents.Developmental Psychology,43,564–575.

Reich,S.M.,Subrahmanyam,K. & Espinoza,G.E.(2009,April 3).Adolescents' use of social networking sites-Should we be concerned?Paper presented at the Society for Research on Child Development,Denver,CO.

Rideout,V.J.,Vandewater,E.A. & Wartella,E.A.(2003).Zero to six:Electronic media in the lives of infants,toddlers and preschoolers.Retrieved November 10,2009,http://www.kff.org/entmedia/3378.cfm.

Roberts,D.F. & Foehr,U.G(2008)Trends in media use.The Future of Children,18,11–37.

Savin-Williams,R.C(2005)The new gay teenager.Cambridge:Harvard University Press.

Schmitt,K.L.,Dayanim,S. & Matthias,S.(2008).Personal homepage construction as an expression of social development.Developmental Psychology,44,496–506.

Skinner,H.,Biscope,S.,Poland,B. & Goldberg,E.(2003).How adolescents use technology for health information:Implications for health professionals from focus group studies.Journal of Medical Internet Research,5,e32.

Slater,M.D.(2003).Alienation,aggression,and sensation seeking as predictors of adolescent use of violent film,computer,and website content.The Journal of Communication,53,105–121.

Šmahel,D.(2003).Psychologie a Internet:Dˇeti dospˇelými, dospˇelí dˇetmi.(Psychology and Internet:Children being adults,adults being children.).Prague:Triton.

Šmahel,D(2006)Czech adolescents' partnership relations and sexuality in the Internet environment.Paper presented at the Society for Research on Adolescence Biennial Meeting,San Francisco.http://www.terapie.cz/materials/smahel-SRA-SF-2006. pdf.

Šmahel,D. & Subrahmanyam,K.(2007)."Any girls want to chat press 911":Partner selection in monitored and unmonitored teen chat rooms.Cyber Psychology and Behavior,10,346–353.

Storr,E.F.,de Vere Beavis,F.O. & Stringer,M.D(2007)Case notes:Texting tenosynovitis. New Zealand Medical Journal,120,107–108.

Subrahmanyam,K.,Garcia,E.C.,Harsono,S.L.,Li,J. & Lipana,L.(2009).In their words:- Connecting online weblogs to developmental processes.British Journal of Developmental Psychology,27,219–245.

Subrahmanyam,K. & Greenfield,P.M.(1998).Computer games for girls:What makes them play?In J.Cassell & H.Jenkins(Eds.),From Barbie to Mortal Kombat:Gender and computer games(pp.46–71).Cambridge,MA:The MIT Press.

Subrahmanyam,K. & Greenfield,P.M.(2008).Communicating online:Adolescent relationships and the media.The Future of Children,18,119–146.

Subrahmanyam,K.,Greenfield,P.M. & Tynes,B.M.(2004).Constructing sexuality and identity in an online teen chat room.Journal of Applied Developmental Psychology:An International Lifespan Journal,25,651–666.

Subrahmanyam,K. & Lin,G(2007)Adolescents on the Net:Internet use and well-being. Adolescence,42,659–677.

Subrahmanyam,K.,Reich,S.M.,Waechter,N. & Espinoza,G.(2008).Online and offline social networks:Use of social networking sites by emerging adults.Journal of Applied Developmental Psychology,29,420–433.

Subrahmanyam,K.,Šmahel,D. & Greenfield,P.M.（2006）.Connecting developmental constructions to the Internet:Identity presentation and sexual exploration in online teen chat rooms.Developmental Psychology,42,395–406.

Subramanian,M(2010)New Modes of Communication:Web Representations and Blogs. Encyclopedia of Women and Islamic Cultures.United States:South Asians.

Sun,P.,Unger,J.B.,Palmer,P.H.,Gallaher,P.,Chou,C.P.,Baexconde-Garbanati,L.,et al.（2005）.Internet accessibility and usage among urban adolescents in Southern California:Implications for web-based heath research.CyberPsychology and Behavior,8,441–453.

Sundar,S.S. & Wagner,C.B.（2002）.The world wide wait:Exploring physiological and behavioral effects of download speed.Media Psychology,4,173–206.

Suzuki,L.K. & Calzo,J.P.（2004）.The search for peer advice in cyberspace:An examination of online teen bulletin boards about health and sexuality.Journal of Applied Developmental Psychology,25,685–698.

Suzuki,L.K. & Kato,P.M.（2003）.Psychosocial support for patients in pediatric oncology:The influences of parents,schools,peers,and technology.Journal of Pediatric Oncology Nursing,20,159–174.

Tarokh,L. & Carskadon,M.A.（2008）.Sleep in adolescents.In L.R.Squire（Ed.）,Encyclopedia of neuroscience（pp.1015–1022）.Oxford:Academic Press.

Tsai,C.-C. & Lin,S.S.J(2003)Internet addiction of adolescents in Taiwan:An interview study.Cyberpsychology and Behavior,6,649–652.

Tynes,B.M.(2007).Role taking in online "Classrooms":What adolescents are learning about race and ethnicity.Developmental Psychology,43,1312–1320.

Van den Bulck,J.（2003）.Text messaging as a cause of sleep interruption in adolescents,evidence from a cross-sectional study.Journal of Sleep Research,12,263–263.

Wallmyr,G. &Welin,C.（2006）.Young people,pornography,and sexuality:Sources and attitudes.The Journal of School Nursing,22,290–295.

Whitlock,J.L.,Powers,J.L. & Eckenrode,J.(2006).The virtual cutting edge:The Internet and adolescent-self-injury.Developmental Psychology,42,407–417.

Williamson,D.A.,Martin,P.D.,White,M.A.,Newton,R.W.,Walden,H.,York-Crowe,E.,et al.（2005）.Efficacy of an Internet-based behavioral weight loss program for overweight adolescent African-American girls.Eating and Weight Disorders,10,193–203.

Wilson,J.L.,Peebles,R.,Hardy,K.K. & Litt,I.F.（2006）.Surfing for thinness:A pilot study of pro-eating disorder web site usage in adolescents with eating disorders.Pediatrics,118,e1635–e1643.

Wolak,J.,Mitchell,K.J. & Finkelhor,D.（2006）.Online victimization of youth:Five years later.Retrieved August 9,2007,http://www.unh.edu/ccrc/pdf/CV138.pdf.

Ybarra,M.L.（2004）.Linkages between depressive symptomatology and Internet harassment among young regular Internet users.CyberPsychology and Behavior,7,247–257.

Ybarra,M.L.,Espelage,D.L. & Mitchell,K.J.（2007）.The co-occurrence of Internet harassment and unwanted sexual solicitation victimization and perpetration:Associations with psychosocial indicators.Journal of Adolescent Health,41,31–41.

Ybarra,M.L. & Mitchell,K.J.（2005）.Exposure to Internet pornography among children and adolescents:A national survey.CyberPsychology and Behavior,8,473–486.

Young,K.S.（1998）.Caught in the Net.New York,NY:Wiley. .